EUL VERLAG

ELECTRONIC COMMERCE

Herausgegeben von Prof. Dr. Dr. h. c. Norbert Szyperski, Köln, Prof. Dr. Beat Schmid, St. Gallen, Prof. Dr. Dr. h. c. mult. August-Wilhelm Scheer, Saarbrücken, Prof. Dr. Günther Pernul, Regensburg, Prof. Dr. Stefan Klein, Münster, Prof. Dr. Detlef Schoder, Köln, und Prof. Dr. Tobias Kollmann, Essen

Band 34
Claas Müller-Lankenau
Multikanalstrategien im stationären Einzelhandel – Eine empirische Untersuchung in der Konsumelektronikbranche
Lohmar – Köln 2007 • 368 S. • € 54,- (D) • ISBN 978-3-89936-575-7

Band 35
Horst B. Kutsch
Repräsentativität in der Online-Marktforschung – Lösungsansätze zur Reduktion von Verzerrungen bei Befragungen im Internet
Lohmar – Köln 2007 • 310 S. • € 52,- (D) • ISBN 978-3-89936-624-2

Band 36
Christian Schläger
Attribute-based Infrastructures for Authentication and Authorisation
Lohmar – Köln 2008 • 302 S. • € 49,- (D) • ISBN 978-3-89936-670-9

Band 37
Daniel Risch
Nutzung von Kundenprofilen im E-Commerce – Dargestellt am Beispiel des B2C E-Commerce in der Schweiz
Lohmar – Köln 2008 • 430 S. • € 58,- (D) • ISBN 978-3-89936-684-6

Band 38
Fridjof Lücke
Kooperationsmanagement im Online-Vertrieb
Lohmar – Köln 2008 • 312 S. • € 62,- (D) • ISBN 978-3-89936-748-5

Band 39
Jörg Gilberg
Technische Ausgestaltung und wirtschaftliche Beurteilung des überbetrieblichen RFID-Einsatzes
Lohmar – Köln 2009 • 220 S. • € 55,- (D) • ISBN 978-3-89936-834-5

JOSEF EUL VERLAG

Technische Ausgestaltung und wirtschaftliche Beurteilung des überbetrieblichen RFID-Einsatzes

Dissertation zur Erlangung des Grades
eines Doktors der Wirtschaftswissenschaft

eingereicht an der Wirtschaftswissenschaftlichen
Fakultät der Universität Regensburg

vorgelegt von:

Dipl.-Kfm. Jörg Gilberg, MBA

Berichterstatter: *Prof. Dr. Günther Pernul*
Prof. Dr. Andreas Otto

Tag der Disputation: 06.02.2009

Reihe: Electronic Commerce · Band 39

Herausgegeben von Prof. Dr. Dr. h. c. Norbert Szyperski, Köln, Prof. Dr. Beat Schmid, St. Gallen, Prof. Dr. Dr. h. c. mult. August-Wilhelm Scheer, Saarbrücken, Prof. Dr. Günther Pernul, Regensburg, Prof. Dr. Stefan Klein, Münster, Prof. Dr. Detlef Schoder, Köln, und Prof. Dr. Tobias Kollmann, Essen

Dr. Jörg Gilberg

Technische Ausgestaltung und wirtschaftliche Beurteilung des überbetrieblichen RFID-Einsatzes

Mit einem Geleitwort von Prof. Dr. Günther Pernul,
Universität Regensburg

EUL VERLAG

Bibliografische Information der Deutschen Nationalbibliothek

Die Deutsche Nationalbibliothek verzeichnet diese Publikation in der Deutschen Nationalbibliografie; detaillierte bibliografische Daten sind im Internet über <http://dnb.d-nb.de> abrufbar.

Dissertation, Universität Regensburg, 2009

ISBN 978-3-89936-834-5
1. Auflage August 2009

JOSEF EUL VERLAG GmbH
Brandsberg 6
53797 Lohmar
Tel.: 0 22 05 / 90 10 6-6
Fax: 0 22 05 / 90 10 6-88
E-Mail: info@eul-verlag.de
http://www.eul-verlag.de

Bei der Herstellung unserer Bücher möchten wir die Umwelt schonen. Dieses Buch ist daher auf säurefreiem, 100% chlorfrei gebleichtem, alterungsbeständigem Papier nach DIN 6738 gedruckt.

Geleitwort

Das berührungslose Auslesen von transportablen Funketiketten per Radiofrequenzidentifikation (RFID) ist eine vielversprechende Möglichkeit, Schnittstellen zwischen unterschiedlichen Akteuren einer Supply Chain zu gestalten und darüber überbetriebliche Geschäftsprozesse nachhaltig zu optimieren. Während üblicherweise der Nutzen einer Investition in eine technologische Innovation dort anfällt wo auch die Kosten dafür entstehen, ist es beim Einsatz von RFID in einem überbetrieblichen Kontext nicht unbedingt so. Betrachtet man z. B. einen Produktionsbetrieb, der seine Produkte mit RFID-Tags ausstattet, dann entstehen die Kosten, die für Tags und Initialisierungsprozesse anfallen überwiegend im Produktionsbetrieb selbst - der Nutzen allerdings verteilt sich zum größten Teil auf weitere Akteure. So könnten beispielsweise Logistikdienstleister durch Auslesen der Tags bei Transport und Warenübergabe profitieren, Handelsunternehmen unter anderem Einsparungen beim Wareneingang bzw. bei der Bestandaufnahme realisieren und eventuell sogar Privatpersonen mit der Technik bei Nutzung oder Konsumation des Produktes und danach bei seiner Entsorgung konfrontiert werden. Aufgrund einer möglicherweise ungünstigen Verteilung des Nutzens kann eine überbetriebliche Einführung von RFID bei manchen Akteuren isoliert gesehen durchaus unwirtschaftlich sein, die Nutzeneffekte bei anderen, profitierenden Partnern diese Nachteile auf einer gesamtheitlichen Betrachtungsebene jedoch kompensieren.

Vor diesem Hintergrund ist es das Ziel der vorliegenden Arbeit aus unternehmerischer Sicht die Entscheidung über den möglichen RFID-Einsatz im überbetrieblichen Kontext zu untersuchen. Dafür entwickelt der Autor einen Bewertungsrahmen für Investitionen in den unternehmensübergreifenden Einsatz von RFID, wobei umfassend die relevanten Einflussfaktoren und alle beteiligten Akteure im Sinne einer ganzheitlichen Betrachtung in den Entscheidungsprozess mit einbezogen werden.

Mit der vorliegenden Arbeit hat es Herr Gilberg verstanden, eine Vielzahl von Einflussfaktoren, Normen und Entwicklungen solide aufzuarbeiten und im Zusammenhang zu bewerten. Dabei ist es gelungen, ein Entscheidungssystem zu entwickeln, das sowohl hohes Potential zur praktischen Anwendung beinhaltet, als auch auf einer theoretisch fundierten Basis aufbaut. Die Arbeit zeichnet sich einerseits durch ein hohes wissenschaftliches Niveau, andererseits aber auch durch die Fähigkeit des Verfassers aus, pragmatische Lösungen zu finden und umzusetzen. Aufgrund der gut strukturierten Darstellung der Ergebnisse hat die Arbeit die Chance, auch zu einem praktisch verwertbaren Beitrag auf dem Gebiet der Bewertung eines möglichen RFID-Einsatzes zu werden. Das Buch sei allen Entscheidungsträgern empfohlen, die ihre Interessen im Bereich der Kosten- / Nutzenbewertung von IT-Investitionen oder im Bereich des RFID-Einsatzes haben.

Regensburg, im Juni 2009 Prof. Dr. Günther Pernul

Vorwort

Die vorliegende Arbeit entstand während meiner Zeit als wissenschaftlicher Mitarbeiter am „Lehrstuhl für Wirtschaftsinformatik I – Informationssysteme" der Wirtschaftswissenschaftlichen Fakultät der Universität Regensburg. Sie wurde im November 2008 als Dissertation angenommen. Ich möchte mich an dieser Stelle bei den Menschen bedanken, die zum Gelingen dieser Arbeit beigetragen haben.

Mein Dank gilt zunächst meinem Doktorvater Prof. Dr. Günther Pernul, dass er mir die Möglichkeit gegeben hat, im Rahmen einer Festanstellung an seinem Lehrstuhl zu promovieren und für die vielfältigen neuen Eindrücke und Erfahrungen, die ich im Verlauf dieser Zeit sammeln konnte. Für die Aufnahme des Buches in die Schriftenreihe „Electronic Commerce" möchte ich ihm bei dieser Gelegenheit ebenfalls danken.

Des Weiteren möchte ich mich ganz herzlich bei Prof. Dr. Andreas Otto für die freundliche und unkomplizierte Übernahme des Zweitgutachtens bedanken.

Meinen ehemaligen Kollegen danke ich für die zahlreichen Gespräche und die verbrachte Zeit – auch abseits der Universität. In alphabetischer Reihenfolge möchte ich hier insbesondere Dr. Björn Muschall, Dr. Christian Schläger, Frau Christine Handl, Herrn Ludwig Fuchs, Dr. Norbert Meckl, Herrn Rolf Schillinger, Frau Sabine Schubert und Dr. Torsten Priebe danken.

Des Weiteren danke ich den zahlreichen Studenten, die ich während meiner Lehrtätigkeit in Diplom-, Projekt- und Seminararbeiten betreuen durfte und die mich vielfältig im Verlauf meines Forschungsvorhabens unterstützt haben. Hervorheben möchte ich hier insbesondere Herrn Oliver Krancher und Herrn David Gross.

Meinem Onkel, Frank Gessert, danke ich an dieser Stelle für das Korrekturlesen.

Mein umfassender Dank gebührt meinen Eltern, Helga und Volker Gilberg, deren Vertrauen und Unterstützung mir in vieler Weise geholfen haben, und die somit nicht zuletzt auch meinen Ausbildungsweg geebnet haben. Ihnen sei diese Arbeit gewidmet.

Meiner Frau, Dr. Magdalena Jankowska-Gilberg, und meiner Tochter Kaya danke ich, dass sie mir stets mit Optimismus und Hilfe zur Seite standen.

Baden-Baden, im Juli 2009 Jörg Gilberg

Inhaltsverzeichnis

Abbildungsverzeichnis

Tabellenverzeichnis

Abkürzungsverzeichnis

AII	Auto-ID Infrastructure
APK	allgemeine Problemkategorien
Auto-ID	automatische Identifikation
BIBA	Bremer Institut für Betriebstechnik und angewandte Arbeitswissenschaft
BSC	Balanced Scorecard
CRM	Customer Relationship Management
DNS	Domain Name System
DOL	Device Operation Layer
DWH	Data Warehouse
EAN	European Article Number
EANI	EAN International
EAS	Electronic Article Surveillance (elektronische Diebstahlsicherung)
EEPROM	Electrically Erasable Programmable Read Only Memory
EPC	elektronischer Produkt-Code
EPCIS	EPC Information Service
ERP	Enterprise Resource Planning
ETSI	European Telecommunications Standards Institute
FRAM	Ferromagnetic Random Access Mermory
ggfs.	Gegebenenfalls
GTIN	Global Trade Item Number
HF	High Frequency
IML	Institut für Materialwirtschaft und Logistik
IOS	Interorganisatorische Informationssysteme
ISO	International Organisation for Standardisation

IT	Informationstechnologie
LF	Low Frequency
MIT	Massachusetts Institute of Technology
o.g.	oben genannt
ONS	Object Naming Service
POS	Point-of-Sale
RFID	Radio Frequency Identification
RF-Modul	Radio-Frequency-Modul
ROI	Return on Investment
ROM	Read Only Memory
SCM	Supply Chain Management
SGTIN	Serialized Global Trade Item Number
SRAM	Static Random Access Memory
UCC	Uniform Code Council
UHF	Ultra High Frequency
URL	Uniform Resource Locator
vs.	versus
WMS	Warehouse-Management-System
z.B.	zum Beispiel

1 Einleitung

„Ich bin davon überzeugt, dass RFID unsere Arbeitswelt, aber auch vieles, was wir in unserer Freizeit machen, massiv verändern wird."
Angela Merkel, Bundeskanzlerin, bei der Eröffnung der CeBIT am 8.3.2006
[zitiert nach Homp07, 12]

Radio Frequency Identification (RFID) ist ein vielbeachtetes Thema heutzutage. Es wird von privaten und öffentlichen Interessensvertretern auf vielfältige Weise vorangetrieben.

Marktbestimmenden Charakter haben im gewerblichen Bereich vor allem die Initiativen großer, international agierender Handelsunternehmen wie Wal-Mart in den USA, Tesco in England und der Metro Group in Deutschland. Im öffentlichen Bereich ist das Department of Defense der USA sehr aktiv [siehe DoD04] und die Einführung biometrischer Reisepässe lässt die Technologie in vielen Ländern in den Alltagsbereich einziehen.

Hierzulande erfolgt die Unterstützung von staatlicher Seite ebenfalls auf vielen Ebenen und reicht von Forschungsförderung [BGGS07, 9], über Studien (z.B. [BGGS07; BSI06; BSI04]) und Informationspapieren (z.B. [BITK07; HMWV06; BITK04]) bis hin zu populistischen Parolen seitens der Politik[1]. Eine direkte Subventionierung des Einsatzes wie etwa im Technologiebereich der regenerativen Energien gibt es bislang jedoch nicht. Eine gewisse Querfinanzierung wird aber von einigen Autoren der Seite der Technologieanbieter zugeschrieben, die industrielle Innovatoren in ihren Bemühungen durch entsprechende Begünstigungen unterstützen, da sie sich hier Folgeaufträge und Impulse zur weiteren Technologiedurchdringung bei deren Partnern erhoffen (vgl. [JaMa05a, 87]).

Dieser kurze Abriss deutet bereits die Vielschichtigkeit der Interessen der beteiligten Akteure an: vom Staat, der sich positive Aspekte für seinen Wirtschaftsstandort erhofft, den Technologieanbietern und Systemintegratoren, die sich aus der Vermarktung der Technologie vor allem in der Zukunft großen Umsatz erhoffen und den Anwenderunternehmen, die die Technologie nutzenstiftend einsetzen wollen und deren Wirtschaftlich-

---

[1] "Wir wollen Weltmeister bei der RFID-Technik werden", Peter Hintze, Parlamentarischer Staatssekretär im Bundesministerium für Wirtschaft und Technologie [zitiert nach Krem06].

keitsinteresse im Zentrum der vorliegenden Arbeit liegt. Privatpersonen können ebenfalls mit der Technologie in Kontakt kommen. Diesbezüglich zielen die lautstärksten Vertreter bislang jedoch in erster Linie auf mögliche negative Aspekte des RFID-Einsatzes ab. Alle Interessensgruppen agieren jedoch nicht isoliert voneinander, sondern stehen in ihrem Verhalten in Wechselwirkung zueinander.

Vor diesem Hintergrund ist es Ziel der vorliegenden Arbeit, aus unternehmerischer Sicht die Entscheidung über einen möglichen RFID-Einsatz im überbetrieblichen Kontext zu unterstützen. Unternehmen agieren – gerade in der heutigen durch Spezialisierung geprägten Unternehmenswelt – verstärkt in Unternehmensnetzwerken. Ebenso wird das Verhältnis von Unternehmen zu deren Umwelt immer facettenreicher. Da der überbetriebliche RFID-Einsatz definitionsgemäß das Unternehmen im Kontext seiner Außenbeziehungen betrifft, müssen diesbezüglich relevante Aspekte bei der Entscheidungsfindung berücksichtigt werden.

Aus technischer Sicht kann der überbetriebliche Einsatz von RFID-Systemen als ein neuer Baustein unternehmensübergreifender Integrations- und Prozessanforderungen moderner Kooperationsformen angesehen werden und stellt eine Weiterentwicklung bzw. Ergänzung zwischenbetrieblicher Datenintegration, sowie der inner- und zwischenbetrieblichen Prozessunterstützung dar.

Aus betriebswirtschaftlicher Sicht stellt eine RFID-Einführung ein Investitionsobjekt dar, mit dem entsprechende Kosten- und Nutzenerwartungen verbunden sind.

Die technische Ausgestaltung kann als Kosten- und Nutzentreiber angesehen werden und nimmt somit direkten Einfluss auf beide Positionen. Während die technische Ausgestaltung von den Akteuren im Vorfeld einer Einführung beeinflusst werden kann, stellt die Wirtschaftlichkeit das Resultat dieser Handlungen im Sinne derer ökonomischen Auswirkungen dar.

Hier sind entsprechende Modelle notwendig, die eine qualifizierte Entscheidungsfindung unterstützen. Insbesondere die Bewertung des Nutzens stellt Unternehmen aufgrund der begrenzten Erfahrungswerte und des Querschnittcharakters der Technologie vor eine nicht triviale Herausforderung. Im unternehmensübergreifenden Kontext bekommt diese Bewertungskomplexität eine neue Dimension. Dieser Problemstellung, die im Folgenden genauer behandelt wird, widmet sich die vorliegende Arbeit.

1.1 Problemstellung und Motivation

Der gegenwärtige Hype veranlasst immer mehr Unternehmen, sich mit RFID auseinanderzusetzen. Trotz dieses erhöhten Bewusstseins bezüglich der Technologie lässt sich oft ein Informationsdefizit bei potenziellen Anwendern feststellen [LaGr06, 199f.; LiSH06, 53; BSI04, 99f.]. Der Markt stellt sich noch recht intransparent dar. Überbetriebliche Anwendungen befinden sich noch in sehr frühen Stadien, bei denen genaue Wirtschaftlichkeitsrechnungen häufig vernachlässigt werden [JaMa05a, 87].

Es besteht also kein umfassendes und objektiv nachvollziehbares Bild der Kosten-Nutzen Relation einer RFID-Investition bei einer Vielzahl von Unternehmen, die von einem Einsatz dieser Technologie profitieren könnten. Dies kann dazu führen, dass

- keine Investitionen getätigt werden, obwohl dies vorteilhaft sein könnte,
- suboptimale Investitionen getätigt werden,
- Projekte abgebrochen werden.

Gerade dem überbetrieblichen Einsatz der Technologie im Unternehmensverbund wird besonders großes Potenzial zugesprochen [BGGS07, 2; Ditt06, 105]. Bereichsübergreifende und überbetriebliche Anwendungen sind jedoch wirtschaftlich anders zu bewerten als isolierte Teillösungen [Dobs00, 445]. Zum einen sind mit ihnen weitreichende Konsequenzen verbunden, da neben dem hohen Anschaffungsvolumen und dem mittel bis langfristigen Zeithorizont [BHPT07, 159f] Einfluss auf zahlreiche Prozesse und Abläufe genommen wird, es also ebenfalls organisatorisch zu weitreichenden Veränderungen kommt. Zum anderen treten im überbetrieblichen Einsatz Kosten- und Nutzeneffekte bei mehreren Partnern auf, die bei einer Gesamtbewertung berücksichtigt werden müssen. Bei einer überbetrieblichen Betrachtung des Einsatzes ist die Wirtschaftlichkeit ebenfalls unter Einbezug aller beteiligten Partner auf überbetrieblicher Ebene festzustellen (vgl. [BoPa05, 106; JaMa05a, 87; Tell05, 326]). So ist es möglich, dass eine überbetriebliche RFID-Einführung bei manchen Partnern isoliert gesehen unwirtschaftlich sein kann, die Nutzeneffekte bei anderen, profitierenden Partner diese Nachteile auf einer gesamtheitlichen Betrachtungsebene jedoch kompensieren würden. Man hätte in dieser Konstellation also eine auf Verbundebene insgesamt wirtschaftliche Lösung, die durch potentielle Nettogeber in diesem Zusammenhang boykottiert werden könnte. Als plausibles Beispiel hierfür kann die grundsätzliche Konstellation im Handel angesehen werden, bei dem sich die Handelsunternehmen unter anderem Einsparungen im Wareneingang erhoffen. Dies setzt jedoch voraus, dass die eingehenden Objekte bereits getaggt[2] geliefert werden, d.h. vom Zulieferer spätestens bei der Auslieferung Transponder angebracht werden. Im Falle eines Taggings bei der Auslieferung nutzt der Hersteller die Technologie nicht für interne Zwecke, so dass dieser Technologieeinsatz bei ihm in erster Linie Kosten generiert. In Wirtschaftlichkeitsrechnungen, die eben solche kooperativen Einführungen betrachten und Anhaltspunkte für das Cost-Sharing liefern wird z.B. von *Bovenschulte et al.* [BGGS07, 46] ein Erfolgsfaktor für die zukünftige Verbreitung der Technologie in der Logistikbranche gesehen.

Kuhn et al. [KHKR06, 392] sehen ein Defizit an geeigneten Verfahren zur Wirtschaftlichkeitsbetrachtung in Netzwerken. Die Fokussierung auf die gesamte Wertschöpfungskette unter Einbezug mehrerer rechtlich selbständiger Partner, spiegelt eine von zahlreichen Autoren vertretene Neuorientierung in der Unternehmenswelt wider, bei der Konkurrenzsituationen verstärkt auf Ebene der Gesamtwertschöpfungskette betrachtet werden, d.h. dass die relative Stärke des gesamten Unternehmensverbundes bzw. der Supply Chain in den Vordergrund rückt und nicht die Konkurrenz zwischen den beteiligten Einzelunternehmen [WeBG02, 133; Wild04, 9]. Dies erfordert entsprechende Qualitäten der Beziehungen der kooperierenden Unternehmen auf verschiedenen Ebenen. Ein überbetrieblicher RFID-Einsatz kann die Integration und den Prozessablauf des Leistungserstellungsprozesses unterstützen. Als von mehreren Partnern getragenes Investitionsobjekt scheint es plausibel das Auswahl- bzw. Bewertungsverfahren gemeinschaftlich durchzuführen, um die Interessen und Auswirkungen bei den einzelnen Parteien berücksichtigen zu können.

Hierzu ist eine grundlegende Methode notwendig, die einen strukturierten Bewertungsprozess unterstützt und den spezifischen Anforderungen genügt. Letztere sind im Vorfeld zu ermitteln. Die genaue Problematik der Bewertung an sich hat zahlreiche Facetten, weshalb sie in späteren Abschnitten der Arbeit nochmals dediziert aufgegriffen wird.

Abschließend soll die Relevanz des Themas anhand folgender Auswahl an Zitaten aus aktuellen Veröffentlichungen veranschaulicht werden:

- Zur wirtschaftlichen Bewertung von RFID-Einführungen:

---

[2] Im Folgenden wird teilweise der Begriff „Tagging“ für das Ausstatten von Objekten mit Transpondern (Tags) verwendet, sowie dessen Verlaufsform „taggen“.

„With a bias toward high returns and quick paybacks on investments, there is a need to develop methods for fairly calculating the financial and qualitative impact of RFID technology in practice." [ScAB07, 187]

„[..] nur eine ganzheitliche Betrachtung, Analyse und Bewertung der wirtschaftlichen sowie auch technischen Faktoren eines potenziellen RFID-Einsatzes [kann] zu einer fundierten und nachhaltig vertretbaren Investitionsentscheidung führen" [JaMG06, 71]

„Die systematische Identifikation und Bewertung von RFID Potentialen im Unternehmen ist nach dem heutigen Stand der Wissenschaft nur ungenügend methodisch abgesichert. Gerade in der frühen Phase eines RFID-Projektes wäre die mögliche Einflussnahme auf die Höhe des Gesamtoptimierungspotenzials jedoch besonders hoch. Betrachtet man die in der Literatur wie auch in der Praxis existierenden Konzepte, stellt man fest, dass gerade für diese Phase eines RFID-Projektes kaum brauchbare modularisierte Konzepte und Methoden vorliegen." [VoSR06, 61]

„Gemäß der Antworten wurde bei keinem der Praxisbeispiele eine ausführliche Kosten- bzw. Nutzenanalyse speziell für die eingeführte RFID-Lösung durchgeführt."[GKWD06, 116]

"Most of the academic publications fail to provide a theoretical framework that links RFID to existing research and conceptualizes the potential impact of the technology on supply chain performance."[Tell06, 12]

„Zuverlässige und umfassende Kosten-Nutzen-Analysen zum Nachweis der Wirtschaftlichkeit des RFID-Einsatzes in offenen logistischen Systemen fehlen derzeit."[StFl05, 53]

„This leads us to the conclusion that it is very important to base the selection of an RFID infrastructure on a well-defined multi-dimensional model which covers both technical and economical aspects." [FrSB06, 8]

- Zur wirtschaftlichen Bewertung von IT im Allgemeinen:

„Despite the existence of a wealth of literature, the IS community appears to be no nearer to a solution to many problems associated with ICT appraisal."[MiMe04, 87]

„Although there are numerous articles published in the areas of IS evaluations, such research has identified a continued need for further research to consider the evaluation of costs and benefits in a supply chain and e-commerce environment. There have been numerous changes in the past decade on enterprise environments, with this and supply chain implications needing to be taken into account when developing a framework for IS evaluation and critical success factors for the successful implementation."[IrGL06, 952]

„In the literature, there is a considerable volume of research reported on the IT/IS evaluation, but a balanced and practical framework has not yet been established."[GuNM06, 958]

Die Entscheidung über eine überbetriebliche RFID-Einführung erfordert auf Unternehmensebene zum einen das Verständnis der Technologie, um die Potenziale erkennen zu können und zum anderen die Fähigkeit, diese Potenziale unter wirtschaftlichen Gesichtspunkten bewerten zu können. Dem soll im Rahmen dieser Arbeit Rechnung getragen werden, indem auf die technische Ausgestaltung und die ökonomische Bewertung eingegangen wird. Die konkrete Ausrichtung spiegeln die nun folgenden Forschungsfragen wider.

1.2 Zielsetzung und Forschungsfragen

Das übergeordnete Ziel der Arbeit liegt in der Entwicklung eines Bewertungsrahmens für Investitionen in den unternehmensübergreifenden Einsatz von RFID. Diese Bewertung soll im Sinne einer entscheidungsunterstützenden Evaluation erfolgen, wobei möglichst umfassend die relevanten Einflussfaktoren berücksichtigt und alle betroffenen Akteure einbezogen werden sollen. Somit lässt dich die Zielsetzung der Arbeit in das Forschungsgebiet der Wirtschaftlichkeitsbetrachtung von IT-Investitionen einordnen.

Gemäß dem wissenschaftlichen Profil der Wirtschaftsinformatik[3] liegt deren Ziel in der Gewinnung von Methoden, Theorien, Werkzeugen und allgemeinen Erkenntnissen mit Bezug zu Informationssystemen, wobei explizit Gesichtspunkte deren ökonomischer Einsetzbarkeit einbezogen werden (vgl. [Köni94, 81]).

Für eine fundierte Investitionsentscheidung über einen RFID-Einsatz ist eine ganzheitliche Betrachtung und Bewertung der Wirtschaftlichkeit unter Einbezug technischer Faktoren vonnöten [JaMG06, 71; FrSB06, 1]. Um diesem Bewertungsziel nachzukommen, ist es zunächst notwendig, das Untersuchungsobjekt genauer zu betrachten, was zum zweiten wichtigen Punkt, der technischen Ausgestaltung, führt.

Die Fokussierung auf überbetriebliche RFID-Systeme im Sinne offener Systeme, die von den verschiedenen Parteien frei für eigene Zwecke genutzt werden können, stellt ein generisches Szenario dar, das die Vielfalt der Ausgestaltungen des RFID-Einsatzes sinnvoll eingrenzt. Insbesondere sollen sich die Betrachtungen zum einen von dem Bereich der Sicherheitsanwendungen von RFID wie z.B. Zutrittskontrollsystemen, Wegfahrsperren oder Reisepässen, die eine gänzlich anders gelagerte Zielsetzung verfolgen, und zum anderen von geschlossenen Anwendungen im Produktionsbereich, deren Einsatzzwecke und Ziele doch relativ klar definiert und bewertbar sind, abgrenzen. Trotz dieser Einschränkung sind Einsatzbereiche und entsprechende Funktionalitäten bzw. Ausgestal-

---

[3] Laut Beschluss der Wissenschaftlichen Kommission Wirtschaftsinformatik im Verband der Hochschullehrer für Betriebswirtschaft e.V. vom 6.10.1993.

tungsformen von überbetrieblichen RFID-Systemen äußerst unterschiedlich und anwendungsspezifisch. Diese Feststellung führt zur ersten Forschungsfrage, die das chungsobjekt greifbarer machen soll:

Wie kann ein Klassifikationsrahmen für den überbetrieblichen RFID-Einsatz aussehen?

Unter diesem Punkt wird der Untersuchungsgegenstand aus technischer Sicht analysiert und nach klassifizierenden Eigenschaften untersucht, anhand derer sich unterschiedliche Systemausprägungen kennzeichnen lassen. Dies scheint vor dem Untersuchungshintergrund der Wirtschaftlichkeit angebracht, da die Systemausgestaltung die Kosten- als auch die Leistungsseite maßgeblich beeinflusst.

Obgleich die technische Ausgestaltung das Grundpotenzial und die aktiv beeinflussbare Seite der Leistungsfähigkeit des Systems definiert, können weitere Faktoren in diesem Zusammenhang eine Rolle spielen. Diesem Aspekt geht die folgende Forschungsfrage nach:

Welche Faktoren können die Entscheidung hinsichtlich eines überbetrieblichen RFID-Einsatzes beeinflussen?

Während die vorangegangene Frage ein RFID-System hinsichtlich seiner inneren Zusammensetzung untersucht, zielt diese Forschungsfrage auf den Kontext eines RFID-Einsatzes, also dessen Umfeld und relevante Beziehungen, ab.

Die Beantwortung dieser beiden Fragen soll zu einer Analyse der Einflussfaktoren führen, die ein Entscheider berücksichtigen sollte. Es wird der Entscheidungsraum dargelegt, dem mit einem gezielten Vorgehen zur Bewertung begegnet werden soll. Um hier ein passendes Konzept zu finden, müssen zunächst die Anforderungen ermittelt werden:

Welche Anforderungen sind an ein Verfahren zu stellen, das die Entscheidung über ein überbetriebliches RFID-System unterstützt?

Die Anforderungen werden aus den zuvor gewonnenen Erkenntnissen hinsichtlich des Entscheidungsrahmens einer RFID-Einführung abgeleitet. Diesen Anforderungen muss ein zu entwickelndes Beurteilungskonzept gerecht werden. Folgend stellt sich die Frage nach der konzeptionellen Ausgestaltung:

Wie kann ein Konzept zur Entscheidungsunterstützung aussehen?

Diesbezüglich ist ein auf der vorangehenden Analyse aufbauender Vorschlag zu entwickeln. Es wird untersucht, wie Kosten und Nutzen einer überbetrieblichen RFID-Anwendung beschrieben werden können, um als Basis einer Wirtschaftlichkeitsaussage zu dienen. Diese Fragestellung betrachtet ferner die für eine Bewertung notwendigen Verfahren, welche zu einem sinnvollen Instrumentenmix zu kombinieren sind.

Wie kann das Konzept im Rahmen eines Prototyps informationstechnisch umgesetzt werden?

Als Proof-of-Concept und zur praktikablen Umsetzung des zuvor theoretisch formulierten Bewertungskonzepts, ist dies im Rahmen eines Prototyps informationstechnisch umzusetzen. Er dient ferner der Konformität zu dem in Abschnitt 1.4 beschriebenen wissenschaftlichen Vorgehen.

Aus wissenschaftlicher Perspektive ist das Ziel der vorliegenden Arbeit, die Forschung zur Bewertung von IT-Investitionen allgemein voranzutreiben und bestehende Kenntnisse auf den dargestellten Anwendungsbereich zu transferieren. Die Ergebnisse sollen eine Grundlage für die Bewertung des Einsatzes von RFID im unternehmensübergreifenden Umfeld bilden und so einen Beitrag zur oben angesprochenen ökonomischen Fundierung der Wirtschaftsinformatik leisten.

Aus praktischer Sicht sollen die gewonnenen Erkenntnisse Entscheider in Unternehmen bzw. Unternehmensverbünden unterstützen, die Eignung und Bewertung eines potenziellen RFID-Einsatzes methodisch zu evaluieren. Für die praktikable Umsetzung des Bewertungskonzepts wird ein Prototyp entwickelt.

Nachdem in diesem Unterkapitel auf die Zielsetzung der Arbeit und deren Konkretisierung durch die Formulierung der Forschungsfragen eingegangen wurde, soll im nächsten Abschnitt dargelegt werden, wohingehend das Themenfeld bereits bearbeitet wurde und inwieweit hier weiterer Forschungsbedarf besteht.

1.3 Einordnung und Abgrenzung der Arbeit

Dem Thema RFID wurde sich bereits aus verschiedenen Perspektiven genähert. Es finden sich zahlreiche Überblicksarbeiten, die sich grob in eher technisch orientierte (z.B. [Fink06; GlBh06; ScSc05; Fisc07]) und anwendungsorientierte Ansätze (z.B. [HuPP07; BHPT07; GiHa07]) aufteilen lassen. Die Jahrgänge der genannten Literatur spiegeln die Aktualität des Themas wider: Sie wurden vor allem in den letzten beiden Jahren veröffentlich, wobei das schon als Standardwerk zu bezeichnende Buch von *Finkenzeller* [Fink06][4] eine Ausnahme darstellt.

Des Weiteren existiert eine ganze Reihe an Monographien aus dem wissenschaftlichen Umfeld, die eine branchenorientierte Sichtweise wiederspiegeln (z.B. Gesundheitswesen [GKWD06], Automobilindustrie [Stra05], Konsumgüterindustrie [Tell06], Textilbranche [Schm06], Logistik [Mann06]).

Neben der immer größer werdenden Zahl an Monographien, findet sich ebenfalls eine unüberschaubare Menge an Einzelbeträgen in Zeitschriften, Konferenzen und Sammelbänden, die sich mit der RFID-Technologie sowie den vielfältigen verwandten Aspekten auseinandersetzen. Für das Thema der vorliegenden Arbeit werden insbesondere Beiträge betrachtet, die sich dem Thema unter wirtschaftlichen Gesichtspunkten nähern.

Im Folgenden seien für die vorliegende Arbeit besonders relevante Veröffentlichungen herausgegriffen:

Aus dem Umfeld des *Fachgebiets Logistik* an der *Universität Dortmund* sind einige Beiträge mit Bezug zur Wirtschaftlichkeitsbetrachtung hervorgegangen. Hier wurde ebenso das später noch betrachtete Kalkulationstool *rfid-cab* entwickelt. Von den sich teilweise inhaltlich überschneidenden Beiträgen [JaMa05a; JaMa05b; JaMG06] sei stellvertretend auf Folgende eingegangen:

Der Beitrag von *Jansen & Mannel* [JaMa05a, 86-97] betrifft explizit die Thematik der Wirtschaftlichkeit von RFID-Anwendungen und nennt viele relevante Aspekte. Die Ausführungen beschreiben jedoch keine Gesamtmethodik sondern spannen eher grob den Rahmen einer Wirtschaftlichkeitsbetrachtung von RFID-Anwendungen auf und reißen Teilbereiche der Bewertung an. Insgesamt kann dem Beitrag jedoch eher motivierender Charakter hinsichtlich der Bewertung selbst und zu berücksichtigender Faktoren zugesprochen werden, als den einer umfassenden Behandlung der Thematik.

Koch & Mannel [KoMa05, 143-168] gehen modellhaft auf eine Themenstellung in der textilen Supply Chain ein. In erster Linie werden aus logistischer Sicht Nutzenpotenziale genannt und textuell beschrieben, sowie eine beispielhafte Kostenaufstellung dargelegt. Obgleich in einem späteren Abschnitt die ermittelten Kosten den Einsparungen grafisch

---

4 Das Buch wurde in der Erstauflage bereits 1998 veröffentlicht. Seit 2006 ist es in der 4. Auflage erhältlich.

gegenüber gestellt werden, finden sich keine genaueren Angaben zur Zusammensetzung und Ermittlung dieser Einsparungsgrößen.

Schmidt [Schm06] fokussiert in seiner Dissertation auf die textile Kette. Er fasst in seinem Ansatz zur Entscheidungsunterstützung verschiedene relevante Faktoren zusammen (technologische Aspekte, wirtschaftliche Aspekte, Grad der Standardisierung, strategische Ziele, empirische Aspekte sowie Zusatznutzen) und ordnet diesen Gewichtungen zu.

Die Dissertation von *Mannel* [Mann06] verfolgt eine der vorliegenden Arbeit ähnlich gelagerte Zielsetzung, setzt den Schwerpunkt jedoch auf den Einsatz in der Textillogistik. In der vorliegenden Arbeit wird ein größerer Schwerpunkt auf der Darstellung des allgemeinen Entscheidungsrahmens und der Ableitung der Anforderungen an die Bewertungskonzeption mit besonderer Fokussierung auf den überbetrieblichen Aspekt gelegt. *Mannel* [Mann06] konzentriert sich stärker auf die Prozessbewertung. Die entwickelten Prototypen unterscheiden sich ebenfalls deutlich voneinander, was in den Kapiteln 9 und 10 nochmals detaillierter aufgegriffen wird.

Aus dem Umfeld des *Mobile and Ubiquitous Computing Lab* an der *Universität St. Gallen* sind ebenfalls einige Beiträge mit Bezug zur Bewertung von RFID entstanden.

Tellkamp [Tell05, 316-327] schlägt in seinem Beitrag zur finanziellen Bewertung von Ubiquitous-Computing-Anwendungen fünf generische Anwendungsfälle vor, denen Kosten- und Nutzentreiber zugeordnet wurden. Er veranschaulicht die Bewertung eines Nutzentreibers an einem Beispiel. Es werden verschiedene Aspekte motiviert (wie z.B. Einsatz von Szenarien oder Sensitivitätsanalyse), die Ausführungen bleiben aber hinsichtlich des in der Zusammenfassung erhobenen Anspruchs eines Berechnungsmodells und Vorgehensvorschlags eher rudimentär.

Strassner [Stra05, 141ff.] geht im Rahmen seiner Dissertation ebenfalls auf die Kosten-Nutzen-Bewertung von RFID-Anwendungen ein. Er entwickelt allerdings keine spezielle Methodik zur Wirtschaftlichkeitsermittlung. Er geht eher allgemein auf Effekte einer RFID-Einführung in verschiedenen Anwendungsbereichen aus dem Umfeld der Automobilindustrie ein, die er anhand von auf Experteninterviews basierenden Fallstudien verdeutlicht. Es wird für jeden Betrachtungsfall eine Art projektbezogene Kosten-Nutzen-Bewertung präsentiert, deren Zustandekommen jedoch nicht näher erläutert wird.

Tellkamp [Tell06] behandelt in seiner Dissertation die Auswirkungen von RFID auf die Fast Moving Consumer Goods Supply Chain. Er teilt den Nutzen in drei Klassen (Automational, Informational und Transformational Effects) und zeigt in erster Linie Standardprozesse auf, die durch RFID unterstützt werden können.

Das *Fraunhofer-Institut für Software- und Systemtechnik* widmet sich ebenfalls dem Thema RFID und geht in Ansätzen auf die Wirtschaftlichkeit ein.

In der Arbeit von *Gaßner et al.* [GKWD06] werden verschiedene RFID-Projekte aus der medizinischen Praxis strukturiert beschrieben, wobei bei der Darstellung der Kosten- und Nutzeneffekte jedoch vollkommen auf eine wirtschaftliche Bewertung verzichtet wird und anscheinend auch von den Verantwortlichen in den Praxisbeispielen nicht explizit und vollständig durchgeführt wurde [GKWD06, 116]. In einer einfachen, an einen der Praxisfälle angelehnten Beispielrechnung wird exemplarisch auf die Kalkulation des Return on Investment (ROI) und der Amortisationsdauer eingegangen, wobei hier kein allgemeines Vorgehen zur Kosten- und Nutzenbewertung angestrebt wurde, und auch nicht detailliert auf die Bewertung insbesondere der Nutzenseite eingegangen wird. Die Kalkulation spiegelt ferner keine überbetriebliche Sichtweise wider.

Gemein haben die meisten der vorangegangenen Arbeiten, dass sie sich dem Themenbereich RFID aus einer branchenbezogenen Perspektive nähern und in Teilen auch auf die Bewertung eingehen. Hier werden tendenziell die Bewertungsgrößen durchaus nach Kosten- und Nutzenarten aufgegliedert präsentiert, jedoch mit Ausnahme von [Mann06] und [Schm06] der Weg zur Ermittlung dieser Größen ausgeblendet. Allgemein wird der Aspekt der überbetrieblichen Evaluation eher vernachlässigt.

In vielen weiteren Überblicksarbeiten finden sich in Unterkapiteln kurze Ausführungen zur Wirtschaftlichkeit von RFID (z.B. [HuPP07, 51-56; BHPT07, 159-194; GiHa07, 79-87]). Diese Beiträge erweisen sich jedoch eher als kurze, die wirtschaftliche Bewertung an sich motivierende Abhandlungen. Teilweise finden sich Aussagen zu Kostenarten und Nutzen sowie fiktive Rechenbeispiele. Im Endeffekt werden hier aber eher die jeweils vorgeschlagenen Investitionsrechenarten (zumeist ROI) erklärt, anstatt die Ableitung und Behandlung der zugrundeliegenden Rechengrößen – insbesondere des Nutzens – zu erläutern. Die Herausforderung bei der Bewertung eines RFID-Projektes liegt jedoch letztendlich nicht in der Anwendung eines bestimmten Investitionsrechenverfahrens, sondern der Ermittlung der zugrundeliegenden Bewertungsgrößen. Darüber hinaus stellt die Bewertungssituation – insbesondere im überbetrieblichen Kontext – spezifische Anforderungen an die Methodik und deren letztendlichen Umsetzung.

Ziel dieses Abschnittes war es zu zeigen, dass sich zwar bereits dem Aspekt der Wirtschaftlichkeit von RFID-Systemen gewidmet wurde, jedoch nicht in der hier betrachteten

Art und Weise. Zusammen mit den vorherigen Aussagen zum Fehlen einer Gesamtmethodik aus Abschnitt 1.1 kann man an diesem Punkt festhalten, dass der Forschungsgegenstand erstens als relevant anzusehen ist und zweitens in der hier verfolgten Form noch nicht bereits bearbeitet wurde. Es existiert also ein Forschungsdefizit, dem mit der nun folgend dargestellten Vorgehensmethodik begegnet werden soll.

1.4 Forschungskonzeption

Nachdem das Thema hinreichend motiviert, die zu behandelnden Fragestellungen abgeleitet und ein diesbezügliches Forschungsdefizit identifiziert wurde, stellt sich nun die Frage nach der Vorgehensmethodik im wissenschaftlichen Sinn.

Vor diesem Hintergrund entspricht die Zielkonzeption der vorliegenden Arbeit einem technologischen bzw. pragmatischen Wissenschaftsziel, bei dem der Bezugspunkt der Forschung in der Betrachtung praktischer Organisationsprobleme liegt [vgl. Kubi75, 13]. Hierbei geht es allgemein um die Erarbeitung von Gestaltungsmöglichkeiten und deren Begründung im Gegensatz zum theoretischen Wissenschaftsziel, das sich der generellen Erklärung bestimmter Phänomene verpflichtet [KiKu92, 56]. Es wird nach Maßnahmen und Instrumenten gesucht, die sich für die Erreichung eines gesetzten Zieles eignen [Korn07, 25]. Kennzeichnend für einen pragmatischen Ansatz sind „Wie-Fragen" [KiKu92, 56], welche sich bereits in den in Kapitel 1.2 formulierten Forschungsfragen wiederfinden. Abbildung 1.1 zeigt die vier Grundformen der Zielsysteme wirtschaftswissenschaftlicher Forschung.

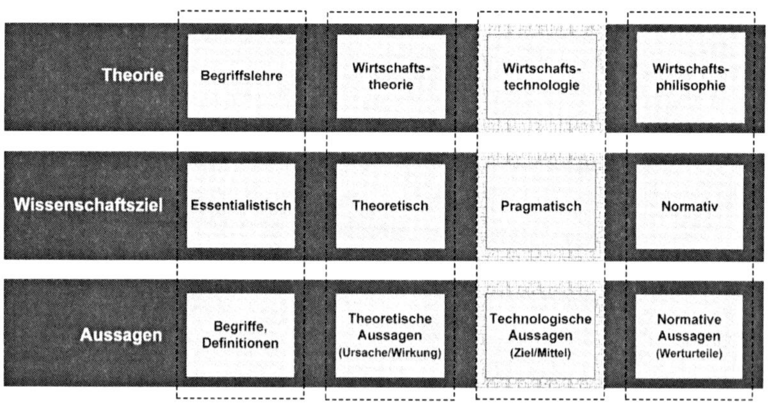

Abbildung 1.1: Forschungskonzeptionen (eigene Darstellung in Anlehnung an [Chmi94, 9])

Nach der wissenschaftstheoretischen Einordnung der Arbeit ist in einem nächsten Schritt die Frage zu beantworten, mit welchem konkreten Vorgehen das gesetzte Wissenschaftsziel erreicht werden soll.

Entsprechend der Zielkonzeption bedient sich die Arbeit eines Handlungsgrundprinzips, dem ein Ziel/Mittel-Verhältnis zugrunde liegt [vgl. Chmi94, 9ff.]. Das Hauptziel liegt in der Unterstützung der Bewertung überbetrieblicher RFID-Systeme. Das Mittel, um dies zu erreichen, ist ein umfassender Bewertungsrahmen, dessen informationstechnische Umsetzung im Rahmen eines Prototyps erfolgt. Der Prototypenbau ist eine Methode der Wirtschaftsinformatik, die einer primär technikwissenschaftlichen bzw. ingenieurwissenschaftlichen Vorgehensweise entspringt [Hein95, 31]. Ein Vorgehensmodell zur Erarbeitung eines Prototyps kann dem Forschungsansatz der Design Science bzw. des Design Research[5] entnommen werden. Dieser wurde im angelsächsischen Raum geprägt und bereits vielfach in Fragestellungen der Wirtschaftsinformatik bzw. im englischen Pendant der „Information Systems“ angewandt[6]. Die Zielkonzeption der Design Science folgt dem oben dargelegten, gestaltenden pragmatischen Wissenschaftsziel. Anstatt etwas Bestehendes zu untersuchen, wird etwas Neues geschaffen.

Im Forschungsparadigma der Design Science wird Wissen und Verständnis durch die Schaffung von Artefakten generiert, welche wiederum Konstrukte wie Vokabulare und Symbole, Modelle, Methoden und – wie im vorliegenden Fall – Prototypen sein können [HMPR04, 75f]. Der Ablauf des Design Research gliedert sich in die in Abbildung 1.2 dargestellten Phasen.

Am Anfang steht das *Problembewusstsein*. Es wurde in den vorangegangenen Ausführungen festgestellt, dass die Bewertung überbetrieblicher RFID-Einführungen Schwierigkeiten birgt, die einer besonderen Handhabung bedürfen und die bisher noch nicht ausreichend adressiert wurden. Um die Problematik greifbarer zu machen, wird der Untersuchungsgegenstand zunächst einführend unter verschiedenen Gesichtspunkten beschrieben und das Bewertungsobjekt *überbetrieblicher RFID-Einsatz* sowie dessen

---

5 Die Begriffe werden synonym verwendet. Es finden sich noch weitere Bezeichnungen wie z.B. Design Theory [Greg06], Formulativer Ansatz [GlRV04] und weitere sich teilweise auf bestimmte Ausprägungen beziehende Ansätze wie z.B. Prototypenbau. Das Feld ist nicht ganz trennscharf definiert und hinsichtlich der methodischen Beschreibungstiefe uneinheitlich, so dass sich in den weiteren Ausführungen zum Vorgehen im Wesentlichen auf die beiden Quellen [VaKu04] und [HMPR04] bezogen wird, die die Theorie ausführlich und konsistent beschreiben.

6 Siehe [GlRV04, 91] für eine Untersuchung der Verbreitung verschiedener Forschungsansätze in Informatikdisziplinen. In deren Kategorisierung wäre Design Science dem formulativen Ansatz zuzuordnen.

Kontext eingehend analysiert, um daraus Implikationen und Anforderungen an die Bewertungskonzeption abzuleiten.

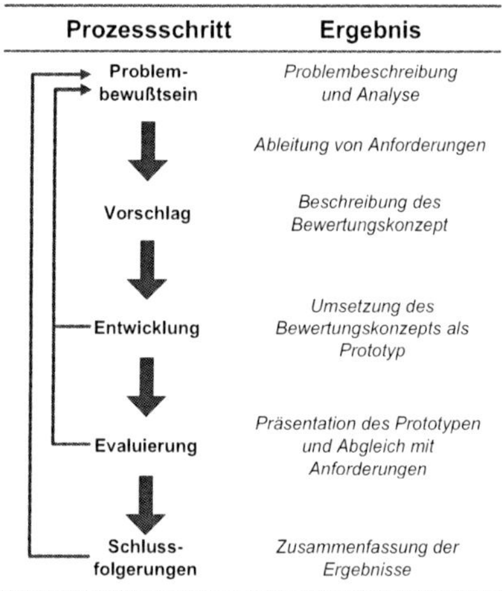

Abbildung 1.2: Methode des Design Research im Kontext der Dissertation (vgl. [VaKu04])

Die Formulierung der Anforderungen kann teilweise bereits der Folgephase der Vorschlagsgenerierung zugerechnet werden, welche inhaltlich sehr eng mit der Phase des Problembewusstseins verbunden ist [VaKu04]. Die Anforderungen selbst ergeben sich aus dem Forschungsrahmen, der sich im Bereich der Wirtschaftsinformatik allgemein in die Gesichtspunkte Menschen, Organisationen und Technologie gliedern lässt [vgl. HMPR04, 80]. Auf der Analyse des Untersuchungsobjektes und der relevanten Umfeldaspekte aufbauend wird der *Vorschlag* eines Bewertungskonzepts abgeleitet. Der Vorschlag wird unter Berücksichtigung der Anforderungen und unter Verwendung existierenden Grundlagen- und Methodenwissens erarbeitet. Er wird in der Phase der *Entwicklung* im Rahmen eines Prototyps umgesetzt. Dieser wird daraufhin einer *Evaluierung* unterzogen, welche in deskriptiver Form anhand der formulierten Anforderungen durchgeführt wird. Die Ergebnisse werden in der *Schlussfolgerung* zusammengefasst.

Der Forschungsprozess selbst ist ein iterativer Durchlauf der oben genannten Phasen. Die folgenden Ausführungen präsentieren das letztendliche Resultat der Untersuchungen in der idealtypischen sequentiellen Reihenfolge, dessen inhaltlicher Ablauf die nun folgende Beschreibung des Aufbaus der Arbeit aufzeigt.

1.5 Aufbau der Arbeit

Die vorliegende Arbeit gliedert sich grob in vier Teile.

Teil I: Grundlagen und Begrifflichkeiten

Nach der vorangestellten Einleitung beschäftigt sich Teil I mit den Grundlagen und Begrifflichkeiten im Hinblick auf den überbetrieblichen RFID-Einsatz. Hier wird grundlegend die ***RFID-Technologie*** vorgestellt, indem zunächst auf deren Entwicklung und aktuellen Stand eingegangen wird, woran sich eine Abgrenzung und Darstellung der hier verfolgten Auffassung des Begriffs (überbetriebliches) RFID-System anschließt. Danach wird auf technologieinhärente Nutzenpotenziale im Sinne technisch begründeter Vorteile von RFID gegenüber alternativen Technologien zur automatischen Identifikation (Auto-ID) eingegangen. Zur weiteren Grundlagenbetrachtung wird auf den ***überbetrieblichen Kontext*** abgestellt und aus organisatorischer Sicht die überbetriebliche Kooperationen beleuchtet. Vor dem überbetrieblichen Hintergrund wird auch der wichtige Aspekt der Standardisierung adressiert. Abschließend werden im Rahmen der Grundlagen mit der Betrachtung des Ubiquitous Computing und des Internet der Dinge auf regelmäßig mit dem überbetrieblichen RFID-Einsatz in Verbindung gebrachte ***Visionen*** eingegangen.

Teil II: Darstellung des Entscheidungsrahmens

Der zweite Teil der Arbeit beleuchtet den Entscheidungsrahmen einer überbetrieblichen RFID-Einführung, innerhalb dessen eine Bewertung durchgeführt wird. Hierfür wird zunächst genauer auf das Bewertungsobjekt eingegangen, indem die ***Ausgestaltungsparameter*** eines überbetrieblichen RFID-Systems betrachtet werden. Das Kapitel mündet in einem Klassifikationsrahmen für RFID-Systeme und soll somit die Formulierung technischer Ausgestaltungsvarianten durch das Aufzeigen relevanter „Stellschrauben" und deren tendenzielle Auswirkungen auf Kosten- und Nutzenpositionen unterstützen. Im Folgekapitel wird der weitere Entscheidungskontext einbezogen, indem ***exogene Einflüsse*** aufgezeigt werden, die sich auf die Wirtschaftlichkeit eines RFID-Einsatzes auswirken können, auf die Unternehmen jedoch keinen unmittelbaren Einfluss haben. Danach wird auf die Konstellation der Bewertungssubjekte eingegangen und welche Problematiken in ihrem Zusammenspiel zu beachten sind. Abschließend werden aus dem in diesem Teil beschriebenen Entscheidungsrahmen die ***Anforderungen an die Bewertungsmethodik*** abgeleitet.

Teil III: Beurteilung der Wirtschaftlichkeit

Der dritte Teil befasst sich mit der Bewertung an sich. In diesem Rahmen wird zunächst ***RFID als Investitionsobjekt*** betrachtet und grundlegende Bewertungsansätze dargestellt.

Daran anschließend werden die ***Wirtschaftlichkeitsmaße Kosten und Nutzen*** hinsichtlich der grundsätzlichen Begriffsauffassung, deren Klassifizierung im Hinblick auf das Untersuchungsobjekt sowie diesbezüglichen Quantifizierungsansätzen untersucht.

Darauf aufbauend werden ***Verfahren zur Beurteilung der Vorteilhaftigkeit*** dargestellt, die im Wesentlichen die zentralen Investitionsrechenverfahren zur Verwendung mit den zuvor ermittelten Größen Kosten und Nutzen repräsentieren. Diese können um weitere Verfahren ergänzt werden, die bestimmten Umständen bei der Bewertung Rechnung tragen. So werden im Weiteren Verfahren zur Berücksichtigung der unsicheren Erwartungen, zum Umgang mit der Schätzungenauigkeit und zur Berücksichtigung qualitativer Indikatoren einbezogen.

Teil III schließt mit einem zusammenfassenden Vorschlag zur Entscheidungsunterstützung, dessen informationstechnische Umsetzung im letzten Teil der Arbeit behandelt wird.

Teil IV: Informationstechnische Unterstützung der Bewertung

Der vierte Teil widmet sich der informationstechnischen Unterstützung der RFID Bewertung. In diesem Zusammenhang werden zunächst bestehende Anwendungen zur RFID-Bewertung präsentiert und gegenübergestellt. Folgend wird der im Rahmen dieser Arbeit entwickelte Prototyp zur Unterstützung einer überbetrieblichen RFID-Bewertung dargestellt und anhand der zuvor definierten Anforderungen evaluiert.

TEIL I:
GRUNDLAGEN UND BEGRIFFLICHKEITEN

2 Grundlagen des überbetrieblichen RFID-Einsatzes

Im Folgenden wird zunächst das Bewertungsobjekt – der überbetriebliche Einsatz von RFID – untersucht. Vor diesem Hintergrund wird zunächst RFID als Technologie beleuchtet (Abschnitt 2.1), indem auf die Entwicklung, grundlegende Funktionsweise und technologieinhärenten Nutzen eingegangen wird. Des Weiteren werden Gesichtspunkte des überbetrieblichen Einsatzes (Abschnitt 2.2) betrachtet, was sich in Ausführungen zu Formen der überbetrieblichen Kooperation sowie der Standardisierung niederschlägt. Im Zusammenhang mit dem Untersuchungsgegenstand finden sich populäre theoretische Konzepte, die in gewisser Weise grundlegende Visionen darstellen und eng mit dem überbetrieblichen RFID-Einsatz verbunden sind. Diese werden in Abschnitt 2.3 aufgegriffen.

2.1 RFID als Technologie

In der gegenwärtigen Diskussion erscheint es wichtig, den Untersuchungsgegenstand überbetriebliches RFID-System begrifflich abzugrenzen, da oft Nutzenaspekte und Potenziale im Zusammenhang mit einer RFID-Einführung genannt werden, deren Realisierung nicht zwingender Weise an die RFID-Technologie gebunden sind.

Insbesondere wird hinsichtlich der Potenziale die Kerntechnologie der kontaktlosen Identitätsübermittlung mittels Radiowellen mit der diese Daten weiterverarbeitenden Informationsinfrastruktur vermischt. Somit ist es Aufgabe des Kapitels 2.1.2 die Grundtechnologie kurz darzulegen. Vor diesem Hintergrund ist auch kritisch zu prüfen, inwieweit ein anvisiertes Ziel tatsächlich von RFID als Basis der Objekterfassung abhängt. Diesem Aspekt wird bei der Erläuterung der technologieinhärenten Nutzenpotenziale in Kapitel 2.1.3 Rechnung getragen. Zunächst sei jedoch kurz die historische Entwicklung des RFID-Einsatzes angesprochen.

2.1.1 Entwicklung und aktueller Stand

Die grundliegende RFID-Technologie ist nicht so jung, wie man aufgrund des derzeitigen Interesses erwarten könnte. Innovativ sind jedoch die heutzutage verfolgten Einsatzformen im Massenbetrieb, die umfassende Anbindung der Komponenten an betriebliche Informationssysteme und insbesondere der überbetriebliche Einsatz, so dass durchaus von einer „neue[n] Art der Transpondertechnologie" [Samt06, 6] gesprochen werden kann (vgl. auch [FiFo06, 27]).

Ihre ersten Einsätze hatte die RFID-Technologie bereits Ende der dreißiger Jahre im militärischen Bereich zur Freund-/Feinderkennung von Flugzeugen [BGGS07, 4].

Die erste wissenschaftliche Aufarbeitung wird von vielen Autoren in dem 1948 erschienenen Artikel von *Stockman* „Communication by Means of Reflected Power" [Stoc48] gesehen (vgl. [Borr05, 36; KnLK07, 89; Land01, 4]).

Im betrieblichen Umfeld wurde die Technologie zum ersten Mal in den späten sechziger Jahren im Rahmen von Electronic-Article-Surveillance(EAS)-Systemen genutzt, die bisher die am meisten verbreitete kommerzielle Nutzung der Technologie darstellen [Land01, 4].

Seit den siebziger Jahren hat der technische Fortschritt vor allem im Bereich der Mikroelektronik zu weiteren Einsatzgebieten wie der Tieridentifikation geführt [BGGS07, 4].

Wiederum ein Jahrzehnt später wurden in den achtziger Jahren erste RFID-basierte Systeme im Bereich der Straßenmaut eingesetzt [Land01, 5]. In den Folgejahren fand die Fortentwicklung zu den modernen RFID-Systemen statt, die auch die Umsetzung sogenannter Smart Labels, flacher flexibler Transponder, die in ein Selbstklebeetikett integriert sind, einschloss [Kern07, 7].

Als weiterer Meilenstein – insbesondere was den überbetrieblichen Fokus anbelangt – kann das 1999 am Massachusetts Institute of Technology (MIT) unter Beteiligung zahlreicher Industriesponsoren gegründete Auto-ID Center und dessen Aktivitäten zur Entwicklung von RFID-Standards gesehen werden. Seit 2003 werden diese Standardisierungsbemühungen von der gemeinnützigen Organisation EPCglobal[7] fortgesetzt [Sarm04, 52] (siehe Abschnitt 3.3.2.).

Die Vorgaben von EPCglobal dienten als Grundlage der meisten großen RFID-Initiativen [ThGr06, 179]. Als 2004 führende Handelsketten wie Wal-Mart, Metro und Tesco begannen, RFID-Systeme in ihrer Lieferkette zu einzusetzen, war das öffentliche Interesse an dieser Technologie groß. Nachdem die Technologie in den vergangenen Jahren oft etwas undifferenziert bejubelt wurde, finden sich heutzutage immer öfter relativierende

7 www.epcglobal.de

Aussagen [GüKC06, 307] und auch Analysten revidieren zuvor getroffene Prognosen zur Technologieverbreitung nach unten [McCr06]. Die Adaptionsraten sind nicht so hoch, wie man es von einem sich rasant entwickelnden Markt erwarten würde, obgleich eine grundsätzliche Überzeugung der zukünftigen Signifikanz des Technologieeinsatzes besteht (vgl. [Conn05]).

Ursprüngliche Zielvorgaben von Konzernen wie Wal-Mart wurden nachträglich nach unten angepasst [Shef04, 7]. Als ein Grund für die zögerliche Haltung vieler Unternehmen wird vielfach der fehlende Wirtschaftlichkeitsnachweis der Einführung von RFID-Systemen genannt [Tell06, 9; Font06; SPGD05, 22], wobei hier zumeist auf die zu hohe Kostenseite abgezielt wird. Der 5-Cent[8] Tagpreis, der von vielen Beiträgen als kritische Schwelle für eine breitere Massenanwendung genannt wird [ThGr06, 178; Sarm04, 52], ist jedoch noch nicht absehbar. Die günstigsten passiven Tags kosten dabei derzeit zwischen 10 und 20 Cent.

Neben den für viele Massenanwendungen noch zu hohen Kosten, werden weitere hemmende Faktoren in der noch nicht abgeschlossenen Standardisierung und der teilweise unzureichenden Lesezuverlässigkeit in realen Einsatzumgebungen gesehen.

Für eine grobe Einordnung der Positionierung einer Technologie hinsichtlich der bezogenen Aufmerksamkeit kann der „Hype Cycle for Emerging Technologies" der Analystengesellschaft Gartner[9] herangezogen werden[10]. Nach Meinung der dortigen Analysten zeigt sich für die Verwendung von RFID für logistischen Einheiten die Einschätzung, dass der Höhepunkt der überzogenen Erwartungen überschritten wurde und sich die Technologie hinsichtlich dieses überbetrieblichen Anwendungsgebietes auf dem Weg hin zu einer angemessenen Beurteilung befindet (vgl. Abbildung 2.1, auch [GüKC06, 310]).

Für den jetzigen Stand bleibt festzuhalten, dass obgleich einige Handelsunternehmen mit der RFID-Einführung auf Paletten und Kistenebene begonnen haben, sich der überbetriebliche Einsatz der Technologie noch in einer frühen Phase befindet [Tell06, 143;

8 Der Betrag von 5 Cent wird sowohl von Beiträgen aus dem amerikanischen Raum, als auch aus Europa als Daumenregel angegeben. Hier wird keine Währungsunterscheidung zwischen Eurocent und US-Cent vorgenommen.

9 www.gartner.com

10 Für eine alternative Beurteilung der RFID-Technologie hinsichtlich ihres Reifegrades sei auf [Shef04] verwiesen.

StFI05, 51]. Derzeit sind vor allem Anwendungen in geschlossenen Systemen im Einsatz, wobei offene, überbetriebliche Systeme Schwerpunktthema der kommenden Jahre sein werden [LLBW06, 2].

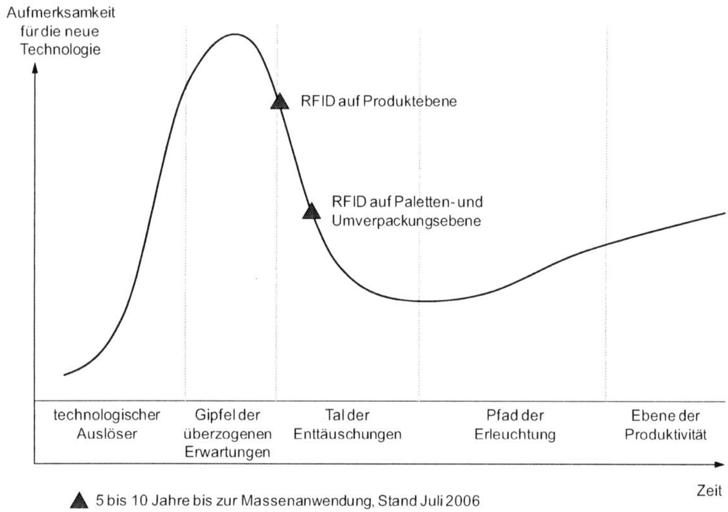

Abbildung 2.1: Positionierung von RFID innerhalb des Gartner Hype Cycle for Emerging Technologies 2006 (eigene Darstellung unter Bezug auf [Espi06])

Eine Studie des Fraunhofer Instituts für Materialwirtschaft und Logistik (IML) Ende 2006 ergab einen geschätzten Verbreitungsgrad der RFID-Technologie von 5% bei Konsumgütern und 7% bei Investitionsgütern gegenüber einem Verbreitungsgrad von 80% bzw. 61% des Barcodes in diesen Bereichen [Seid07, 56]. 97% aller Befragten dieser Studie sprachen der RFID-Technologie jedoch eine steigende Bedeutung in der Zukunft zu.

2.1.2 Funktionsweise und Abgrenzung eines RFID-Systems

RFID bezeichnet die grundlegende Technologie der automatischen Identifikation (Auto-ID) mittels magnetischer oder elektromagnetischer Felder. Sie kann durch folgende Eigenschaften charakterisiert werden [BSI04, 15]:

- Elektronische Identifikation
- Kontaktlose Datenübertragung
- Senden auf Abruf (on call)

Zur Gruppe der Auto-ID-Technologien, die der Identifikation von Objekten oder Personen dienen, rechnet [Fink06, 2]:

- Barcode
- Biometrische Verfahren[11]
- Chipkarten
- Optical Character Recognition (OCR)
- RFID

In der Diskussion des industriellen Einsatzes zur Identifizierung von Ladungsträgern und Packstücken wird die RFID-Technologie regelmäßig hinsichtlich Leistungsfähigkeit und Kosten Barcode-Lösungen gegenübergestellt [Sarm04, 52; Oehl99, 129ff], sie stehen in diesem Zusammenhang also in nächster Konkurrenz.

Der Begriff RFID-System wird in der Literatur unterschiedlich weit ausgelegt. Grundlegende Bestandteile eines jeden RFID-Systems sind Transponder und Schreib-/Leseeinheiten, deren grundlegenden Aufbau Abbildung 2.2 darstellt.

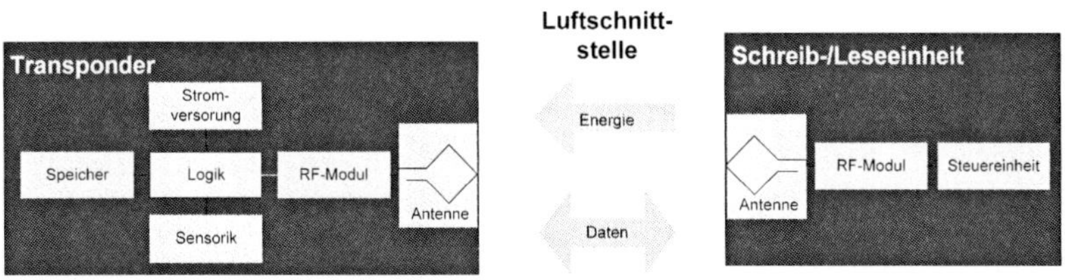

Abbildung 2.2: Konstituierende Bestandteile eines RFID-Systems (eigene Darstellung in Anlehnung an [Pfla01])

Der Begriff Transponder setzt sich aus den Worten Transmitter (Sender) und Responder (Antwortender) zusammen [Wehk06, 321]. Er besteht aus einer Antenne und einem integrierten Schaltkreis der die Bestandteile Radio-Frequency-Modul (RF-Modul), Logik und Speichereinheit vereint [Pfla01, 40]. Aktive Transponder verfügen darüber hinaus über eine Batterie und können Daten von potentiell integrierten Sensoren aufnehmen. Der Transponder wird mittels eines Trägermediums (z.B. Klebefolie) an dem zu identifizierenden Trägerobjekt angebracht.

Kommunikationspartner der Transponder sind Schreib-/Lesegeräte, wobei hier oft einheitlich der Begriff Reader verwendet wird unabhängig davon, ob dieser auch Schreibbefehle ausführen kann [Gros06, 22]. Reader bestehen aus einer oder mehreren Antennen,

[11] Biometrik bezieht sich ausschließlich auf Lebewesen.

einem RF-Modul und der Steuereinheit. Das RF-Modul dient zusammen mit der Antenne der Umwandlung elektromagnetischer Wellen in digitale Signale und umgekehrt. Den Datenstrom zwischen dem Netzwerk und den Transpondern organisiert die Steuereinheit [Pfla01, 40].

Reader und Transponder bilden die konstituierenden Bestandteile eines RFID-Systems. Sie tauschen kontaktlos Daten aus und übernehmen die Basis der automatischen Erfassung. Manche Quellen bezeichnen dieses Paar bereits als RFID-System (z.B. [acat06, 8; Fink06, 7; GöSB06, 5; Kern07, 33; BSI04, 15; Want04, 42; Gros06, 21f]). Dies mag etwas eng gefasst sein, da auf dieser Ebene zunächst nur Rohdaten generiert werden, die für eine Aufnahme in betriebliche Informationssysteme entsprechend aufbereitet und weitergeleitet werden müssen.

Ein aktivierter Leser scannt kontinuierlich sein Feld nach Transpondern und meldet die Leseereignisse in Form von Rohdaten an die weiterverarbeitende Einheit. Die Middleware übernimmt die grundlegenden Aufgaben des Geräte- und des Datenmanagements, auf dem die Dateninterpretation und die Verknüpfung mit Geschäftsregeln aufsetzt [Sarm04, 55] (vgl. Abbildung 2.3). Sie dient der Abstraktion von der physischen RFID-Infrastruktur und der Interpretation des generierten Datenstroms in für die weiterverarbeitenden Systeme relevante Ereignisse. Je nach Umsetzung übernimmt sie auch Aufgaben der Datenhaltung, indem sie generierte Ereignisse in einem eigenen Repository speichert.

Unter dem Gesichtspunkt, dass die zuvor genannte RFID-Infrastruktur zusammen mit der Middleware die grundsätzliche Informationsversorgung der Backend-Systeme abdeckt, können diese als RFID-System im engeren Sinne bezeichnet werden. Diese Auffassung spiegelt sich z.B. in [Mann06, 10; Heng06, 5] wider.

Manche Autoren fassen den Begriff des RFID-Systems noch weiter und beziehen die angeschlossenen Informationssysteme ein [BGGS07, 3; Lahi06, 7; LaFH05, 71; Shef04, 1]. Bei speziellen Anwendungssystemen, die auf der Identifizierung durch RFID aufbauen, wie z.B. Track & Trace-Plattformen ist dies zweifelsohne zu befürworten. Inwieweit allgemeine Backend-Systeme als Bestandteil eines RFID-Systems aufgefasst werden sollen, ist fraglich. Dafür spricht, dass die reine Datenbereitstellung noch keine betrieblichen Aufgaben unterstützt, sondern dies erst über die Nutzung in den entsprechenden Informationssystemen geschieht. Dem kann entgegengehalten werden, dass die traditionellen Backend-Systeme bereits ohne RFID-Unterstützung bestanden haben. Aus Sicht der Informationssysteme ist RFID lediglich ein Medium zur Datenerfassung [NMMK07, 94]. Ohne diese theoretische Diskussion zu weit ausführen zu wollen, können unter

RFID-Systemen im weiteren Sinne alle RFID-Daten erzeugende, weiterverarbeitende und nutzende Systeme verstanden werden.

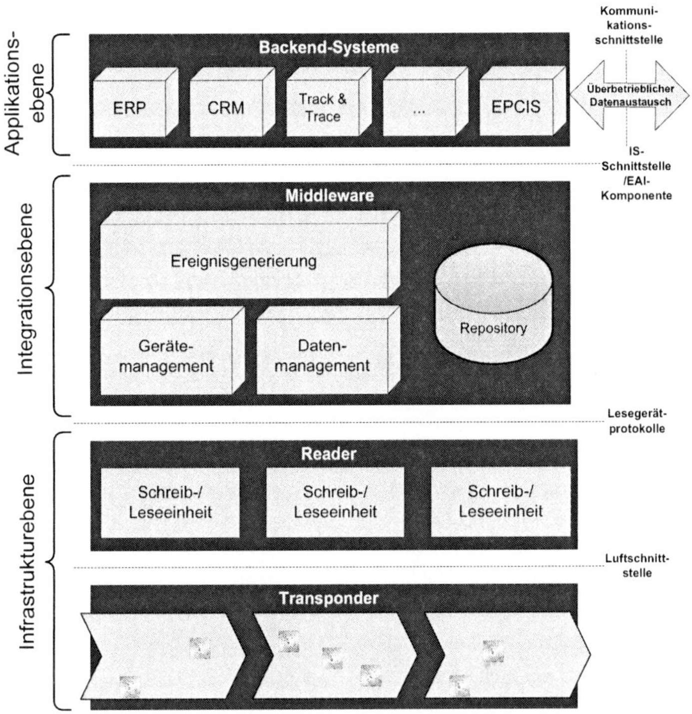

Abbildung 2.3: Ebenen eines RFID-Systems (eigene Darstellung in teilweiser Anlehnung an [ThGr06, 18; Sarm04, 55])

Vor dem Hintergrund der angestrebten Bewertung des RFID-Einsatzes ist anzumerken, dass die Nutzeneffekte erst über die Informationsverarbeitung in den Informationssystemen erzielt werden. Also sind sie unter dem Gesichtspunkt der dort erzielten Vorteile entsprechend zu berücksichtigen. Eine Verrechnung der Kosten dieser bereits bestehenden Systeme erscheint jedoch nicht angebracht. Es entstehen allerdings mit ihnen verbundene Kosten aufgrund des mit dem Anschluss der RFID Infrastruktur an die Backend-Systeme verbundenen Integrationsaufwands. Die Bewertungsthematik wird genauer in Teil 3 dieser Arbeit ausgeführt.

Zu einem überbetrieblichen RFID-System gehört ferner noch eine Komponente, die den unternehmensübergreifenden Datenaustausch bzgl. RFID-bezogender Ereignisse unterstützt, insofern nicht alle relevanten Daten auf dem Transponder gehalten werden. Dies können spezielle Anwendungen in einem Unternehmensnetzwerk sein, oder aber auch offen konzipierte Informationssysteme wie der von EPCglobal angedachte EPC-Information Service (EPCIS) [EPCg07b]. Der EPCIS wird in Abschnitt 3.3.2 zur überbetrieblichen Integration nochmals aufgegriffen.

2.1.3 Technologieinhärente Nutzenpotenziale

Mit RFID werden die verschiedensten Nutzenpotenziale[12] verbunden, wobei vielfach keine Unterscheidung getroffen wird, welche Effekte tatsächlich von zentralen Eigenschaften der RFID-Technologie abhängen und welche vielmehr auf die weiterführenden Informationssysteme oder Nummerierungsschemata zurückzuführen sind.

Grundlegend umfasst RFID folgende technologischen Charakteristika:

- funkbasierte Luftschnittstelle zum Datenaustausch
- integrierte Logik und Datenspeicher

Hieraus lassen sich die technologieinhärenten Nutzenpotenziale ableiten (siehe Abbildung 2.4):

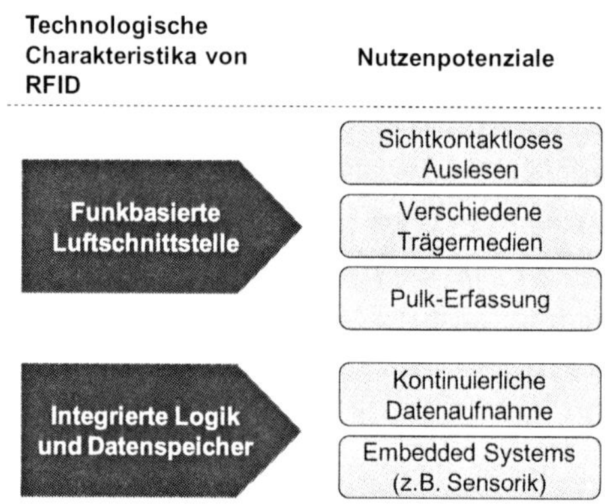

Abbildung 2.4: Technologieinhärente Nutzenpotenziale

Die Luftschnittstelle ermöglicht das sichtkontaktlose Auslesen, was zum einen relativ stringente Ausrichtungsbedingungen zum Lesegerät, wie sie etwa ein Barcode erfordert,

---

[12] Es wurde gezielt der Begriff Nutzenpotenziale gewählt, um dem Sachverhalt Rechnung zu tragen, dass nicht jede der hier aufgeführten spezifischen Eigenschaften der Technologie in jedem Kontext auch einen Vorteil bietet.

relaxiert und zum anderen die Einbettung des Transponders in verschiedene Trägermedien erlaubt. Letzteres ermöglicht robuste Bauformen und bedarfsgerechte Anbringungsmöglichkeiten des Transponders an verschiedenste Trägerobjekte. Darüber hinaus unterstützt die Luftschnittstelle die Fähigkeit zur Pulk-Erfassung, was das quasiparallele Auslesen mehrerer Tags im Lesebereich eines Readers bezeichnet.

Die interne Logik zusammen mit der Ausgestaltung des Datenspeichers[13] ermöglicht es wiederum in diesem Umfang kontinuierlich Daten aufzunehmen, was bei gedruckten Auto-ID-Technologien ebenfalls nicht möglich ist. Des Weiteren ermöglichen diese beiden Komponenten die Einbettung weiterer Systeme wie Sensoren, welche entsprechende Umweltparameter aufnehmen können.

Alle weiteren in Verbindung mit RFID vorgebrachten Nutzeneffekten bauen auf diesen zentralen Eigenschaften auf, benötigen weitere, nicht RFID-gebundene Bestandteile oder sind gar unabhängig von der Verwendung von RFID als Basistechnologie.

In der Diskussion um den RFID-Einsatz wird oft der Vorteil hervorgehoben, dass mit ihm eine eindeutige Identifizierung der Objekte möglich sei. Dies ist zwar grundsätzlich richtig, allerdings ist herauszustellen, dass eine eindeutige Identifizierung per se keinen RFID-Einsatz erfordert. Dies kann z.B. auch mit einem serialisierten Barcode umgesetzt werden (vgl. [Robe05]). Nur in Zusammenhang mit den o.g. weiteren auf RFID zurückzuführenden Nutzenpotenzialen wie insbesondere der Pulk-Erfassung oder dem sichtkontaktlosen Auslesen scheint RFID das geeignete Mittel eine eindeutige Identifizierung umzusetzen. Andersrum erfordert die RFID-Technologie jedoch eine eindeutige Transponderkennung, um zwischen ausgelesenen Transpondern bzw. den referenzierten Objekten unterscheiden zu können. Mehrere Transponder mit der gleichen Seriennummer im Lesebereich eines Readers werden nicht separat erkannt.

Vor diesem Hintergrund ist es wichtig, die Aufgaben, die ein RFID-Einsatz im Unternehmen erfüllen soll, genau zu definieren. Sollte ein Anwendungsfall nicht wenigstens von einem der o.g. technologieinhärenten Nutzenaspekte profitieren, wäre es genau zu prüfen, ob ein Einbezug der RFID-Technologie überhaupt indiziert ist.

---

[13] Die Datenspeichertechnologie bestimmt die Wiederbeschreibbarkeit.

2.2 Aspekte des überbetrieblichen RFID-Einsatzes

Im Folgenden wird auf den überbetrieblichen Kontext des RFID-Einsatzes eingegangen. Zu diesem Zweck wird dieser zunächst aus organisationstheoretischer Perspektive beleuchtet. Danach wird im Rahmen der diesbezüglichen Grundlagen der für den überbetrieblichen RFID-Einsatz aus technischer Sicht kritische Aspekt der Standardisierung thematisiert.

2.2.1 Formen überbetrieblicher Kooperation

Auf organisatorischer Ebene können verschiedene Formen der überbetrieblichen Kooperation identifiziert werden. Kooperationen sind durch eine längerfristige und vertraglich geregelte Zusammenarbeit rechtlich selbständiger Partner gekennzeichnet, die eine Form der Ressourcenzusammenlegung beinhaltet [PiDF05, 173]. Es existiert eine Vielzahl an Unternehmensbeziehungen deren genaue Abgrenzung sich in Teilbereichen als schwierig erweist. Stellvertretend sei hier auf *Picot et al.* [PiDF05, 173ff.] und *Fischer* [Fisc95] für eine Übersicht und Typologie verwiesen. *Fischer* [Fisc95, 17] unterscheidet auf erster Ebene zwischen konzentrierten und kooperativen Unternehmensverbindungen, wobei er letztere in Kartelle, Verbände, Konsortien, Syndikate, Interessen- und Gewinngemeinschaft, Gemeinschaftsunternehmen und Strategische Allianzen aufgliedert, während *Picot et al.* [PiDF05, 173ff.] eine Klassifizierung nach den beiden Kooperationszielen Marktmacht oder Effizienzgewinn vornehmen. Die einzelnen Klassen unterscheiden sich in ihrer Zielsetzung und sind nicht überschneidungsfrei. *Fischer* [Fisc95, 39] weist zugleich darauf hin, dass für Kooperationen kein „dominantes" Unterscheidungsmerkmal besteht (vgl. auch [Scho05, 11]). Die formale Art der Unternehmensverbindung ist für den Gegenstand der Arbeit weitestgehend unerheblich. Sie ist insoweit relevant, als dass im Rahmen der vorliegenden Arbeit in erster Line kooperative Beziehungsformen zwischen autonomen Partnern von Bedeutung sind, bei denen gewisse Entscheidungen auf kollektiver Ebene gemeinschaftlich getroffen werden. Im vorliegenden Fall wäre dies die Entscheidung über eine potentielle Einführung von RFID zur Unterstützung bestimmter unternehmensübergreifender Prozesse. Man kann in diesem Zusammenhang allgemein von einem Unternehmensnetzwerk sprechen.

> *„Ein Unternehmensnetzwerk stellte eine auf die Realisierung von Wettbewerbsvorteilen zielende Organisationsform ökonomischer Aktivitäten dar, die sich durch komplex-reziproke, eher kooperative denn kompetitive und relativ stabile Beziehungen zwischen rechtlich selbständigen, wirtschaftlich jedoch zumeist abhängigen Unternehmungen auszeichnet." [Sydo92, 79]*

Da Anwendungsfälle des überbetrieblichen Einsatzes von RFID in den meisten Fällen den Güteraustausch und somit Kunden-Lieferantenbeziehungen betreffen, die sich durch sequenzielle, vertikale Verkettung und unter der Prämisse der Kooperation zu Supply Chains zusammensetzen, seien diese ebenfalls folgend definiert:

> *„Ein Netzwerk vertikal alliierter, rechtlich selbständiger Unternehmen, die per Auftragsfluss sequentiell verbunden sind, über die Herstellung von Sachleistungen in diversen Wertschöpfungsschritten der Vormaterialerzeugung, Verarbeitung, Montage, Lagerung, Kommissionierung und Transport die Endkundenbedarfe decken und dabei erstens Lieferservice für den Kunden sicherstellen, um das Umsatzziel zu erreichen, zweitens entlang der gesamten Kette rationalisieren, um das Kosten- bzw. Kapitalbindungsziel zu erreichen sowie drittens eine akzeptable Verteilung von Kosten und Nutzen in der Kette anstreben, um das Stabilitätsziel zu erreichen." ([OtKo99, 216] zitiert nach [Otto02, 98])*

Insbesondere der letzte Punkt des Stabilitätsziels wird im Punkt der Kosten- und Nutzenverteilung nochmals aufgegriffen. Auch *Wildemann* [Wild93, 27] weist darauf hin, dass eine partnerschaftliche Zusammenarbeit erst dann funktioniert, wenn alle Beteiligten davon profitieren.

Allgemein kann eine Supply Chain von der primären Grundstoffgewinnung über verschiedene Stufen der Vor- und Endprodukterstellung bis hin zum Handel reichen [Otto02, 99]. Der Begriff „überbetrieblicher Einsatz" stellt im Gegensatz zu einer Benennung als „zwischenbetrieblichen Einsatz" darauf ab, dass nicht nur Unternehmen betroffen sein können, sondern dieser auch Kunden als Privatpersonen sowie potenziell auch weitere nachgelagerte Prozesse zum Ende des Produktlebenszyklus wie z.B. das Recycling tangieren kann. Somit stellt sich folgendes vereinfachendes Bild möglicher zu berücksichtigenden Akteure und Phasen (siehe Abbildung 2.5).

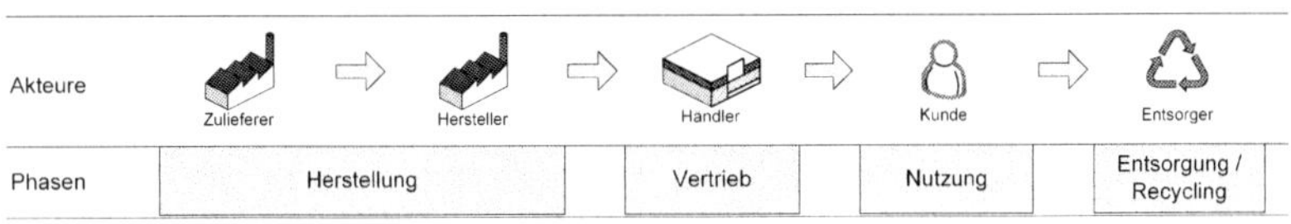

Abbildung 2.5: Akteure und Phasen im überbetrieblichen RFID-Einsatz

Bei einer Bewertung ist es nicht möglich den Kunden als Akteur der Gebrauchsphase direkt einzubeziehen, da diese Gruppe in der Regel nicht eindeutig bestimmbar und nicht hinreichend organisiert ist. Bei der Durchführung einer Bewertung müssen die Beteiligten Partner über Repräsentanten partizipieren. Dies wäre bezogen auf den Kunden als privater Endverbraucher nicht darstellbar. Die Auswirkungen auf den Kunden können jedoch von den evaluierenden Unternehmen antizipiert und in der Bewertung berücksichtigt werden.

2.2.2 Standardisierung

Überbetriebliche RFID-Systeme können auch als Interorganisatorische Informationssysteme (IOS) klassifiziert werden. *Gaugler* [Gaug00, 55] nennt als konstituierende Merkmale eines IOS, dass das System mindestens zwei rechtlich selbständige Unternehmen verbindet, wobei die Entscheidungsautonomie (z.B. im Hinblick auf Tochtergesellschaften) das ausschlaggebende Kriterium darstellt, sowie eine Kommunikationsinfrastruktur auf Basis von Informationssystemen zur Leistungskoordination aufgebaut wird.

Jede Interaktion und Koordination innerhalb von Geschäftsprozessen basiert auf Kommunikation. Für den Austausch von Informationen ist es daher notwendig, dass Sender und Empfänger einer Nachricht sich auf einen Kommunikationskanal einigen und über diesen von beiden verstandene Informationen austauschen. Damit die Kommunikationsprozesse nicht bilateral zwischen den einzelnen Netzwerkteilnehmern abgestimmt werden müssen, spielen Standards eine zentrale Rolle. Allgemein können Kommunikationsstandards als Regeln definiert werden, die die Basis für die Interaktion zwischen Akteuren bilden, wobei die Akteure Menschen oder Maschinen darstellen können.

Die Entwicklung RFID-bezogener Standards wird derzeit von verschiedenen Organisationen aktiv betrieben. Neben der International Organisation for Standardisation (ISO) ist in diesem Zusammenhang vor allem die Organisation EPCglobal zu nennen, die sich auf den RFID-Einsatz im Handel konzentriert. Diese Institutionen müssen wiederum auf die Konformität ihrer Vorgaben untereinander achten.[14]

Grob lassen sich die Standardisierungsbemühungen im RFID-Bereich nach ihrem jeweils fokussierten Teilaspekt in die Bereiche Technologie-, Daten- und Anwendungsstandards sowie Funkzulassungsvorschriften aufgliedern [Wehk06, 322; Walk04, 48].

Technologiestandards betrachten die grundlegenden technischen Eigenschaften von RFID-Systemen [Walk04, 48]. Hierunter fällt vor allem die Definition der Luftschnittstelle hinsichtlich Frequenzen und Übertragungsprotokoll, sowie Testmethoden zur Kontrolle der Leistungsfähigkeit und der Konformität. Sie sollen insbesondere sicherstellen, dass Lesegeräte und Transponder unterschiedlicher Hersteller zueinander kompatibel sind. Den Luftschnittstellenstandards widmet sich die ISO 18000-Reihe.

---

[14] Teilweise erhalten EPCglobal Standards in ISO Standard Einzug, wie im Fall der Luftschnittstellendefinition für UHF Generation 2 Tags, die im ISO 18000-6 Teil C aufgenommen ist [vgl. Clas06, 7].

Datenstandards behandeln die Datenformate und die Datenorganisation. Insbesondere sind hier die Identifikationsstandards zu nennen, die den Transponder bzw. das zugehörige Objekt eindeutig identifizieren. Identifikationsstandards stellen standardisierte Nummernsysteme dar, die es ermöglichen, Objekte weltweit eindeutig zu identifizieren. Die ISO stellt hierzu die Standards ISO 15961 bis 15963 [Clas06, 3].

Anwendungsstandards nennen Empfehlungen für die technischen Umsetzungen in bestimmten Anwendungsbereichen. Sie beziehen sich auf die zuvor genannten Technologie- und Datenstandards [Hust06, 14]. Diese sind jedoch abgesehen von den Bereichen der Tier- und Containeridentifikation bisher noch recht begrenzt [Wehk06, 322]. In Entwicklung sind hier von Seiten der ISO Anwendungsstandards für die Auszeichnung verschiedener Transportebenen in der Supply Chain, wobei bisher lediglich der Standard ISO 17363 für Frachtcontainer veröffentlich wurde.

Da es sich bei RFID-Systemen aus rechtlicher Sicht um Funkanlagen handelt [Wehk06, 321], unterliegen sie den diesbezüglichen Zulassungsvorschriften.

In den bestehenden Standardspezifikationen wurden bisher in erster Linie die Hardwareebene betrachtet [ThGr06, 178]. Diese sind vor allem für die RFID-Hardwarehersteller, Systemintegratoren und Anwendungsentwickler relevant. Aus Sicht des Anwenders stellt sich vor diesem Hintergrund in erster Linie die Frage nach der Auswahl der Luftschnittstelle und ggfs. des Datenprotokolls [Walk07, 52]. Anwendungsstandards treffen diesbezüglich Vorgaben. Sie sind jedoch – wie bereits angesprochen – in vielen Bereichen noch nicht abgeschlossen.

2.3 Verwandte Konzepte

In Folgenden sollen kurz zwei wesentliche Konzepte dargestellt werden, die häufig im Zusammenhang mit dem RFID-Einsatz genannt werden, da sie übergeordnete Visionen widerspiegeln, bei denen RFID als Basistechnologie einen zentralen Baustein zur Realisierung beitragen kann.

2.3.1 Ubiquitous und Pervasive Computing

Bereits im Jahr 1991 prägte *Mark Weiser*, Mitarbeiter am Palo Alto Research Center, in seinem vielbeachteten Aufsatz „The computer for the 21st Century“ [Weis91] den Begriff des Ubiquitous Computing.

"The most profound technologies are those that disappear. They weave themselves into the fabric of everyday life until they are indistinguishable from it." [Weis91, 94]

Damals noch als Vision formuliert, bekommt das Szenario der Allgegenwärtigkeit kleinster informationsverarbeitender Recheneinheiten immer mehr Realitätsbezug. Mittlerweile hat sich Ubiquitous Computing zu einer eigenen Forschungsdisziplin entwickelt, das Bereiche wie Sensorik, Human Computer Interface, verteilte Systeme und Wirtschaftsinformatik verbindet [FlDi03, 611].

Dem Grundgedanken des Ubiquitous Computing liegen zwei zentrale Aspekte zugrunde:

- Immer mehr Objekte werden mit Rechenleistung ausgestattet und können interagieren.
- Die Kommunikation zwischen dem Menschen und seiner vernetzten Umwelt erfolgt intuitiv.

Eine grundlegende Aussage des Ubiquitous Computing ist der Paradigmenwechsel, von der ersten Ära zentraler Mainframes, bei der Rechenleistung für viele Nutzer zentral gebündelt wird, über die zweite Ära des Personal Computer, bei dem jeder Anwender über einen eigenen Rechner verfügt, hin zum Ubiquitous Computing, bei dem sich der Nutzer einer Vielzahl dedizierter Recheneinheiten gegenüber sieht [Tugu04](Abbildung 2.6).

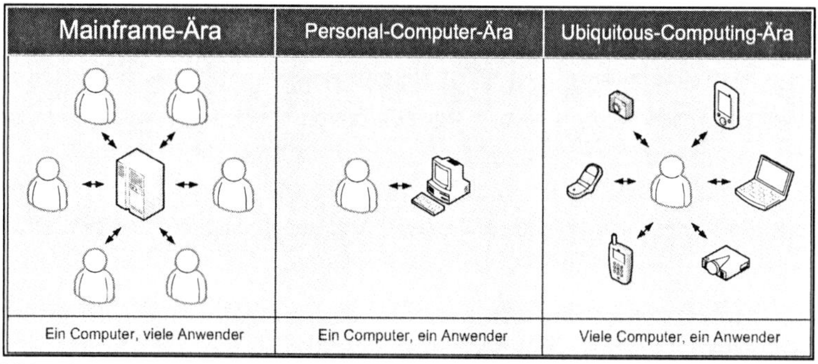

Abbildung 2.6: Paradigmenwechsel zum Ubiquitous Computing (eigene Darstellung in Anlehnung an [ALSS03, 36; Samu02, 5])

Der zweite wichtige Aspekt ist die intuitive Kommunikation, die neben neuen Mensch-Maschine-Schnittstellen auch völlig implizit mittels Maschine-Maschine-Schnittstellen über Vorgänge in der realen Welt erfolgt [Fers03, 3].

Somit nehmen Technologien des Ubiquitous Computing die Rolle eines „Mediators zwischen realer und virtueller Welt“ [FlDi03, 612] ein. In der virtuellen Realität, die zwar oft einen Realitätsausschnitt abbildet (etwa im Bereich der Simulation), fehlt die tatsächliche Bindung an reale Vorgänge. Hier taucht der Mensch in die künstliche Welt ein, während Ubiquitous Computing die Computerunterstützung in die reale Welt zu integrieren versucht. *Weiser* [Weis91, 94] sprach in diesem Zusammenhang von „embodied virtuality“ [ebenda].

> *„The challenge is to create a new kind of relationship of people to computers, one in which the computer would have to take the lead in becoming vastly better at getting out of the way, allowing people to just go about their lives.“[Weis93, 76]*

Neben dem Begriff des Ubiquitous Computing findet man in der einschlägigen Literatur auch häufig den des Pervasive Computing. Vom Wortlaut her liegt bei Ubiquitous Computing der Schwerpunkt eher auf der Allgegenwärtigkeit von Rechenleistung, während Pervasive Computing eher den durchdringenden, eingebetteten Charakter derselben hervorhebt.

Teilweise finden sich Abgrenzungsversuche zwischen den beiden Begriffen z.B. dass Ubiquitous Computing den Mobilitätsaspekt stärker verkörpere [LyYo02, 64] oder Pervasive Computing eher pragmatische, zeitnahe Einsatzformen im industriellen Umfeld beschreibe [MaLa03, 7][15].

Tatsächlich lässt sich eine differenzierte Verwendung der beiden Begriffe jedoch nicht feststellen (vgl. z.B. [Fers03; FlDi03; Samu02; BSI06; FlCD05, 27]). Sie werden teilweise auch explizit als synonym deklariert (z:B. [Gros06, 20; Saty01, 10]).

Ganz im Gegenteil können sogar weitere Begriffe aufgeführt werden, die sich auf dasselbe Phänomen beziehen und dieses ebenfalls nicht genauer untergliedern oder abgrenzen. Neben den bekanntesten Bezeichnungen des Ubiqitous und Pervasive Computing tauchen in dem Umfeld noch eine Vielzahl weiterer unspezifischer Begriffe auf, wie z.B. „Calm Computing“, „Hidden/Invisible Computing“, „Ambient Intelligence“ oder „Sentient Computing“ [Fers03, 4].

RFID kann als eine Schlüsseltechnologie im Rahmen des Ubiquitous Computing gesehen werden. RFID-Systeme unterstützen die Integration physischer Objekte mit IT-Systemen,

---

15 *Mattern & Langheinrich* [MaLa03, 7] schränken allerdings selbst ein, dass eine solche Unterscheidung eher akademischer Natur wäre.

indem sie letztere automatisiert Ereignisse der realen Welt erfassen lassen. Im unternehmerischen Kontext beseitigen sie Medienbrüche zwischen digitaler Verarbeitung und physischen Vorgängen, indem sie eine automatisierte Datenerfassung ermöglichen und eine darauf aufbauende Vorgangssteuerung unterstützen können. RFID stellt somit eine Basisfunktionalität für das Ubiquitous Computing bereit oder wie *Stanford* [Stan03] schreibt: „Pervasive Computing Goes the Last Hundred Feet with RFID Systems" [Stan03, 9].

2.3.2 Internet der Dinge

Die etwas später entstandene Idee des Internet der Dinge wird oft im Zusammenhang mit dem Ubiquitous Computing genannt. Die gemeinsame Basis kann in der Ausstattung verschiedenster Objekte mit Rechenleistung gesehen werden. Während Ubiquitous Computing auf die intuitive Interaktion zwischen dem Menschen und seiner technisierten Umwelt abzielt, fokussiert die Idee des Internet der Dinge jedoch vor allem auf die Vernetzung dieser Objekte untereinander [Gros06, 20; GüKC06, 310]. Zentrales Element sind hierbei Electronic Counterparts oder auch Electronic Pedigrees, die die informatorische Repräsentanz eines physischen Gegenstandes bilden. Diese werden über das jeweilige Objekt referenziert und sind über das Internet vernetzt.

Das grundlegende Konzept einer durchgehenden, produktbegleitenden Informationsbasis ist bis dato noch nicht Realität [HHST06, S.32]. Die Vision des Internet der Dinge spiegelt das EPCglobal-Netzwerk wider, welches sich jedoch noch hinsichtlich der Funktionalitäten zum netzwerkweiten Informationsaustausch im Aufbau befindet. Hierbei werden die über die auf dem RFID-Transponder gespeicherte eindeutige Seriennummer, dem elektronischen Produktcode (EPC), referenzierten Produktinformationen über verteilte Informationssysteme, den EPC Information Services (EPCIS) vorgehalten und über des Internet ausgetauscht [GS1G05, 3] (siehe Abschnitte 3.1.3 und 3.4.1).

Teil II: Darstellung des Entscheidungsrahmens

3 Ausgestaltungsparameter eines RFID-Systems

Die Variantenvielfalt im Bereich der RFID-Systeme wird auch in der Fachliteratur als „nahezu unüberschaubar" [BGGS07, 5; Fink06, 27] bezeichnet. Darüber hinaus ist bei einem gegebenen Anwendungsfall ex ante nicht eindeutig, welche Umsetzungsform zu favorisieren ist [FlLa05, 220].

In verschiedenen Beiträgen werden Teilbereiche von RFID-Systemen angesprochen, wobei sich tatsächliche Kategorisierungsansätze bisher auf die RFID-Infrastruktur mit Fokus auf die Transponder beschränken (vgl. [HaCh06; Fink02, 11ff; Pfla01]). Wie Abschnitt 2.1.2 zeigte, stellen diese jedoch nur einen Bestandteil eines überbetrieblichen RFID-Systems dar. Ziel der folgenden Ausführungen ist es, möglichst umfassend die wesentlichen Fragestellungen hinsichtlich der Ausgestaltung eines überbetrieblichen RFID-Systems zu beleuchten, die insbesondere aus Anwendersicht von Bedeutung sind. Aus diesem Grund werden technische Details der Kopplung[16], welche mit der verwendeten Frequenz verbunden ist, sowie des Datenübertragungs- und Antikollisionsverfahrens der Luftschnittstelle ausgeblendet. Hierfür sei auf die Ausführungen in [Fink06] verwiesen. Die Datenübertagungs- und Antikollisionsmethoden werden in den Standardisierungen der Luftschnittstellen (ISO 18000-Familie) geregelt [Walk07, 52ff], deren genaue Umsetzung aus Anwendersicht transparent ist. Die Vorgaben dieser Standards sind von den Herstellern der Transponder und Lesegeräte umzusetzen. Die Luftschnittstellenstandards sind frequenzbezogen definiert. Die Wahl einer geeigneten Frequenz wird später in Abschnitt 3.1.1 behandelt.

Die technische Ausgestaltung orientiert sich an den angestrebten Funktionalitäten bzw. zu unterstützenden Prozessen. Sie definiert das zu bewertende System und hat somit auch direkten Einfluss auf dessen Kosten- und Leistungswerte respektive Wirtschaftlichkeit.

Im Folgenden soll dargestellt werden, welche gestalterischen Maßnahmen im Wesentlichen getroffen werden können und wie sich diese tendenziell auf Kosten- und Lei-

---

[16] magnetisches Feld, elektromagnetische Wellen, Oberflächenwellen

stungsmerkmale auswirken. Es soll somit die Brücke zwischen technischer Ausgestaltung und Wirtschaftlichkeit geschlagen werden.

Zu diesem Zweck wird zunächst auf die Ausgestaltungsmöglichkeiten der Transponder selbst eingegangen (Abschnitt 3.1), woraufhin im Folgeabschnitt „Granularität der Datenerfassung" deren Einsatzstufe sowie die Readerorganisation thematisiert werden. Des Weiteren wird die inner- und überbetriebliche Integration der Technologie betrachtet (Abschnitt 3.3) sowie die Organisation der Datenhaltung aufgegriffen (Abschnitt 3.4). Nach einer abschließenden Betrachtung der Möglichkeiten zur Umsetzung von Mehrwegkreisläufen im Transponderhandling (Abschnitt 3.5) wird eine zusammenfassende Darstellung der Ausgestaltungsparameter bereitgestellt.

3.1 Ausgestaltung der eingesetzten Transponder

Zunächst sollen die Möglichkeiten zur Ausgestaltung der Transponder betrachtet werden. Die Arbeiten von [Pfla01, 103ff; HaCh06] konzentrieren sich explizit auf diesen Bestandteil eines RFID-Systems und auch das Standardwerk von [Fink02, 11ff] geht im Rahmen der Unterscheidungsmerkmale von RFID-Systemen darauf ein.

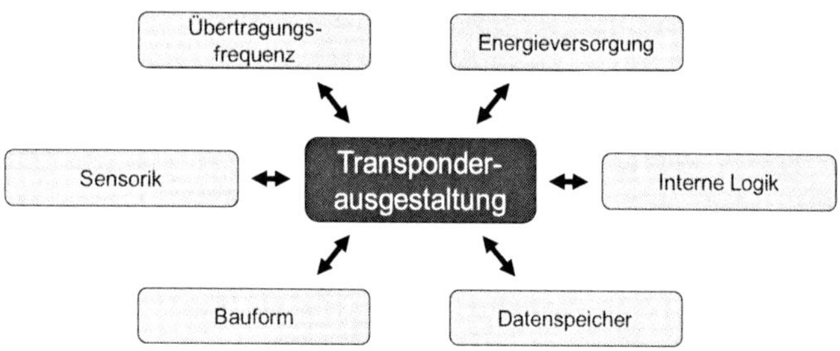

Abbildung 3.1: Transponderausgestaltung

Die Ausgestaltung der Transponder bestimmt direkt deren Stückpreis, welcher darüber hinaus von der Abnahmemenge abhängig ist. Aus diesem Grund und dem der zahlreichen Ausgestaltungsvarianten, auf die im Folgenden eingegangen wird, sowie dem allgemeinen Preisverfall (vgl. Abschnitt 4.1) können hierzu keine konkreten Aussagen hinsichtlich der Preise bzw. Kosten getroffen werden. Diese Kalkulationsgröße wäre ebenso projektbezogen zu eruieren wie die weiteren in diesem Kapitel angesprochenen Kostenfaktoren. Es werden allerdings Tendenzen hinsichtlich des Kosteneinflusses und die wesentlichen Leistungsmerkmale eines Ausgestaltungsparameters angegeben.

Die Transponderkosten machen in einem offenen System den Großteil der laufenden Systemkosten aus und stellen im Kontext des Gesamtprojektes einen wesentlichen Kostenfaktor dar. Da in einem offenen System kontinuierlich Transponder erworben werden müssen, ist auch der zukünftige Kostenverlauf zu approximieren.

Die Ausgestaltung der Transponder bestimmt ebenso die wesentlichen Leistungsmerkmale eines RFID-Systems. Abbildung 3.1 veranschaulicht relevante Aspekte hinsichtlich der Transponderwahl, die folgend genauer ausgeführt werden.

3.1.1 Übertragungsfrequenz

Die Übertragungsfrequenz stellt ein zentrales Unterscheidungsmerkmal der Transponder bzw. insbesondere der Luftschnittstelle dar. Sie hat maßgeblichen Einfluss auf die Lesereichweite und Leserate. Die Reichweite, Leserate und Lesezuverlässigkeit zwischen Transponder und Reader hängt allgemein von folgenden Faktoren ab [Wehk06, 323]:

- Systemfrequenz
- Datenmenge
- Art und Anzahl der Transponder im Lesefeld
- Ausrichtung und Position der Transponder untereinander
- Ausrichtung und Position im Antennenfeld
- Art, Menge und Verteilung kritischer Materialien wie Metall oder Wasser

Des Weiteren spielen auch die Antennengröße und die Übertragungsenergie mit der die Lesegeräte betrieben werden einen Rolle. Für letztere sind gesetzliche Maximalwerte in den Zulassungsvorschriften des European Telecommunications Standards Institute (ETSI) (EN300330, EN300440, EN300220, EN302208) vorgeschrieben [vgl. Wehk06, 322f], so dass insgesamt unter gewöhnlichen Bedingungen die in Tabelle 3.1 angegebenen Reichweiten abhängig von der Übertragungsfrequenz erzielt werden können.

Tabelle 3.1: Frequenzbänder der RFID-Technologie (Eigene Darstellung in teilweiser Anlehnung an [GöSB06, 16])

Kenndaten \ Frequenzband	LF	HF	UHF	Mikrowelle
Frequenz	125-134 kHz	13,56MHz	868/915MHz	2,45-5,8 GHz
Lesereichweite	< 1m	< 1,2m	< 4m	< 15m

Bezüglich der wählbaren Frequenzen unterscheidet man die Bandbereiche ***Low Frequency*** (LF: 120-135 MHz), ***High Frequency*** (HF: 13,56 MHz), ***Ultra High Frequency*** (UHF: 868 MHz in Europa, 915 MHz in den USA) und den ***Mikrowellenbereich*** (2,45

MHz).[17] Derzeitige Standardisierungsbemühungen der Industrie konzentrieren sich vor allem auf den UHF-Bereich [ThGr06, 181]. Für den Einsatz als Smart Labels in offenen logistischen Systemen sind vor allem die Bereiche HF und UHF interessant [GöSB06, 16]. Der UHF Bereich erlaubt höhere Lesereichweiten, wird aber stärker von metallischen und feuchten Umgebungen beeinflusst[18]. Der HF Bereich ist hinsichtlich der erzielbaren Reichweiten etwas eingeschränkter, was jedoch für niedrigere Transportschichten (vgl. Abschnitt 3.2.1) aufgrund einer besseren Eingrenzbarkeit des Lesebereiches auch vorteilhaft sein kann. Höhere Frequenzen benötigen mehr Energie, um auf ihnen senden zu können, weshalb hier oft aktive[19] Transponder eingesetzt werden [GKWD06, 16f].

Allgemein ist die Frequenz per se kein kostenbestimmender Faktor. Mikrowellentransponder sind in der Herstellung etwas teurer, wobei der letztendlich höhere Preis zum Teil auch darauf zurückzuführen ist, dass es sich bei diesen in der Regel um aktive Systeme mit eigener Stromversorgung handelt [Pfla01, 137] und die Bauform robust gestaltet ist.

3.1.2 Interne Logik

Die interne Logik eines Transponders kann als Zustandsautomat oder Mikroprozessor umgesetzt werden. ***Zustandsautomaten*** stellen die kostengünstigere und meistverbreitete Realisierungsform dar [Pfla01, 108]. Sie sind ebenso leistungsfähig gestaltbar wie ***Mikroprozessorlösungen***, letztere haben allerdings den Vorteil der nachträglichen Programmierbarkeit der Software, während bei Zustandsautomaten die Funktionen fest durch die Schaltkreise auf dem Chip festgelegt sind [Fink06, 12f]. Auch hinsichtlich des Energiebedarfs sind Zustandsautomaten den Mikroprozessoren vorzuziehen [Pfla01, 109]. Mikroprozessoren finden vor allem auf Highend-Systemen wie kontaktlosen Chipkarten Anwendung [Fink06, 27]. Für Massenanwendungen in der Logistik sind die günstigeren Zustandsautomaten zu favorisieren.

---

[17] In Klammern sind die gängigsten Frequenzen im jeweiligen Bereich angegeben (vgl. [Pfla01, 124ff; Fink06, 22f]). Es existieren noch vereinzelte Anwendungen auf anderen Frequenzen in den jeweiligen Bereichen (siehe z.B. [BGGS07, 13]).

[18] Allgemein nimmt die Absorptionsrate (Dämpfung) durch Wasser und nichtleitende Stoffe bei höheren Frequenzen zu [Fink06, 28].

[19] Siehe Abschnitt Energieversorgung

3.1.3 Datenspeicher

Hinsichtlich des Datenspeichers sind zum einen dessen Größe und zum anderen die verwendete Speichertechnologie zu bestimmen.

Bezüglich der ***Speichertechnologie*** wird derzeit hauptsächlich Read Only Memory (***ROM***) eingesetzt, wenn Daten unveränderlich bei der Herstellung festgehalten werden, und Electrically Erasable Programmable Read Only Memory (***EEPROM***), wenn der Transponder später beschreibbar sein soll [Fink06, 12]. Darüber hinaus findet sich vereinzelt auch Static Random Access Memory (***SRAM***) sowie die neuere Speichertechnologie Ferromagnetic Random Access Memory (***FRAM***) im Einsatz. SRAM gewährleistet eine hohe Schreibgeschwindigkeit bei geringer Energieaufnahme, benötigt jedoch eine kontinuierliche Energiezufuhr und kann somit nur bei aktiven Systemen als persistenter Speicher eingesetzt werden [Pfla01, 107; Fink06, 12]. FRAM ermöglicht solche hohen Schreibgeschwindigkeiten bei geringer Energiezufuhr und ist gleichzeitig Unabhängigkeit von einer kontinuierlichen Stromversorgung. Daher ist FRAM von den Leistungswerten prädestiniert für den Einsatz als wiederbeschreibbarer Datenspeicher von RFID-Transpondern [Fink06, 347f]. FRAM erlaubt darüber hinaus eine höhere Anzahl an Schreibzyklen als EEPROM. Aufgrund der höheren Kosten konnte sich FRAM aber bisher noch nicht auf breiter Basis durchsetzen.

Neben der Speichertechnologie bestimmt auch die geforderte ***Speicherkapazität*** maßgeblich den Transponderpreis [Fink02, 28]. Abgesehen vom Spezialfall der 1-bit Transponder, welche zum Diebstahlschutz weit verbreitet sind, reicht die übliche Speicherkapazität von 16 Byte bis 64 kByte, wobei auch Transponder mit über 100kByte Speicher angeboten werden [Fink06, 8, 26].

3.1.4 Energieversorgung

Passive Transponder kommen ohne eigene Energieversorgung aus, während ***aktive Transponder*** über eine eigene Batterie verfügen, die den Transponderpreis entsprechend erhöht. Die Batterie kann dazu genutzt werden, die Kommunikationsreichweite zwischen Tag und Lesegerät zu erhöhen. Dies kann dadurch erzielt werden, dass durch die eigene Spannungsversorgung des Chips, eine geringere Feldstärke benötigt wird oder ein aktiver Sender auf dem Transponder umgesetzt wird [Fink06, 23f]. Teilweise findet sich auch die Klassifizierung semiaktive Transponder, die jedoch uneinheitlich ausgelegt wird (vgl. [GKWD06, 17; Gros06, 23; Wehk06, 322]).

Überschreitet die angesetzte Anwendungsdauer des aktiven Transponders die Lebensdauer seiner Batterie, müssen entsprechend Wartungskosten für Batteriewechsel berücksichtigt werden bzw. ggfs. der gesamte Transponder ersetzt werden. Der Einsatz einer Batterie wirkt sich zudem einschränkend auf den zulässigen Temperaturbereich aus, in dem ein Transponder eingesetzt werden kann [Pfla01, 107].

3.1.5 Sensorik

Sensorik ermöglicht einem Tag Umgebungsdaten aufzunehmen. Es existieren ***verschiedenste integrierbare Sensoren***, wobei diese eher in Nischenanwendungen genutzt werden [Pfla01, 109]. In logistischen Anwendungen können etwa ***Temperatursensoren*** die Kühlkette oder ***Erschütterungssensoren*** die korrekte Behandlung einer Ware kontrollieren. Die Sensorik benötigt eine Stromversorgung, so dass mit Sensoren ausgestattete Transponder i.d.R. aktive Systeme sind, insofern die Daten nicht nur spontan an bestimmten Messpunkten ausgelesen werden sollen, wie z.B. in Teilbereichen der Tieridentifikation [Fink06, 349].[20] Darüber hinaus müssen die Sensordaten von einem entsprechend großen Datenspeicher aufgenommen werden können. Sensorische Zusatzfunktionen wirken sich somit stark verteuernd aus. Die Verwendung findet sich vor allem bei teuren Produkten mit hohen Sicherheitsanforderungen Anwendung wie z.B. Beutel für Blutpräparate. Darüber hinaus setzt die physische Einbindung von Sensorik spezielle Bauformen voraus.

3.1.6 Bauform

Die Bauform gibt an, welches Trägermedium für den Transponder verwendet wird, das die Anbringung an das zu identifizierende Objekt gewährleistet. Sie wird im Wesentlichen von den physischen Anforderungen des Anwendungsfeldes bestimmt. Sie hat neben dem Gesichtspunkt der reinen Applizier- bzw. Handhabbarkeit auch zentralen Einfluss auf die Resistenz eines Transponders gegen Umwelteinflüsse wie Stöße und extreme Temperaturen.

Das ***Smart Label*** bei dem ein einfaches Klebeetikett als Trägermedium des Transponders dient, gehört zu den günstigsten Varianten. Spezialformen sind entsprechend teurer, allerdings sind keine eindeutigen Aussagen über Kostenrelationen zwischen diesen Bau-

---

[20] Es bestehen allerdings auch hier wiederum Spezialfälle mit Ausnahmen. So existiert z.B. im medizinischen Bereich ein passiver implantierbarer Transponder mit Sensorik zur Messung des Augeninnendrucks, der jedoch kontinuierlich über einen Reader, den der Patient bei sich trägt, aktiv gehalten wird, um die Werte zu verfolgen. Der Sensor wird somit kontinuierlich mit Energie versorgt, wobei hier allerdings die Energiequelle nicht auf dem Transponder selbst untergebracht ist [GKWD06, 23f].

formen möglich. Selbst innerhalb einer Art von Bauform existieren zahlreiche, unterschiedliche Varianten und es werden kontinuierlich neue Ausgestaltungsformen entwickelt. So findet man in der Gepäckstückverfolgung und der Konsumgüterlogistik hauptsächlich Smart Labels [IHVL05, 17] (abgesehen von Anwendungen auf wiederverwendbaren Ladungsträgern), ***Kunststoffgehäuse*** und Spezialkonstruktionen zum Einbau in Metalloberflächen in der Produktion und der Verfolgung von Spezialladungsträgern, ***Glasgehäuse*** zum Injizieren bei der Tieridentifikation und ***Chipkartenformen*** im Ticketing (Fahrkartengeschäft). ***Coil-on-Chip*** ist eine eher zukünftige Bauform, bei der durch die direkte Anbringung der Spule auf dem Isolator des Siliziumchips eine extreme Miniaturisierung erreicht werden kann [Fink06, 21]. Letzere Technik wäre für die Identifikation auf Item-Ebene interessant, bei dem der Transponder unauffällig in das Objekt integriert wäre und auf diesem während der Nutzungsphase verbleibt. Für höher gelagerte Transportschichten sind im vorliegenden Anwendungsfall vor allem Smart-Labels bis zur Ebene wiederverwendbarer Transportmittel relevant, ab der dann robustere Spezialkonstruktionen bzw. Kunststoffgehäuse dominieren.

3.2 Granularität der Datenerfassung

Die Granularität der Datenerfassung bestimmt direkt den Umfang des RFID-Hardware-Einsatzes sowie das letztendliche Datenvolumen bzw. die bereitgestellte Datenbasis. Durch RFID-Lösungen werden in der Regel mehr Daten pro Erfassungseinheit gesammelt und bei einer Lösung auf Artikelebene fallen darüber hinaus mehr zu erfassende Einheiten an [BoPa05, 105]. Diese Daten müssen von den Informationssystemen aufgenommen (vgl. Abschnitt 3.3) sowie effizient analysiert und verarbeitet werden können [BoPa05, 105].

Die Granularität der Datenerfassung lässt sich durch den Umfang an mit Transpondern ausgestatteten Einheiten und der Anzahl der Lesestellen bestimmen.

3.2.1 Ebene und Anzahl der Erfassungsobjekte

Zunächst soll darauf eingegangen werden, nach welchen Kriterien die Auswahl der Erfassungsobjekte durchgeführt werden kann und welche Auswirkungen dies hat. *Strassner & Fleisch* [StFl05, 47] bezeichnen den Grad der Integration materieller Ressourcen mit den betrieblichen IT-Systemen als Integrationstiefe. Eine Einteilung der Integrationstiefe kann hinsichtlich der Transportschichten, als auch nach einer Klassifizierung der Dringlichkeit zur RFID-Einführung durch eine Beschränkung auf bestimmte Produktgruppen z.B. nach dem Schema A-, B- oder C-Ressourcen erfolgen [vgl. StFl05, 51f; Stra05, 123].

Abbildung 3.2 stellt die Auswahlmöglichkeiten nach Transportschicht und Produktgruppe dar.

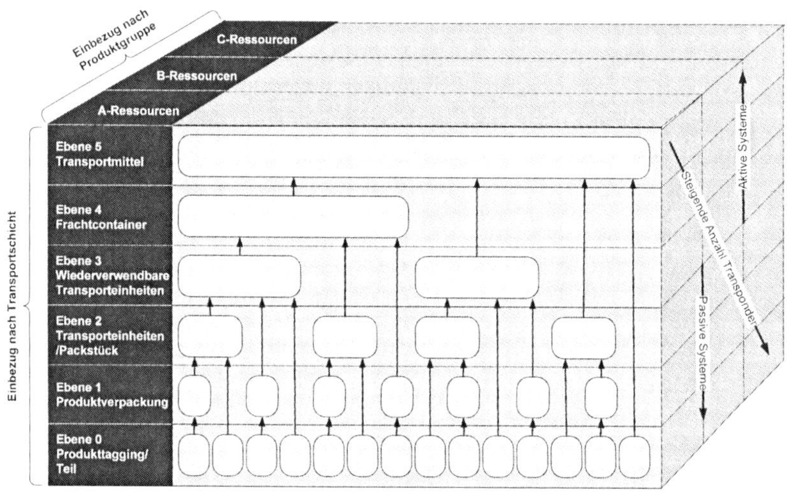

Abbildung 3.2: Ebene und Anzahl der Erfassungsobjekte (eigene Darstellung; Transportschichten in Anlehnung an [Walk07, 57; Stra05, 81; Harm04, 7])

Hinsichtlich der ***Transportschichten*** entwirft die ISO Anwendungsstandards von RFID in der Supply Chain (ISO 17363-17367), wobei bisher lediglich der Standard ISO 17364 für die Auszeichnung von Frachtcontainern veröffentlicht ist.[21]

Die Gesamttransponderkosten ergeben sich aus der Anzahl an getaggten Objekten und dem Transponderpreis während des Nutzungszeitraumes. Es ist offensichtlich, dass die Anzahl benötigter Transponder tendenziell beim Tagging auf einer niedrigeren Ebene steigt. Eine größere Bestellmenge an Tags impliziert allerdings bessere Einkaufsbedingungen der Transponder, was sich in einem niedrigeren Stückpreis niederschlägt. Ferner werden ab der Ebene 2 (siehe Abbildung 3.2) keine mehrfach verwendeten Transportmittel mehr betrachtet. Ab dieser Ebene müssen laufend neue Transponder beschafft werden, insofern kein eigener Mehrwegkreislauf für die Transponder umgesetzt wird (vgl. Abschnitt 3.5). Somit rücken bei diesen offenen Systemen die Transponderkosten aufgrund

[21] www.iso.org

des hohen relativen Kostenanteils in den Mittelpunkt der Betrachtungen [JaMa05a, 89]. Allerdings werden ab dieser Ebene in der Regel die günstigeren passiven Transponder verwendet, während für Container und Ladeeinheiten wie Paletten eher teurere aktive Systeme verwendet werden [vgl. Jans06, 12]. Trotz dieser gegenläufigen Tendenzen überwiegen jedoch die Effekte aus der gestiegenen Menge an benötigten Transponder im Zeitverlauf, so dass ein RFID-System umso teurer wird, je tiefer die Tagging-Ebene angesetzt wird.

Dabei ist ferner anzumerken, dass der Einsatz auf einer bestimmten Ebene nicht als exklusiv anzusehen ist. Es kann durchaus sinnvoll sein, die Transpondertechnologie auf verschiedenen Transportebenen parallel einzusetzen [StFl05, 52], um den unterschiedlichen Prozessanforderungen und physikalischen Restriktionen gerecht zu werden. So werden z.B. für größere Transporteinheiten höhere Erfassungsreichweiten benötigt, so dass hier höhere Frequenzen notwendig sind. Bei einer Erfassung auf Artikelebene können solche hohen Reichweiten kontraproduktiv sein, da sich tendenziell mehr Objekte auf engem Raum befinden und man Lesebereiche eingrenzen will [vgl. JaMG06, 68]. Auch ist es physikalisch nicht möglich Objekte durch einen Frachtcontainer aus Stahl auszulesen, da dieser die Radiowellen abschirmt. Allerdings treten Leseprobleme bereits bei gegenseitiger Abdeckung der Transponder untereinander oder durch Einfluss abschirmender bzw. absorbierender Materialien auf. Das Auszeichnen auf Produktebene stellt die feingranularste bzw. informationsreichste Erfassungsform dar, so dass theoretisch von dieser Ebene auf alle darüber liegenden Ebenen durch logisches Zusammenfassen von Transporteinheiten abstrahiert werden könnte. Dies scheint jedoch aus den o.g. Gründen in den meisten praktischen Anwendungsfällen nicht umsetzbar.

Neben der Wahl der Einsatzebene hinsichtlich der Transportschicht, ist es ebenfalls möglich die Dimensionierung einzugrenzen, indem man sich nur auf bestimmte ***Produktgruppen*** beschränkt, die mit Transpondern gekennzeichnet werden.

Lässt man sonstige Kapazitätsrestriktionen außer Acht, wären die Grenzkosten für die Ausweitung des RFID-Einsatzes auf weitere Objekte derselben Ebene im Wesentlichen die Tagkosten. Hingegen hat der Einbezug einer tieferen Transportschicht weiterführende Auswirkungen auf die Datenintegration sofern eine Datenerfassung auf dieser Ebene zuvor nicht informationstechnisch abgebildet wurde. Mit Ausnahme von Anwendungen im Bereich Militär und bei hochwertigen Gütern sind z.B. Standard-ERP-Anwendungen nicht darauf ausgerichtet, individuelle Seriennummern unter der Palettenebene zu führen [Sarm04, 54].

Tendenziell wird das Taggen auf Produktebene eher bei hochpreisigen Gütern durchgeführt und eine Kennzeichnung auf Palettenebene bei günstigen Gebrauchsgüter [BoPa05, 105].

Neben dem Preis eines Produktes sprechen folgende Faktoren für ein gezielteres Tagging:

- Anfälligkeit für Diebstahl oder Schwund
- Verwechslungsanfälligkeit
- Hohe Fehlerfolgekosten
- Mögliche Zusatzdienstleistungen
- Beweisbarkeit bzw. bessere Dokumentationsfähigkeit

Bei einem Tagging auf Produktebene kann ferner unterschieden werden, ob der Transponder in der Gebrauchsphase am Produkt verbleibt oder dieser beim Verkauf gelöst oder zerstört wird. Die Tagging-Ebene hat neben den oben genannten Aspekten auch Einfluss auf die ***Reichweite der Erfassung*** hinsichtlich nachgelagerter Wertschöpfungsstufen. Je feingranularer getaggt wird, desto weitreichender kann eine Visualisierung erfolgen. Wie Abbildung 3.3 veranschaulicht, hat die Anbringung des Transponders direkt auf dem Produkt die potenziell höchste Reichweite, so dass theoretisch auch Entsorgungs- und Recyclingprozesse unterstützt werden könnten. Insbesondere wird der Gebrauchsphase durch den Endkunden großes Potenzial für zukünftige neuartige Dienstleistungen zugewiesen [HHST06, 32]. Der Kontakt des Endkunden mit der Technologie wird jedoch sehr kontrovers diskutiert (vgl. Kapitel 4.2).

Die Anbringung eines Transponders auf der Verpackung eines Produktes hat gegenüber höher gelagerten Transporteinheiten den Vorteil, dass hiermit Prozesse bis zum Point-of-Sale unterstützt werden können. Momentan wird diesbezüglich noch eher in Pilotprojekten experimentiert wie z.B. die Umsetzung automatisierter Kassiervorgänge oder die Verwendung von Smart-Shelves, die ihren Inhalt kontinuierlich berichten. Ein großer Vorteil besteht insbesondere darin, dass bezüglich des Produktbestandes zwischen den Filiallokalitäten Verkaufsraum und Lager unterschieden werden kann. Die Reichweite höherer Transportebenen hängt immer von der Beständigkeit der Ladeeinheit ab. Ein Packstück wird jedoch in der Regel im Filiallager aufgelöst und wiederverwendbare Transportmittel wie Paletten können in der Logistik mehrere Male umgeschlagen werden, so dass sie zwar bis zur Filiale reichen können, jedoch nicht durchgängig ein und dieselbe Ladeeinheit bzw. deren Bestandteile identifizieren [JaMG06, 69]. Insgesamt kann festgehalten werden, dass eine feingranularere Erfassung die potenzielle Leistungsfähigkeit des RFID-Systems erhöht, indem es eine detailliertere und weitreichendere Verfolgung ermöglicht.

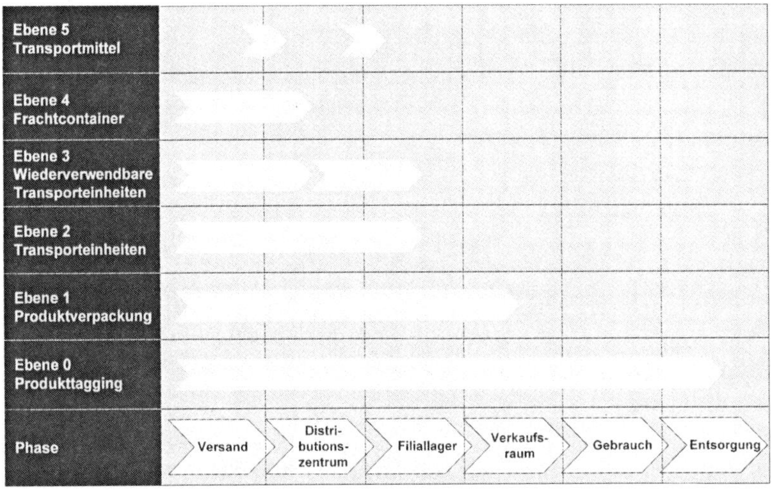

Abbildung 3.3: Reichweite der Prozessunterstützung nach Tagging-Ebene (eigene Darstellung; erweitert in Anlehnung an [JaMG06, 69])

Die Systemkosten können jedoch abhängig von der Zusammensetzung der Gebinde (Anzahl Produkte pro Umverpackung), der potenziellen Notwendigkeit des parallelen Taggings auf mehreren Ebenen und den Integrationskosten überproportional ansteigen. Das größte grundsätzliche Potenzial birgt die Kennzeichnung auf Produkt-Ebene [Ditt06, 105]. Die vergleichsweise hohen Kosten einer solchen Lösung müssen jedoch von realisierten Nutzeneffekten gedeckt werden.

3.2.2 Anzahl und Organisation der Erfassungseinheiten

Neben der Thematik, welche Produkte auf welcher Ebene mit Transpondern ausgestattet werden sollen, stellt sich für die Datenerfassung ebenfalls die Frage nach der Anzahl und Organisation der Schreib-/Leseeinheiten. Gerade die Unterstützung von wenig strukturierten und ungeführten Prozessen bedarf in der Regel eines hohen Einsatzes an Erfassungseinheiten. So beschreibt *Strassner* [Stra05, 149] einen Fall, bei dem bei einer Anwendung zur Verfolgung von Spezialbehältern trotz Erfassungseinheiten an allen in der Prozessbeschreibung angegebenen Übergangspunkte, Behälter nicht erfasst wurden. Dies lag daran, dass Mitarbeiter von den festgelegten Routen abwichen und Erfassungspunkte umgingen. Ein möglicher Weg zur Lösung dieses Problems bestände in einer umfassenderen Ausstattung mit Erfassungseinheiten an weiteren Übergangspunkten.

Die Bestimmung der Anzahl, des Typs und der Organisation der Lesegeräte ist ein nicht zu unterschätzendes Gestaltungsproblem in der Praxis [CKRS04, 1194].

Hinsichtlich des ***Typs von Schreib-/ Lesegeräte*** sind grundsätzlich mobile und stationäre Geräte zu unterscheiden [IHVL05, 21]. Mit ***mobilen Geräten*** wird in erster Linie eine kompakte Bauform in Verbindung gebracht, die für die manuelle Handhabung durch Menschen konzipiert ist (vgl. [IHVL05, 22f]). Manuelle Intervention, möchte man aber gerade durch den Einsatz der RFID-Technologie reduzieren, so dass diese nur in bestimmten Anwendungsbereichen oder für das sporadische Auslesen zu Kontrollzwecken bestimmt ist. Sie werden auch eher für das gezielte Auslesen eines einzelnen Transponders verwendet und in Prozessen, die ohnehin einen hohen Grad händischer Tätigkeiten erfordern. Ihr Lesebereich ist auch begrenzt, so dass eine Pulkerfassung größerer Ladeeinheiten mit mobilen Handlesegeräten kaum darstellbar ist. Es existieren jedoch auch Lesegerätlösungen, die für die Montage auf Gabelstaplern[22] konzipiert sind [Inte07]. Die Leistungsfähigkeit ihrer Hardwarekomponenten entspricht denen normaler stationärer Systemen, aufgrund ihrer festen Installation auf dem Fahrzeug sind sie jedoch in dessen Rahmen mobil. RFID-Lesegeräte zur Anbringung auf Gabelstaplern können helfen Hardware einzusparen, insofern diese eine größere Anzahl an fest installierten Lesepunkten ersetzen können. Dies hängt von der Ausgestaltung der Lagerörtlichkeiten und dem Anteil an Produkten ab, die mit Transpondern gekennzeichnet sind. Ferner ist bei diesen Geräten kritisch die mögliche Erfassungsrate zu prüfen, da hier in der Regel nur eine Antenne zum Auslesen angebracht ist, die die Objekte im Gegensatz zu einem Gate-Lesegerät also nur aus einer Perspektive ausliest. Hierfür ist in diesem Kontext neben der Frequenz auch insbesondere die Anzahl der zu erfassenden Einheiten, die Materialen der Objekte und deren Verpackung bzw. Transportmittel, die Anbringung der Tags sowie die daraus resultierende Positionierung der Tags untereinander entscheidend. Diese dürfen nicht durch gegenseitige Überlagerung oder durch absorbierende Materialien vom Lesefeld abgeschirmt sein. In diesem Punkt sind für jeden Anwendungsfall individuelle Feldversuche unabdingbar, da die Einflüsse auf die Reichweite und Leserate (vgl. Abschnitt 3.1 Übertragungsfrequenz) derart vielfältig, interdependent und fallspezifisch sind (vgl. [Wehk06, 335]). In diesem Feld wird auch eine noch unzureichende systematische Untersuchung der Leserzuverlässigkeit unter realen industriellen Bedingungen beklagt [Wehk06, 335]. Theoretische Vorüberlegungen können jedoch eine Reihe an absehbaren

[22] Die Anbringung auf Gabelstaplern ist ein häufiger erwähntes Beispiel, allgemein ist die Anbringung jedoch auf den verschiedensten Fördergeräten möglich, wobei stets die Energieversorgung der Komponenten sowie die Netzwerkanbindung (WLAN) zu berücksichtigen sind.

Fehler im Vorfeld ausklammern. Im Rahmen dieser Ausführungen wird sich auf die grundsätzlichen Möglichkeiten der Readerorganisation beschränkt.

Abgesehen von mobilen Lösungen bietet sich für viele Anwendungsfälle eine strukturierte Erfassung an festgelegten Punkten durch ***stationäre Geräte*** an, die über mehrere und tendenziell größere Antennen verfügen. Abgesehen von Lesegeräten an bestimmten Industriegeräten, wie z.B. einem Stretcher, der eine Palettenzusammenstellung in Folie wickelt und durch seine Drehbewegung die Ware aus vielen Perspektiven durch das Lesefeld führt, sind Gate Lösungen an Übergangspunkten verschiedener Verfahrensstufen populär. Stationäre Lesegeräte haben einen festen relevanten Ausleseort z.B. der Übergang zu einer Lagerhalle.

Bei der ***Organisation der Lesegeräte*** kann ferner grundsätzlich zwischen Ansätzen unterschieden werden, bei denen ein Objekt ***einmalig gesichtet*** werden soll und solche, bei denen die Existenz im Lesefeld ***kontinuierlich überwacht*** wird. Erstere betrachten typische Gate-Lösungen bei denen z.B. im Wareneingang die empfangenen Sendungen einmalig beim Passieren der Leseeinheit erfasst werden. Bei der zweiten Variante wird ein Bereich vollständig mit Lesefeldern abgedeckt und die darin befindlichen Objekte kontinuierlich ausgelesen. Dieser Ansatz wird z.B. bei den sogenannten Smart Shelves im Supermarktbereich verfolgt. Diese sind mit mehreren Lesegeräten ausgestattet, die dedizierte Regalbereiche auslesen. Sie erfassen kontinuierlich die sich in ihrem Lesebereich befindlichen Objekte und ermöglichen somit direkte Aussagen über ihren momentanen Standort. Hieraus lassen sich unternehmensrelevante Informationen in Echtzeit bereitstellen, wie die Verfügbarkeit eines bestimmten Produktes im Verkaufsraum bis zur konkreten Positionierung der Produkte im Regal [Kuba03, 62]. Es ist offensichtlich, dass dieser Ansatz bedeutend mehr Leseeinheiten benötigt. Hierbei ergeben sich auch weitere technische Schwierigkeiten, die in der Abgrenzung der Lesefelder liegen. Zum einen dürfen sich die Leser untereinander nicht behindern und zum anderen sollen Produkte in den Grenzbereichen mehrerer Lesefelder auch eindeutig zugeordnet werden können. Dieses Problem tritt allgemein auf, wenn mehrere Leser auf engem Raum betrieben werden.

Tabelle 3.2: Organisation der Reader und beispielhafte Umsetzungsformen

zeitlich / *örtlich*	Punktuelle Erfassung	Kontinuierliche Erfassung
Mobile Erfassung	Handlesegeräte	Lesegeräte auf Transportmaschinen (z.B. Stapler)
Stationäre Erfassung	Gate-Lösung	Smart-Shelves

Je mehr Vorgänge mittels Lesegeräten automatisiert erfasst werden, desto mehr Daten werden erzeugt, welche von der Middleware zu von den Anwendungen verarbeitbaren Ereignissen aufbereitet werden müssen.

An dieser Stelle wird nicht mehr separat auf die Übertagungsfrequenz der Lesergeräte eingegangen. Diese muss mit denen der Transponder kompatibel sein. Es existieren auch Lesegeräte, die auf verschiedenen Frequenzen arbeiten können. In der Literatur wurde sich bisher kaum auf die physische Organisation der Lesegeräte konzentriert, was daran liegen kann dass sich dieser Bereich weniger restriktiv darstellt als der der Transponder bzw. sich in weiten Bereichen an deren Vorgaben orientiert. Die Aufgabe der Administration der Leserinfrastruktur und deren logischer Verwaltung übernehmen Schichten der RFID-Middleware, der sich im folgenden Abschnitt gewidmet wird.

3.3 Grad der Integration

Die RFID-Technologie ist selbst ein Medium, das der Integration dient. Es schließt die Lücke zwischen Informationssystemen und Ereignissen der Realität [FICD05, 7ff; FIDi03, 612]. Die Datenerfassung mittels RFID muss jedoch in den betrieblichen Kontext eingebettet werden. Dabei ist zu beachten, dass obgleich erzielter Fortschritte wie etwa im Bereich der angebotenen Middleware, keine selbstkonfigurierenden RFID-Lösungen existieren, so dass weiterhin ein entsprechender Integrationsaufwand anfällt [Jans07, 65].

Dieser bezieht sich zum einen auf die Anbindung an betriebliche Anwendungssysteme sowie auf den zwischenbetrieblichen Datenaustausch. Der Umfang an integrierten Bereichen im innerbetrieblichen Kontext bis hin zu zwischenbetrieblichen Systemen kann als Integrationsreichweite bezeichnet werden [Mert01, 6]. Die Integration der RFID-Infrastruktur in interne und zwischenbetriebliche Informationssysteme ist eine wichtige Voraussetzung für die Ausschöpfung der Nutzenpotenziale einer solchen Anwendung.

3.3.1 Innerbetriebliche Integration

Hinsichtlich der innerbetrieblichen Integration müssen neben der Entscheidung in welche Prozesse RFID physisch eingebunden werden soll, die Anwendungssysteme bestimmt werden, die mit den hierbei generierten Daten zu versorgen sind. Der potenzielle Nutzen eines RFID-Projekts steigt mit sinkender Qualität und sinkendem Automatisierungsgrad bisheriger Prozesse [Tell05, S. 119].

In der Regel verarbeiten Backend-Systeme nicht direkt, die durch die RFID-Infrastruktur generierten Daten, da sie nicht auf die Aufnahme von in Echtzeit anfallenden Bewegungsdaten, der Datenmenge und deren Strukturen ausgerichtet sind [BGGS07, 6].

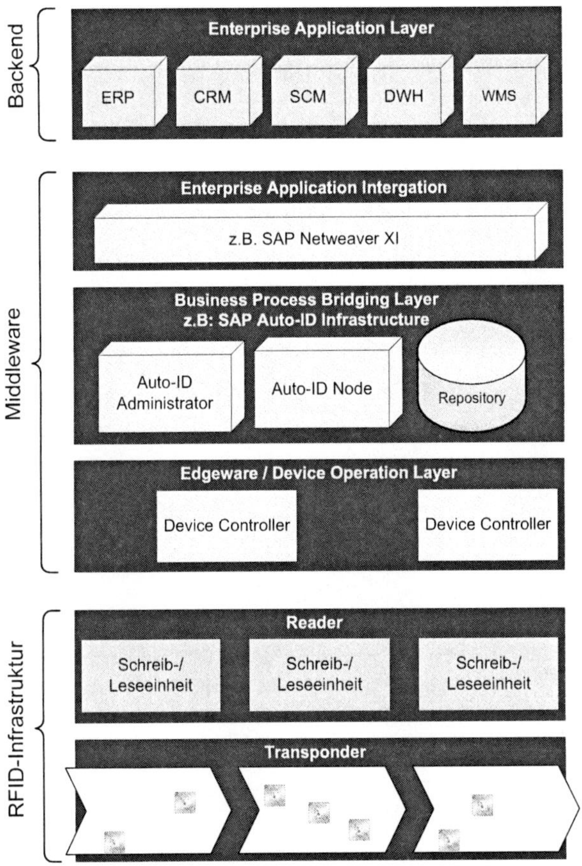

Abbildung 3.4: Schichten einer RFID-Middleware und deren Eingliederung

Auch vor dem Hintergrund der Skalierbarkeit bei zukünftigen Systemerweiterungen ist für die Verbindung zwischen RFID-Infrastruktur und Anwendungssystemen die Umsetzung einer speziellen RFID-Middleware zu empfehlen [ThGr06, 183], deren Aufgaben grob im Sammeln, der Aufbereitung und dem Austausch der Daten bestehen [FrSB06, 1]. Diese kann über Individualentwicklungen als auch über Standardkomponenten umgesetzt werden. Mittlerweile sind alle großen Softwarehersteller in diesem Bereich aktiv. Teilweise existieren auch Eigenentwicklungen zur Anbindung der RFID-Infrastruktur und

Vorschläge aus der Forschung (z.B. [HoTh06; FILA05; Kuba03]). Die ursprünglich vom Auto-ID Center angedachte Referenzimplementierung einer Middleware, der sogenannte Savant [CTAO03], wurde jedoch inzwischen aufgegeben.

Die verschiedenen Schichten einer RFID-Middleware zeigt Abbildung 3.4.

Eine erste Datenaufbereitung nehmen sogenannte Device Controller [FrSB06, 5; BLHS04, 1184] vor. Sie verwalten ein oder mehrere Lesegeräte und empfangen deren Rohdaten. Diese Zwischenschicht wird Device Operation Layer (DOL) oder auch Edgeware [ThGr06, 182] genannt. Die Datenaufbereitung der Device Controller umfasst das Filtern, Anreichern (z.B. mit Metadaten wie Erfassungsort), Aggregieren, Zurückschreiben, Puffern, Transformieren in ein Ausgabeformat und Versenden der Daten [BLHS04, 1184]. Darüber hinaus verbergen sie die technischen Details der Kommunikation mit den Endgeräten, wie die verwendeten RFID-spezifischen Technologie- und Datenstandards [StBe05, 21] oder auch herstellerspezifische Leserprotokolle [ThGr06, 182].

Die von den Device Controllern generierten Ereignisse werden schließlich in definierten Formaten wie XML an die nächste Middleware-Schicht, der Business Process Bridging Layer, weitergeleitet. Auf dieser Ebene wird über hinterlegte Geschäftsregeln und Zwischenspeicherung von Prozessdaten der Device Controller sowie Stammdaten aus den Backend-Systemen Geschäftslogik abgebildet [FrSB06, 5]. Diese Ebene verwaltet die darunter liegende Infrastruktur und entlastet die Geschäftsanwendungen hinsichtlich des Verarbeitungsaufwandes.

Die Business Process Bridging Layer kann ebenfalls hierarchisch organisiert sein. SAP definiert z.B. im Rahmen seiner diesbezüglichen Komponente, der Auto-ID Infrastructure (AII), Auto-ID Nodes, die verknüpft werden können. Sie verfügen über Regelprozessoren und eigene Repositories, in denen sie objektbezogene Prozessdaten und Repliken relevanter Stammdaten aus den Geschäftsanwendungen vorhalten [BLHS04, 1185]. Sie können somit Geschäftslogik abbilden, wie z.B. das Prüfen der Vollständigkeit einer Sendung. Abbildung 3.5 zeigt anhand dieses einfachen Beispiels die Kommunikation zwischen Lesern, AII und Backend.

Neben den Schnittstellen zur Integration der Device Controller einerseits und Anwendungssysteme andererseits, bietet die AII mit dem Auto-ID Administrator eine Benutzerschnittstellen für Administrationsaufgaben wie Konfiguration, Überwachung und Datenabfragen [GöSB06, 34; BLHS04, 1185].

Die Verbindung zwischen der Business Process Bridging Layer und den Backend Systemen kann über Standard Enterprise-Application-Integration(EAI)-Komponenten erfolgen, z.B. der SAP Exchange Infrastructure (XI) (siehe Abbildung 3.4).

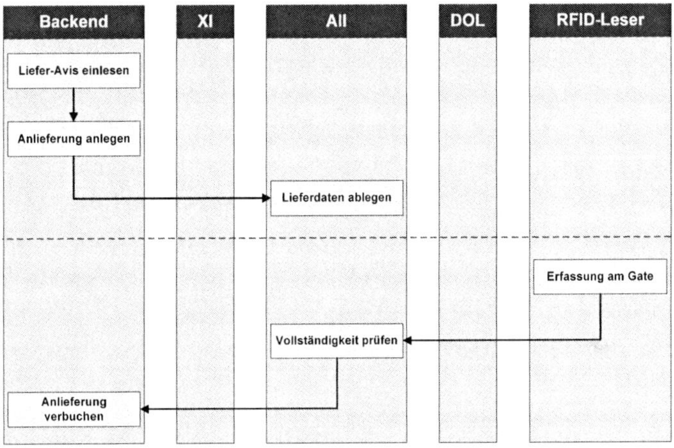

Abbildung 3.5: Ablauf Wareneingangsprüfung (eigene Darstellung nach [ThGr06, 184])

Sie leitet die Nachrichten an die betroffenen Anwendungssystemen des Unternehmens weiter. Hierunter fallen insbesondere Enterprise-Resource-Planning(ERP)-Systeme, Data-Warehouse (DWH)-Systeme, Warehouse-Management-Systeme (WMS), Supply-Chain-Management (SCM)-Systeme und Customer-Relationship-Management (CRM)-Systeme.

Die Anzahl der einbezogenen Geschäftsanwendungen kann als Anhaltspunkt der Integration auf Ebene der Backend-Systeme dienen. In den Anwendungssystemen können insbesondere in Fällen, in denen der RFID-Einsatz neue Funktionalitäten unterstützen soll, Anpassungen an den Datenmodellen und der im System abgebildeten Prozesslogik erforderlich sein [ThGr06, 184]. Teilweise werden auch Spezialanwendungen neu entwickelt [ThGr06, 184]. Insbesondere im Hinblick auf eine mögliche feingranularere Datenerfassung auf einer niedrigeren Transportschicht (vgl. Abschnitt 3.2.1) können hier Anpassungen erforderlich sein. Bei der Entscheidung über die Integration eines RFID-Systems können verschiedene Ansätze unterschieden werden.

Götz et al. [GöSB06, 21ff] unterscheiden ein Stand-Alone und ein integriertes Szenario in ihren Betrachtungen. Bei einem ***Stand-Alone-System*** bestehen keine automatisierten Verbindungen zu bestehenden Anwendungssystemen. Die RFID-Infrastruktur wird isoliert verwaltet.

Gross [Gros06, 157] unterscheidet die ***integrierten Ansätze*** zusätzlich dahingehen, ob ebenfalls die Applikationslogik bestehender Anwendungssysteme angepasst wird, oder diese die gleichen Funktionalitäten und Kommunikationsmuster beibehalten.

Letztlich ergibt sich der Integrationsumfang aus den verfolgten Zielen. Oftmals wird in der Literatur eine Umsetzungsstrategie beschrieben, die alleine auf die Konformität zu Forderungen auf Abnehmerseite ausgerichtet ist. Der sogenannte Slap & Ship-Ansatz zielt darauf ab, einer vom Abnehmer gewünschten RFID-Einführung mit möglichst geringem Aufwand gerecht zu werden, indem die Ware vor der Auslieferung mittels RFID gekennzeichnet wird. Bei dieser Strategie wird weitestgehend von einer internen Integration mit bestehenden IT-Systemen abgesehen und die Technologie auch nicht weitergehend zur Unterstützung interner Prozesse verwendet [FiFo06, 27; Acat06, 13; Tell06, 78]. Meist wird dieser Umsetzungsweg von Unternehmen gewählt, die selbst keinen Nutzen in der Technologie erkennen, jedoch von einem Abnehmer dazu veranlasst werden [vgl. GlBh06, 12]. Bei dem Unternehmen entsteht somit außer dem Kundenbindungspotenzial kein weiterer Nutzen durch die RFID-Einführung. Aus Sicht der IT-Architektur ergibt sich eine isolierte Spezialanwendung für das Auszeichnen mit Transpondern.

Von diesem minimalistischen Ansatz abgesehen, unterscheiden *Thiesse & Gross* [ThGr06, 179] vier Projektkategorien, die sich auf die betriebswirtschaftlichen Ziele der einsetzenden Unternehmen beziehen:

- Ersatz des Barcode
- Steigerung der Prozesseffizienz
- Prozessinnovation
- Visibilität in der Lieferkette

Bei Projekten, die in erster Linie dem Ersatz des Barcode dienen, steht vor allem die bessere Handhabung mittels der RFID-Kennzeichnung aufgrund des sichtkontaktlosen Auslesens im Vordergrund. Es soll in erster Linie die bestehende Identifikationstechnologie ersetzt werden, wobei die bestehenden Geschäftsprozesse und hierbei erfassten Daten weitestgehend beibehalten werden. *Thiesse & Gross* [ThGr06, 179] fassen in diese Gruppe vor allem Serviceprozesse wie Wartungs- und Reparaturarbeiten. Diese Anwendungsfälle betreffen jedoch nur bestimmte Anwendungssysteme, bei denen in diesem Fall des reinen Austauschs der Identifikationstechnologie auch kein Anpassungsbedarf hinsichtlich der Verarbeitungslogik besteht. Viele dieser Anwendungsfälle beziehen sich auf in ihrem Umfang sehr begrenzte Spezialanwendungen wie z.B. die Ausgabeverwaltung von Spezialwerkzeug, so dass für diese Systeme isoliert betrachtet, eine direkte

Kopplung mit der RFID-Infrastruktur ohne Verwendung einer Standardsoftware für die Middleware möglich erscheint. Hierbei ist jedoch der Gesamtumfang der RFID-Einführung – also auch der parallele Einsatz in anderen Unternehmensbereichen – ausschlaggebend.

Projekte zur Steigerung der Prozesseffizienz, beziehen sich auf den zentralen Leistungserstellungsprozess und Nutzen vor allem die Fähigkeit zur Pulkerfassung z.B. bei der automatischen Vollständigkeitsprüfung am Warenausgang [vgl. ThGr06, 179]. Die Unterstützung des Warenausgangs kann durch eine entsprechend leistungsfähige Middleware wie z.B. der AII unterstützt werden, so dass Anpassungen an den Backend-Systemen eher als begrenzt anzusehen sind.

Anders sind Prozessinnovationen zu beurteilen, bei denen Abläufe und ihre Abbildung in den Informationssystemen verändert werden. Solche Änderungen gehen z.B. mit einer feingranulareren Datenerfassung einher (vgl. Abschnitt 3.2).

Die Projektkategorie Visibilität in der Lieferkette betrifft unternehmensübergreifende Prozesse. Hierbei müssen auch Informationssysteme unterschiedlicher Unternehmen integriert werden. Dies erfordert den Aufbau einer Kooperationsinfrastruktur, die später im Rahmen der überbetrieblichen Integration angesprochen wird.

Bei der Überlegung der einzubeziehenden Komponenten ist ferner zu entscheiden, mit Produkten welcher Hersteller man diese umsetzt oder ob man Eigenentwicklung betreibt.

Insgesamt orientiert sich die Edgeware an der Leserinfrastruktur und die darüber liegenden Schichten an den Backend-Systemen [vgl. Gros06, 123]. Deshalb richten sich zu treffende Produktentscheidungen hinsichtlich der Edgeware nach den Lesegeräten und hinsichtlich der BPBL an einer evtl. bestehenden EAI-Software bzw. den im Backend verwendeten Produkten.

Somit hängen letztlich die Kosten von den gewählten Produkten und von dem Standardisierungsgrad der zu integrierenden Anwendungssysteme ab. Gerade in einer wenig standardisierten, komplexen IT-Landschaft, in der auch umfangreiche Änderungen an den existierenden Systemen notwendig sind, kann dieser Kostenblock einen hohen Anteil an den Gesamtkosten des RFID-Projekts haben [BHPT07, 177].

3.3.2 Überbetriebliche Integration

Dem unternehmensübergreifenden Einsatz wird das größte Nutzenpotenzial zukünftiger RFID-Anwendungen zugesprochen [vgl. DiTh05, 224].

Für die Integration mit Partnerunternehmen ist zusätzlich eine Kooperationsinfrastruktur aufzubauen. Diese organisiert den Datenaustausch zwischen den Informationssystemen der beteiligten Unternehmen. Grundsätzlich kann dieser lateral zwischen den Partnern von diesen koordiniert werden. Einen Ansatz der zentrale Dienste für den Informationsaustausch zwischen den Partnern bereitstellt und diesbezüglich Rollen und Schnittstellen definiert stellt das EPCglobal Netzwerk dar. Obgleich sich dieses noch im Aufbau befindet, sind zentrale Elemente und die Architektur bereits definiert. Der Ansatz ist insoweit offen konzipiert, als dass er sich nicht auf eine beschränkte Teilnehmerzahl konzentriert, sondern prinzipiell jedem interessierten Unternehmen zugänglich ist. Die Teilnahme ist jedoch kostenpflichtig.

Da außer dem EPCglobal Netzwerk kein nennenswerter Ansatz zum offenen unternehmensübergreifenden Austausch von objektbezogenen Daten besteht, soll dieser im Folgenden etwas genauer dargestellt werden.

EPCglobal ist eine Non-Profit-Organisation, die sich mit der Standardisierung und dem offenen Einsatz der RFID-Technik beschäftigt. Sie wurde 2003 als Joint Venture zwischen dem Uniform Code Council (UCC) und EAN International (EANI) gegründet, die heute einheitlich unter der Dachorganisation GS1[23] in den einzelnen Länderniederlassungen firmieren. UCC in den USA und EANI in Europa haben als Organisationen des Handels in den 70er Jahren bereits die Produktnummernkreise European Article Number (in Europa) und Universal Product Code (in den USA) etabliert, die die Grundlage für die heute üblichen Barcode-Auszeichnung bilden [BGGS07, 17]. Für diese Produktnummernkreise findet sich auch die internationale Bezeichnung Global Trade Item Number (GTIN) [Clas06, 6].

Ihren Ursprung haben die von EPCglobal kommerzialisierten Standards und Dienste in den vorgelagerten Forschungsarbeiten der Auto-ID Center [Flör05, 87]. Das erste Auto-ID Center wurde 1999 am Massachusetts Institute of Technology (MIT) gegründet. Heute bestehen sieben Auto-ID Labs an ausgewählten Universitäten[24], die EPCglobal bei den Entwicklungsarbeiten unterstützen.[25]

---

23 www.gs1.org

24 MIT (USA), University of Cambridge (UK), University of St.Gallen & ETH Zürich (Schweitz), Fudan University (China), Information and Communication University (Korea), University of Adelaide (Australien), Keio University (Japan)

25 http://www.autoidlabs.org/

Neben dem zentralen Datenstandard schlägt EPCglobal eine umfassende Architektur vor, die weitere Schnittstellen standardisiert und zentrale Dienste bereitstellt. Abbildung 3.6 zeigt die Dienste des EPCglobal Netzwerkes, wobei noch nicht alle Bestandteile vollständig umgesetzt worden sind (gestrichelte Boxen in Darstellung) [ABBD07].

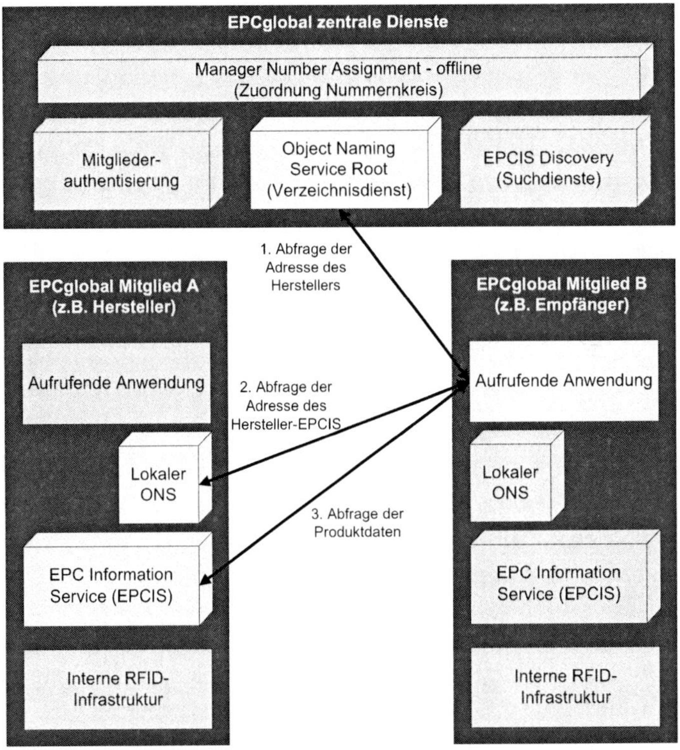

Abbildung 3.6: Dienste und Kommunikation im EPCglobal Netzwerk (in Anlehnung an [ABBD07, 27; BGGS07, 18])

Das zentrale Element des elektronischen Produktcodes (EPC) wird in der Verwendung für den überbetrieblichen Informationsaustausch durch das EPC-Informationsnetzwerk unterstützt. Dieses umfasst eine Reihe an Diensten, die teilweise zentral durch EPCglobal bereitgestellt werden sowie dezentral durch die Anbindung der jeweiligen Unternehmensanwendungen umzusetzen sind.

EPC-Informationsservices (EPCIS) stellen die Verbindung der Unternehmen zum EPC-Informationsnetzwerk dar, indem sie interne EPC-relevante Informationen bzw. Ereignisse speichern und diese autorisierten Netzwerkteilnehmern bereitstellen [EPCg07b, 7;

EPCg05, 10]. Abbildung 3.6 zeigt beispielhaft den Ablauf einer Datenabfrage zwischen EPCglobal Mitgliedern und den involvierten Diensten. Das Auffinden eines EPCIS wird vom Object Naming Service (ONS) unterstützt. Dieser übersetzt EPCs in Anfragen an das Domain Name System (DNS), welches die URLs verbundener Dienste liefert z.B. die eines EPCIS Servers, der zugehörige Informationen bereitstellt [EPCg05, 12]. In der derzeitigen Spezifikation unterstützt der ONS nur Anfragen auf Objektebene d.h. er ignoriert den Seriennummernbestandteil eines EPC [EPCg05, 13]. Der ONS ist ein reiner Lookup-Service für Datenquellen im Internet [Flör05, 93], der anhand der Hersteller- und Objektnummer, dessen Informationsdienst lokalisiert.

Weitere Suchfunktionen sind angedacht z.B. das Auffinden aller EPCIS, die Informationen zu einem bestimmten Produkt vorhalten, diese sind jedoch bisher nicht spezifiziert [ABBD07, 48]. Das Element EPCIS Discovery dient hierbei lediglich als Platzhalter. Ebenso sind zentrale Authentisierungsdienste noch nicht umgesetzt [ABBD07, 48].

Obgleich zahlreiche Unternehmen darunter nahezu der gesamte Handel sich an den EPCglobal Standards orientieren [ThGr06, 182], hat das angedachte Informationsnetzwerk mit dem ONS-Verzeichnisdienst bislang noch keine praktische Bedeutung [BGGS07, 88].

3.4 Organisation der Datenhaltung

Hinsichtlich der Datenhaltung kann grundsätzlich ein zentraler und ein dezentraler Ansatz unterschieden werden [IHVL05, 29; Jans06, 9]. Bei einem zentralen Ansatz werden die Daten in einer Datenbank gespeichert, während beim dezentralen Ansatz die Informationen auf dem Tag selbst abgelegt werden. Im Kontext von Multidatenbanksystemen bzw. der verteilten Datenhaltung in den Informationssystemen der beteiligten Unternehmen scheint die Bezeichnung „zentrale Datenhaltung" jedoch missverständlich. Deshalb wird im Folgenden der zentrale Ansatz als „Data-on-Network" und der dezentrale Ansatz als „Data-on-Tag" bezeichnet [vgl. Jans06, 9]

3.4.1 Zentraler Ansatz („Data-on-Network")

Beim Ansatz „Data-on-Network" wird auf dem Tag lediglich die Identifikationsnummer gespeichert, die zugehörige Datensätze in Datenbanken referenziert. Im überbetrieblichen Einsatz ist insbesondere die Eindeutigkeit dieser Identifikationsnummer von zentraler Bedeutung. Dies unterstützt das EPC-Konzept, welches klar den „Data-on-Network"-Ansatz favorisiert [ThGr06, 181]. Zentrales Element der Standardisierung ist der elektronische Produkt-Code (EPC)[26], der eine weltweit eindeutige Referenzierung umsetzen soll. Gewährleistet wird die weltweite Eindeutigkeit über die zentrale Vergabe von Manager Nummern also der Nummernkreise, unter denen die Unternehmen eigene Nummerierungen ihrer Objekte vornehmen können. Dies ist vergleichbar mit der Nummerierung nach dem EAN-Code bzw. der Global Trade Item Number (GTIN), denen der EPC sehr ähnlich aufgebaut ist bzw. aus denen sich dieser ableiten lässt (siehe [EPCg07, 13]). Die wesentliche Erweiterung im Nummerierungsschema nach EPC liegt in der Serialisierung der Identifikatoren, wodurch einzelne Objekte der gleichen Produktart diskriminierbar werden. Die GTIN wird also zur Serialized GTIN (SGTIN), die in der entsprechenden Form auf dem Transponder kodiert wird.[27] Der EPC besteht aus mehreren Blöcken, deren Aufbau Abbildung 3.7 am Beispiel der SGTIN-96 darstellt.

Datenblock	Header	Filter	Partition	Herstellerkennung	Objektklasse	Seriennummer
Bits	8	3	3	20-40	24-4	38

Abbildung 3.7: Kodierung eines EPC am Beispiel SGTIN-96 (eigene Darstellung nach [EPCg07, 24])

Beschrieben wird der Aufbau der Identifikationsnummer nach dem EPC Datenstandard in [EPCg07][28]: Der Header gibt an, um welchen Nummerierungscode bzw. Transportschicht es sich handelt, während der Filter eine allgemeine Klassifizierung des Objekts unterstützt[29]. Die Partition legt fest, wie sich die Herstellerkennung und die herstellerspezifischen Objektklassen die folgenden 44 Bit aufteilen. Der EPC endet mit der zugehörigen Seriennummer.

Es ist darauf hinzuweisen, dass der EPC zur Identifikation auf allen Transportschichten Vorgaben macht, also nicht nur die Identifikation einzelner Produkte oder Packstücke unterstützt.

Der Vorteil des „Data-on-Network“-Ansatzes liegt darin begründet, dass auf den Tags wenig Speicherplatz benötigt wird, so dass deren Kosten entsprechend niedrig gehalten werden können. Allerdings setzt dies eine umfangreichere Integration mit Backend-Anwendungen voraus und die Unterstützung durch Informationsdienste im zwischenbetrieblichen Bereich. Eine solche Lösung erhöht das netzwerkweite Datenaufkommen

---

26 Der zentrale Charakter des elektronischen Produktcode - EPC - drückt sich auch dadurch aus, dass er Namensbestandteil der Organisation EPCglobal ist.

27 So umfasst eine SGTIN-96 eine Zeichenkette von 96Bit.

28 Die ISO beschreibt den Aufbau der Identifikationsnummer im Datenstandard ISO 15963.

29 Beispielsweise referenziert der Filterwert „001“ ein „Retail Consumer Trade Item“ [EPCg07, 27]

[StBe05, 21] und benötigt stets eine Netzverbindung des Lesegeräts zu den verbundenen Datenquellen [ThGr06, 182].

3.4.2 Dezentraler Ansatz („Data-on-Tag")

Bei einer rein dezentralen Datenhaltung („Data-on-Tag") werden alle anfallenden Daten auf dem Transponder selbst gespeichert. Die Speicherung weiterer Daten auf dem Tag ermöglicht einen Informationsaustausch zwischen Geschäftspartnern, ohne über eine gemeinsame Datenbank verbunden zu sein [Want04, 45]. Allerdings müssen sich diese wiederum auf eine einheitliche Speicherung und Semantik einigen, da sich Standards hinsichtlich der auf dem Transponder kodierten Information bislang auf die Identifikationsnummer beschränken. Die auf dem Tag vorgehaltenen Daten können neben der Identifikationsnummer, durch Sensorik erhobenen Umgebungsdaten sowie Daten von externen Systemen z.B. objektbezogene Qualitäts- oder Prozessdaten darstellen [Kuba03, 57], wobei sich die Frage nach dem Speicherort nur für Letztere stellt, da die Identifikationsnummer immer und die Sensordaten in aller Regel auf dem Transponder gespeichert werden.

Ein „Data-on-Tag"-Ansatz stellt allerdings entsprechende Speicherkapazitätsanforderungen bzgl. der Ausgestaltung der Transponder. Darüber hinaus muss die Speichertechnologie die Wiederbeschreibbarkeit unterstützen, um kontinuierlich Daten aufnehmen zu können [IHVL05, 29]. Die Speicherung von unmittelbar materialflussrelevanten Daten auf dem Tag kann aus Sicht der Logistik sinnvoll sein [StBe05, 21]. Es ist allerdings ebenfalls zu beachten, dass das Auslesen einer größeren Datenmenge vom Transponder die Auslesedauer erhöht und somit längere Erfassungsintervalle hervorruft.

EPCglobal folgt eindeutigen einem „Data-on-Network"-Ansatz. Vor dem Hintergrund selbststeuernder Logistiksysteme, wird jedoch auch überlegt Prozess- und Objektdaten lokal auf dem Transponder abzuspeichern [GüKC06, 311f].

Auch eine hybride Lösung zur Verbindung der Vorteile beider Konzepte wäre vorstellbar [StBe05, 21].

3.5 Transponderhandling (Einweg vs. Mehrweg)

Vereinzelt wird in der Literatur ein Mehrwegkreislauf für Transponder vorgeschlagen [z.B. KoMa05, 148]. Mehrwegtransponder sollen so aufgefasst werden, dass der Transponder im Zeitverlauf auf unterschiedlichen Objekten zur Kennzeichnung derselben angebracht wird. Ein Einsatz eines Transponders auf einem Mehrfachträgerobjekt (Container, Spezialbehälter) wäre in diesem Sinne keine Mehrfachverwendung des Transponders selbst, da dieser zwar Teil eines Mehrwegkreislaufes wäre, aber im Zeitverlauf immer dasselbe Objekt – eben den Mehrwegbehälter – identifiziert.

Für die Textilbranche schlagen *Koch & Mannel* [KoMa05, 148] Mehrwegetiketten vor, bei denen diese vom Einzelhändler am Verkaufspunkt (Point-of-Sale (POS)) vom Produkt getrennt und an den Hersteller zurückgesendet werden. Dies ist ein Beispiel dafür, dass ein offenes überbetriebliches RFID-System nicht grundsätzlich auf Einwegtranspondern basiert. Es ist allerdings davon auszugehen, dass ab einem bestimmten Kostenniveau der Transponder ein diesbezüglicher Mehrwegkreislauf unwirtschaftlich wird. Ferner wird auch gerade in der Bekleidungsindustrie oft die Integration der Transponder in die Kleidungsstücke angedacht, was einem Mehrwegkreislauf der Transponder ebenfalls wiedersprechen würde.

Es ist offensichtlich, dass eine Entscheidung über eine mehrfache Verwendung der Transponder keinen Einfluss auf die Leistungsseite eines RFID-Systems hat, sondern lediglich eine mögliche Maßnahme darstellt, die laufenden variablen Kosten eines offenen Systems zu reduzieren. Hinsichtlich dieses Aspekts wäre zu prüfen, ob ein Wiederverwendungskreislauf überhaupt realisiert werden kann, und ob die eingesparten Transponderkosten die Umsetzungskosten eines solchen Kreislaufs hinreichend überwiegen. Es ist auch davon auszugehen, dass die wiederzuverwendenden Transponder einer entsprechend langlebigen Bauform bedürfen.

In geschlossenen Systemen ist eine Mehrfachnutzung des Transponders durchaus übliche Praxis. Ein Beispiel sind hier moderne Skipässe, bei denen ein Pfand für den Transponder hinterlegt wird und ein Transponder während seines Lebenszyklusses zur Identifizierung unterschiedlicher Skifahrer bzw. deren Nutzungsrechte eingesetzt wird. Manche Wäschereien setzten Transpondertechnologie ein. *Gaßner et al.* [GKWD06, 95ff] beschreiben den Fall einer Krankenhauswäscherei, die ein Pfandsystem für die eingesetzten Transponder eingeführt hat. Somit kommt die Wäscherei nur für die Instandhaltung bzw. Ersatz defekter Transponder auf, nicht jedoch für sonstigen Schwund auf Seiten des Kunden.

In einem geschlossenen System ist es sicherlich sinnvoll, die wertvollen Transponder wiederzuverwenden, und auf einem neuen zu identifizierenden Objekt anzubringen. In offenen, überbetrieblichen Systemen ist jedoch fraglich, ob hier ein speziell für die Transponder zu organisierendes Mehrwegkonzept wirtschaftlich ist.

3.6 Zusammenfassung und Auswirkungen auf die Bewertungssituation

Wie die vorangegangenen Ausführungen gezeigt haben, bestehen aus Anwendersicht zahlreiche Gestaltungsmöglichkeiten des RFID-Einsatzes. Die Erklärungen geben Hinweise darauf, welche Parametrisierungen für einen gegebenen Anwendungsfall relevant sein könnten. Sie unterstützen somit den Entscheidungsprozess dahingehend, aus der Fülle an Möglichkeiten ein näher zu betrachtendes Subset zu identifizieren, das Varianten repräsentiert, die die grundlegenden Bedarfe bedienen. Die Ausgestaltungsmöglichkeiten fasst Tabelle 3.3 in einer Übersicht zusammen und gibt die wesentlichen Leistungsmerkmale wieder.

Die Möglichkeiten zur Ausgestaltung sind jedoch nicht losgelöst voneinander wählbar, sondern weisen diverse Abhängigkeiten untereinander auf. Abbildung 3.8 veranschaulicht wesentliche Abhängigkeiten zwischen den Ausgestaltungsentscheidungen und zeigt die groben Zusammenhänge zur Kostenseite auf.

Während an diesem Punkt bereits erste Vorstellungen zur Leistungsfähigkeit der einzelnen Varianten bestehen, sind diese jedoch strukturiert zu erfassen und gegenüberzustellen, um gerade im überbetrieblichen Kontext eine einheitliche Wertaussage zu erhalten. Ebenso sind für die Beurteilung der Wirtschaftlichkeit die Kosten dieser Lösungen zu ermitteln. Der wirtschaftlichen Bewertung widmet sich Teil III dieser Arbeit.

Neben den hier dargestellten Kriterien, die sich auf die Wirtschaftlichkeit beziehen, sind bei der Umsetzung noch verschiedene Detailfragestellungen zu beachten, wie z.B. die Positionierung und Anbringung der Transponder auf den Objekten (vgl. [Wehk06, 323ff]). Nach einer ersten Wirtschaftlichkeitsevaluation, ist die identifizierte Lösung stets über Feldtest oder Laborversuche zu verifizieren.

Tabelle 3.3: Übersicht der Ausgestaltungsparameter und deren Leistungsaspekte

		Ausgestaltungsparameter						Leistungsaspekte
Ausgestaltung der Transponder	Frequenz	LF	HF	UHF	Mikrowelle			Lesereichweite, Absorptionrate
	Interne Logik	Zustandsautomat	Mikroprozessor					Programmierbarkeit, Flexibilität
	Speicher-technologie	ROM	EEPROM	SRAM	FRAM			Wiederbeschreibbarkeit, Schreibgeschwindigkeit und Lebensdauer
	Speichergröße	1 bit	16 Byte	Weitere >16Byte				Umfang der Datenaufnahme
	Energieversorung	Passiv	Aktiv					Reichweite, Integration von Embedded Systems
	Sensorik	Keine	Temperatur	Erschütterung	Weitere			Aufnahme von Umgebungsdaten
	Bauform	Smart Label	Kunstoffgehäuse	Glasgehäuse	Chipkarten	Coil-on-Chip	Weitere	Applizierbarkeit auf Trägerobjekt, Robustheit gegen Umwelteinflüsse
Granularität der Datenerfassung	Einbezogene Transportschicht	Transporter	Frachtcontainer	Wiederverw. Transporteinheit	Transporteinheit	Produkt-verpackung	Produkt	Detailliertheit der Informationsbasis
	Einbezogene Produktgruppe	A-Ressourcen	B-Ressourcen	C-Ressourcen				Umfang einbezogener Objekte
	Organisation der Erfassungs-einheiten	Mobil	Stationär					Visibilität
		Punktuell	Kontinuierlich					Visibilität
Grad der Integration	Innerbetrieblich	Stand-Alone	Integrierter Ansatz ohne Anpassung der Anwendungslogik	Integrierter Ansatz mit Anpassung der Anwendungslogik				Umfang der Verwendung innerhalb betrieblicher Informationssysteme
	Überbertieblich	Keine	Lateral	EPCglobal				Gestaltung des Informationsaustausches
Organisation der Datenhaltung		Data-on-tag	Mischform	Data-on-Network				Verfügbarkeit der Informationen mit oder ohne Netzverbindung
Transponderhandling		Einweg	Mehrweg					Keine (reine Kostenüberlegung)

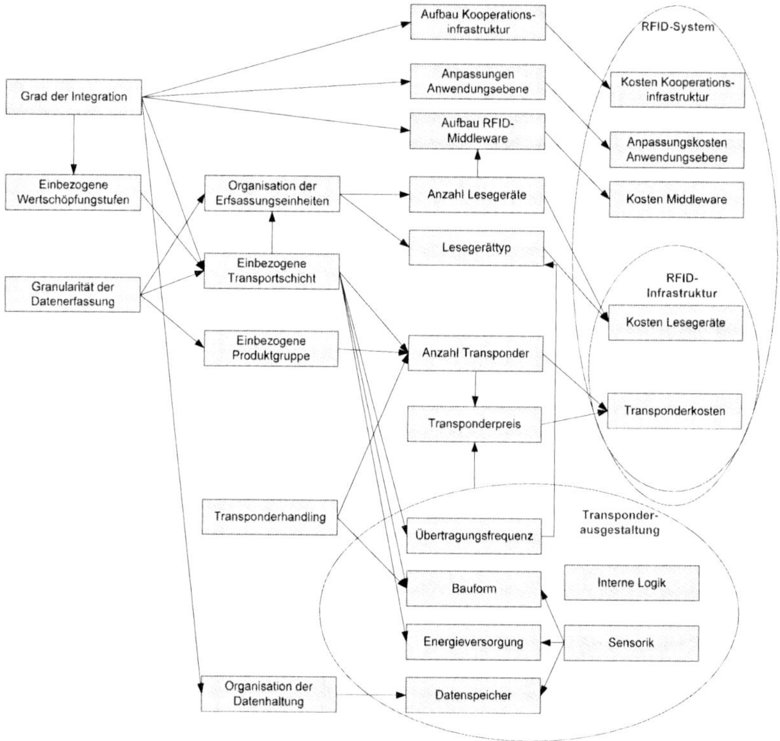

Abbildung 3.8: Wesentliche Abhängigkeiten der Ausgestaltungsentscheidungen untereinander und der Einfluss auf die Kosten

4 Exogene Einflüsse

Während im vorangegangenen Kapitel die wesentlichen gestaltbaren Einflussfaktoren auf die Kosten- und Nutzenpositionen einer RFID-Lösung eingegangen wurde, werden im Folgenden relevante exogene Einflüsse auf eine geplanten RFID-Einführung dargestellt, die vom anwendenden Unternehmensverbund nicht direkt beeinflusst werden können. Die Berücksichtigung dieser Umfeldaspekte ist wichtiger Bestandteil einer umfassenden Wirtschaftlichkeitsanalyse [Dobs00, 444]. Die hier dargestellten Aussagen spiegeln im Wesentlichen die mit einer RFID-Einführung verbundene Unsicherheit bzw. das Risiko wider.

4.1 Allgemeine Preisentwicklung

Im Bereich der Preisentwicklung gibt es immer wieder neue Prognosen, deren Aussagen hinsichtlich des Preisverfalls in letzter Zeit etwas weniger optimistisch ausfallen. Regelmäßig wird ein Tagpreis von 5 Cent als kritische Marke für eine weitgehende Marktdurchdringung bis auf Itemebene betrachtet. Wann dies erreicht sein wird, ist bisher allerdings noch nicht wirklich abzusehen. Gerade in offenen Systemen wird der Transponderstückpreis oft „als Schalthebel in der Frage der Wirtschaftlichkeit interpretiert" [JaMa05a, 89].

Obgleich sich Prognosen der jüngeren Vergangenheit bezüglich der Preisentwicklung von Transpondern als zu optimistisch herausgestellt haben und in der Zwischenzeit bereits revidiert wurden, ist dieser grundsätzliche Abwärtstrend eindeutig identifizierbar. Unklar ist hier lediglich der Faktor Zeit. Unternehmen, die bereits heute den RFID-Einsatz als wirtschaftlich erachten, können in diesem Zusammenhang Überlegungen zum optimalen Investitionszeitpunkt anstellen, während Unternehmen, die derzeit einen Einsatz als zu kostspielig erachten, unter diesem Aspekt Überlegungen über den geforderten Preis, ab dem eine Einführung wirtschaftlich ist, anstellen können.

Die Preissenkungen werden durch technologischen Fortschritt und Skaleneffekte verursacht.

Skaleneffekte (auch Economies of Scale) werden definiert als:

> *„Kostenersparnisse, die bei gegebener Produktionsfunktion (Produktionstechnik) infolge konstanter Fixkosten auftreten, wenn die Ausbringungsmenge wächst [..] (der Anteil der fixen Kosten je produzierter Einheit wird immer kleiner)." [Gabl04, 771]*

Auf der Ebene des RFID-Gesamtmarktes entstehen durch die verstärkte Nachfrage positive Skaleneffekte bei den Transponderherstellern, welche über Preisreduktionen an die Abnehmer weitergegeben werden.

Abgesehen von den reinen Mengeneffekten, lässt der technologische Fortschritt die Produktionskosten für Transponder sinken.

Der ***technologische Fortschritt*** birgt für heutige Investoren die Gefahr, dass aktuell auf dem Markt verfügbare Systeme in absehbarer Zukunft obsolet sein könnten und rasch durch günstigere, leistungsfähigere und im Extremfall sogar inkompatible neue Systeme abgelöst werden. Letzteres Risiko wird wiederum durch Aktivitäten von entsprechend mächtigen Unternehmen, die ihre Investition geschützt sehen wollen, sowie insbesondere der Etablierung von Standards minimiert. Dass im Rahmen der allgemeinen technischen Weiterentwicklung in Zukunft günstigere Systeme angeboten werden, steht allerdings außer Frage.

Während die Kostenreduzierung durch neue Produktionstechniken der auf Silizium basierenden Chips als begrenzt angesehen wird [vgl. Schm06, 188], werden diesbezüglich in der polymeren Halbleitertechnik große Entwicklungspotenziale gesehen. Mit dieser Technik könnten in Zukunft Transponder direkt auf das Trägerobjekt aufgedruckt werden und ein Quantensprung in der Reduktion der Transponderkosten erzielt werden [Homp05, 5]. Bestrebungen laufen derzeit (vgl. [o.V.05, 37]), der Einsatz druckbarer RFID-Schaltkreise ist jedoch nach Ansicht einiger Experten frühestens in 10 Jahren reif für den Massenmarkt (vgl. [Font06, 4]).

Abgesehen von größeren technischen Quantensprüngen gilt es im Detail auch die Zukunftsfähigkeit des Anbieters einer RFID-Lösung zu berücksichtigen. In einem schnelllebigen Markt, wie im RFID-Bereich ist auch dessen wirtschaftliche Stärke bei der Wahl nicht außer Acht zu lassen [FrSB06, 4].

4.2 Akzeptanz

Akzeptanz ist ein wichtiger Faktor jeglicher Systemeinführung. In der Literatur zu RFID finden sich vorwiegend Ausführungen die Akzeptanzprobleme beim privaten Endanwender betreffen, die fast ausschließlich unter dem Gesichtspunkt Privacy diskutiert werden. Vereinzelt finden sich auch Beiträge, die negative gesundheitliche Auswirkungen aufgrund der elektromagnetischen Felder befürchten. Hierbei geht es in erster Linie um die

Strahlungen der Lesegeräte.[30] Letztlich müssen bei der Einführung einer neuen Technologie auch Vorbehalte der Mitarbeiter berücksichtigt werden, die sich gerade hinsichtlich der zunehmenden Automatisierung in Existenzängsten hinsichtlich des Arbeitsplatzes ausdrücken können.

4.2.1 Datenschutz

Datenschutzprobleme können aufgrund eines RFID-Einsatzes immer dann entstehen, wenn personenbezogene Daten erhoben werden. In der Richtlinie 95/46/EG des Europäischen Parlaments und des Rates vom 24. Oktober 1995 zum Schutz natürlicher Personen bei der Verarbeitung personenbezogener Daten und zum freien Datenverkehr findet sich eine verbindliche technologieunabhängige Regelung [EPER95], die in nationales Recht der Mitgliedstaaten umgesetzt wurde. In Deutschland sind dies das Bundesdatenschutzgesetz und die entsprechenden Landesdatenschutzgesetze (siehe [EuKooJ]). Wesentliche Prinzipien der Datenschutzgesetzgebung sind [BGGS07, 21]:

- Transparenz: Die Erhebung personenbezogener Daten muss unter der ausdrücklichen Einwilligung der betroffenen Personen geschehen und die Form der Datenerhebung muss offengelegt sein.
- Datensparsamkeit: Die Datenerhebung muss sich auf für den angegebenen Zweck erforderliche Daten beschränken.
- Zweckbindung: Die Verwendung erfolgt ausschließlich für den angegebenen Zweck.

In einem Arbeitspapier der Artikel-29-Datenschutzgruppe, einem unabhängigen Beratungsgremium der EU in Datenschutzfragen, werden drei grundsätzliche Konstellationen eines auf den RFID-Einsatz zurückzuführenden möglichen Eingriffs in die Persönlichkeitsrechte formuliert[31] [EuKo05, 6ff]:

- Erhebung von Informationen, die mit personenbezogenen Daten verknüpft sind
- Speicherung personenbezogener Daten auf dem Transponder
- Personenverfolgung ohne „traditionelle“ Kenndaten

Der erste Punkt betrifft Situationen, in denen mittels RFID erhobene Daten mittelbar oder unmittelbar einer Person zugeordnet werden können, etwa bei einem Einkauf RFID-

[30] Ein Transponder strahlt außerhalb der Felder eines Lesegerätes nicht.

[31] Die ersten beiden Punkte finden sich ähnlich auch in [BITK04, 12ff]

getaggter Produkte und einem nicht-anonymen Bezahlvorgang z.B. unter Verwendung einer Kredit- oder Kundenkarte.

Der zweite Punkt betrifft Szenarien, bei denen personenbezogene Daten unmittelbar auf dem Transponder gespeichert werden. Dies ist z.B. beim elektronischen Reisepass der Fall, könnte aber auch Fahrkartensysteme oder Kundenkarten betreffen.

Der letzte Punkt betrachtet ein Szenario, bei dem ohne eindeutige Kenndaten in die Privatsphäre einer Person eingegriffen werden kann, indem diese anhand zugehöriger getaggter Gegenstände verfolgt und Rückschlüsse auf personenbezogene Daten gezogen werden können. Als Beispiel wird in [EuKo05, 7] eine von einer Handelskette an ihre Kunden verschenkte Pfandmünze für Einkaufwagen angeführt, bei denen die ausgebende Partei den individuellen Kunden identifizieren könnte, ohne seine tatsächliche Identität zu kennen. Es würde eine Art Alias im System geführt, der sich allerdings (mehr oder weniger) eindeutig auf eine bestimmte Person bezieht.

Die Artikel-29-Datenschutzgruppe selbst bezeichnet ihren durch die Europäische Kommission herausgegebenen Arbeitsbericht als „ersten Situationsbericht“ [EuKo05, 3], der weitere Leitlinien nach sich ziehen wird [ebenda]. In dem Bericht werden allerdings bereits Leitlinien für die Konformität eines RFID-Systems zu Datenschutzerfordernissen angeführt, die im Folgenden kurz aufgelistet seien (vgl. [EuKo05, 9ff]):

- Datenschutzgrundsätze:
    - Grundsatz der begrenzten Verwendung: Die Daten dürfen nur zum bestimmten Zweck verwendet werden.
    - Grundsatz der Datensparsamkeit: Ausschließlich für den bestimmten Zweck erforderliche Daten dürfen gespeichert werden.
    - Aufbewahrungsgrundsatz: Die Speicherung erfolgt nur so lange, wie sie zur Zweckerfüllung erforderlich ist.
- Rechtgrundlage für die Verarbeitung: Personenbezogene Daten dürfen nur dann verarbeitet werden, wenn dies rechtmäßig geschieht (i.d.R. durch Einwilligung der Betroffenen).
- Informationserfordernisse gegenüber betroffenen Personen
    - Existenz von RFID-Tags auf Produkten
    - Folgen der Datenerhebung
    - Zwecke der Datenerfassung
    - Identität des für die Verarbeitung Verantwortlichen
- Auskunftsrecht der betroffenen Personen: Betroffenen Personen müssen die Möglichkeit haben, die Richtigkeit der Daten zu überprüfen

- Sicherheitserfordernisse: Schutz gegenüber zufällige oder unrechtmäßige Zerstörung und unberechtigter Offenlegung

Grundsätzlich stellt sich die Frage, inwieweit bestehendes Datenschutzrecht für RFID-Anwendungen erweitert werden soll oder inwieweit der Schutzbedarf über Selbstverpflichtungen der Anwender oder Datenschutzzertifikate realisiert werden kann [BGGS07, 21].

Bezüglich verbraucherbezogenen Einsatzfeldern des EPC finden sich Ansätze einer Selbstverpflichtung in [GS1G06, 8ff]. Es wird sich auf geltendes Datenschutzrecht bezogen und darüber hinaus umfangreichere Informationsmaßnahmen wie die Kennzeichnung von mit RFID ausgestatteten Produkten sowie die grundsätzliche Möglichkeit der Deaktivierung von Transpondern nach dem Kauf eines Produktes vorgesehen. Die dort aufgeführten Grundsätze sollen in die jeweiligen Verbraucherschutzrichtlinien der Anwenderunternehmen umgesetzt werden [GS1G06, 3]. Diese sind jedoch recht unverbindlich formuliert und decken sich im Wesentlichen mit den Forderungen in [EuKo05, 9ff].

Als weitere Möglichkeit zur Sicherung von Persönlichkeitsrechten, die bisher jedoch nicht umgesetzt wurde, kämen Datenschutzzertifikate in Betracht, die eine Zertifizierung von RFID-Systemen durch neutrale Prüfinstitutionen vorsehen [BGGS07, 22].

Viele der in der Diskussion angeführten Bedrohungsszenarien werden undifferenziert auf die RFID-Technologie projiziert, wobei jedoch immer der jeweilige Anwendungsfall genau auf seine Auswirkungen auf Persönlichkeitsrechte zu untersuchen ist.

Es ist auch zu bedenken, dass viele in diesem Zusammenhang genannte Bedrohungsszenarien keine neuartigen Probleme aufgrund eines RFID-Einsatzes darstellen. Gerade was die vielzitierten Kaufprofile betrifft, ist darauf hinzuweisen, dass nicht RFID personalisierte Profile ermöglicht, sondern erst die Preisgabe der Identität während des Bezahlvorgangs durch eine Kundenkarte oder prinzipiell auch bei der Bezahlung mit einer Kreditkarte.

Ferner ist darauf hinzuweisen, dass die Diskussion um die Bedrohungen durch RFID hinsichtlich der Persönlichkeitsrechte teilweise sehr polemisierend geführt wird. Als Beispiel sei das Zitat der Gründerin und Direktorin der Interessengruppe Consumers Against Supermarket Privacy Invasion and Numbering (CASPIAN) aufgeführt:

> *"The risk that RFID technology poses to humanity is on a par with nuclear weapons."*
> *Katherine Albrecht, CASPIAN, 2003 [Down03 zitiert nach Lang05, 329]*

Andererseits ist ebenfalls zu erwähnen, dass auch auf Unternehmensseite Fehler gemacht wurden, was einer Akzeptanz der Technologie abträglich ist. Als Beispiel sei hier die verdeckte Anbringung von RFID-Tags in inzwischen wieder zurückgezogenen Kundenkarten des Metro Future Stores zu nennen [Tang06, 101ff]. Hierbei waren der Chip weder für den Kunden sichtbar, noch wurde von Seiten der Metro AG darauf hingewiesen [ebenda].

Die Problematik des Datenschutzes ist vor allem in Bereichen zu beachten, in denen private Endkunden in Kontakt mit getaggten Produkten kommen, während produzierende Unternehmen dies für ihre Einflussbereiche als eher irrelevant einstufen [Seid07, 58; SPGD05, 54].

Im Unternehmenskontext sollte der RFID-Einsatz jedoch mit dem Datenschutzbeauftragten und dem Betriebsrat abgestimmt werden, um Befürchtungen entgegenzuwirken, dass mit der Technologie zugleich die Tätigkeiten der Mitarbeiter kontrolliert werden [Japs06, 57]. Es gab bereits Fälle in denen sich das Personal überwacht fühlte und nachträglich der Betriebsrat eingeschaltet wurde [GKWD06, 45].

Die Ängste, die mit der Technologie verbunden sind, können zum Teil auch mit der Unkenntnis über die Technologie seitens der Verbraucher begründet werden [Shef04, 7, ReAS07, 38]. Ein weiterer Aspekt liegt sicherlich auch im noch fehlenden Mehrwert für den Kunden. Auch [ReAS07, 38ff; BSI04, 111] sehen die Schaffung von Kundennutzen und dessen Kommunikation als wichtig für die Akzeptanz, so dass im Wesentlichen folgender Aussage zuzustimmen ist:

> *„broad acceptance is not simply a question of handling privacy issues but rather one of communication and experience“ [ReAS07, 49]*

So finden sich auch gewisse Widersprüche im Vergleich zu anderen Technologien. Häufig wird im Zusammenhang mit RFID ein Szenario aufgeführt, dass ein Individuum anhand eines mit RFID gekennzeichneten Gegenstandes in seinen Bewegungen verfolgt werden könnte[32] [z.B. BeGS05, 423]. Tatsächlich entspricht dieses Szenario jedoch nicht dem Stand der Technologie aufgrund einer zu geringen Abdeckung mit einer entsprechenden Infrastruktur, den erzielbaren Reichweiten sowie entsprechender Standardisierung [GKWD06, 19]. Andere Technologien, die derartige Bewegungsprofile bereits heute ermöglichen, werden bei solchen Betrachtungen regelmäßig ausgeblendet. So

---

[32] Bezogen auf allgemeine Bewegungen in der Umwelt. Innerhalb von abgrenzbaren Einflussbereichen wie Geschäftsräumen ist dieses Beispiel anders zu bewerten.

können Telekommunikationsanbieter Mobiltelefonnutzer anhand der Mobilfunkzellen bis zu einem gewissen Genauigkeitsgrad orten und auch bei der Nutzung von Zusatzdiensten mancher GPS-Geräte werden Bewegungsdaten übertragen.

Nicht zuletzt wird auch dem Kunden eine verstärkte Eigenverantwortung hinsichtlich seiner personenbezogenen und personenbeziehbaren Daten im Zuge der zunehmenden Technisierung seiner Umwelt zuzuschreiben sein [Welz00, 466].

Fest steht, dass Persönlichkeitsrechte bei der Umsetzung von RFID-Anwendungen gewahrt werden müssen. In der einschlägigen Literatur und betroffenen Konsortien wurde der Datenschutzaspekt sehr umfassend allerdings nicht abschließend diskutiert. Für die Art und Weise der Sicherung der datenschutzkonformen Umsetzung von RFID-Anwendungen hat sich noch kein spezielles Verfahren etabliert.

Vor dem Hintergrund der Arbeit ist es auch nicht das Ziel einen Lösungsansatz für die Datenschutzproblematik zu entwickeln, sondern es soll der Status Quo der derzeitigen Situation dargestellt werden. Das Ziel liegt in dem Bewusstsein der Problematik und den potenziell resultierenden Akzeptanzproblemen, so dass das damit verbundene Risiko erkannt und entsprechend berücksichtigt werden kann.

4.2.2 Gesundheit

Ein weiterer Vorbehalt, der gegenüber der RFID-Technologie besteht, liegt in gesundheitlichen Bedenken begründet. Hierbei wird auf die von den Lesegeräten emittierte Strahlung abgestellt.

Im Hinblick auf die ebenfalls mit der RFID-Technologie betriebenen Diebstahlsicherungsanlagen in Kaufhäusern hat das deutsche Bundesamt für Strahlenschutz festgestellt, dass in vielen Fällen empfohlene Grenzwerte nicht eingehalten werden [BfS07]. Es wird allerdings darauf hingewiesen, dass die tatsächliche Gefahrenlage für den Durchschnittsbürger aufgrund der restriktiven Grenzwerte und kurzen Verweildauer im Feld begrenzt sei, wobei diese für Risikogruppen z.B. Personen mit medizinischen Implantaten wiederum nicht ganz geklärt sei. Auch Auswirkungen auf Angestellte, die diesen Feldern in größerem Ausmaß exponiert sind, bedürfen in der Zukunft einer genaueren Beobachtung.

Allgemein wird nach heutigem Stand bei einem regulären Betrieb der Lesegeräte nicht von gesundheitlichen Gefährdungen ausgegangen [GSAI06, 3ff; BITK07, 3; BMU07, 4ff]. Letztendlich muss man jedoch feststellen, dass in diesem Bereich noch unzureichende Erkenntnisse vorherrschen und Aussagen bestimmter Untersuchungen stark von den dahinterstehenden Interessenvertretern beeinflusst scheinen [ScSc05, 227]. Es existieren sowohl warnende Aussagen als auch Erklärungen zur Unbedenklichkeit [GKWD06, 22].

Für die vorliegende Arbeit ist jedoch in erster Linie wiederum die Tatsache relevant, dass derartige Vorbehalte gegenüber der Technologie bestehen.

4.2.3 Existenzängste

RFID stellt eine Automatisierungstechnologie dar, die manuelle Eingriffe reduzieren soll. Teilweise erlaubt RFID neue Erfassungsprozesse z.B. hinsichtlich des Qualitätsmanagements. Oft werden allerdings auch bestehende Prozesse automatisiert wie im Bereich der Warenannahme. Bei reinen Automatisierungsprozessen traditioneller Abläufe stellt sich die Frage, was mit der freigesetzten Arbeitskraft der bisher mit diesen Aufgaben betrauten Mitarbeiter geschieht. Grundsätzlich können auf ihrer Seite Existenzängste hervorgerufen werden, denen durch eine genaue Kommunikation der Planung und Ziele des Einsatzes entgegengewirkt werden kann [JaMa05, 88]. Grundsätzlich ist ein potenzielles Verweigerungsverhalten zu berücksichtigen (vgl. [GKWD06, 121]). In der bestehenden Literatur zu RFID scheint der Aspekt der Mitarbeiterwiderstände aufgrund von Existenzängsten und Berichte darüber, inwieweit durch solche Einführungen Arbeitsplätze abgebaut wurden, bisher kaum Berücksichtigung gefunden zu haben.

4.3 Gesetzliche Vorschriften

Gesetzliche Regelungen für den gewerblichen Sektor schreiben im Allgemeinen keine spezifische zu verwendende Technologie vor. Die in ihnen enthaltenen Anforderungen können jedoch neue Umsetzungsformen nahelegen, bei denen ein bestimmter Technologieeinsatz als besonders vorteilhaft erscheinen könnte. [Acat06, 12] sprechen in diesem Zusammenhang von einem „Regulatory Push". Für den Bereich RFID sind dies in erster Linie Regelungen die besondere Qualitäts-, Sicherheits- bzw. Dokumentationspflichten betreffen (vgl. [BSI04, 95]).

Ein oft genanntes Beispiel betrifft die Rückverfolgbarkeit in der Lebensmittelindustrie, die durch Art. 18 der Verordnung (EG) Nr. 178/2002 des Europäischen Parlaments und des Rates vorgeschrieben ist. Diese besagt, dass die Rückverfolgbarkeit von Lebens- und Futtermitteln über alle Produktions-, Verarbeitungs- und Vertriebsstufen hinweg über entsprechende Systeme und Verfahren sicherzustellen ist. Mit Art. 17 der Verordnung (EG) Nr. 1935/2004 wurde die Verpflichtung auf Materialien und Gegenstände, die dazu bestimmt sind, mit Lebensmitteln in Berührung zu kommen, ausgeweitet.

Die Umsetzung von Maßnahmen zur Rückverfolgbarkeit in der Lebensmittelindustrie liegt in erster Linie im Verbraucherschutz, hat aber auch Vorteile in der Schadensbegrenzung auf Unternehmensseite, indem schneller und gezielter Produkte aus dem Verkehr genommen und Haftungsfragen eindeutiger geklärt werden können [BLL01, 15ff].

RFID wird hierbei die Fähigkeit zur Unterstützung dieser genaueren Erfassung zugesprochen, da Prozessschritte automatisiert dokumentiert werden können und Objekten eindeutige Seriennummern zugeordnet werden.

Ähnlich verhält sich diese Zielsetzung mit Rückverfolgbarkeits- bzw. Dokumentationsvorschriften in der Automobilindustrie und dem Gesundheitssektor. So wird für den Automobilbereich eine zu den o.g. Verordnungen der Lebensmittelindustrie ähnliche Regelung zur Rückverfolgbarkeit erwartet, was in Bezug auf sicherheitsrelevante Teile bereits von einigen Herstellern umgesetzt wird [Stra05, 77]. Auch im Gesundheitssektor existieren verschiedene gesetzliche Vorgaben, die die Dokumentation und Rückverfolgbarkeit z.B. von Blutprodukten betreffen [GKWD06, 103].

Eine Vorschrift mit eher zukünftiger potenzieller Relevanz, etwa wenn ein weitreichender Einsatz der Technologie auf Itemebene Realität geworden ist, stellt das neue Elektro- und Elektronikgesetz dar. Diese geht in erster Linie auf zwei EU-Richtlinien zurück [acat06, 13]:

- EU-Richtlinie 2002/95/EG zur Beschränkung der Verwendung bestimmter gefährlicher Stoffe in Elektro- und Elektronikgeräten (RoHS)[33]
- EU-Richtlinie 2002/96/EG über Elektro- und Elektronik-Altgeräte (WEEE)[34]

Diese Richtlinien regeln die Zusammensetzung und Entsorgung von Elektro- und Elektronikgeräten. Einerseits wird hierbei ein RFID-förderlicher Faktor gesehen, der darin besteht, dass die mit RFID-getaggten Elektrogeräte bei ihrer Entsorgung besser identifiziert und Informationen über ihre Inhaltsstoffe abgerufen werden könnten, was einem gezielteren Recycling förderlich sein könnte. Darüber hinaus könnte eine aufwandsgerechtere Belastung der Hersteller gemäß der Menge und Art des auf sie zurückgehenden Elektroschrotts umgesetzt werden.

---

[33] http://europa.eu.int/eur-lex/lex/LexUriServ/LexUriServ.do?uri=CELEX:32002L0095:DE:HTML

[34] http://eur-lex.europa.eu/LexUriServ/LexUriServ.do?uri=CELEX:32002L0096:DE:HTML

Auf der anderen Seite werden auch Bedenken geäußert, inwieweit die Entsorgung der Tags selbst unter diese Richtlinien fällt. Die Transponder enthalten ebenfalls eine Reihe von umweltbelastenden Materialien.[35] RFID-Transponder fallen hinsichtlich ihrer Zusammensetzung unter die RoHS-Richtlinie [EuKo06, 13]. Hinsichtlich ihrer Entsorgung fallen RFID-Transponder nur unter die WEEE-Direktive, wenn sie direkt auf Elektrogeräten angebracht sind, da sie hierbei als Teil derselben aufgefasst werden [EuKo06, 13]. Die Transponder werden also unter 2002/96/EG nicht als Elektrogerät aufgefasst, insofern sie Bestandteil eines nicht unter diese Direktive fallenden Produkts bzw. einer Verpackung sind.[36] Sie gehen also aus der Sicht des WEEE in dem Objekt auf, auf das sie appliziert werden und sind unter den dieses Objekt betreffenden Vorgaben zu entsorgen.

Da sich die Europäische Elektronikindustrie seither auf die RoHS-Richtlinie eingestellt hat, werden ihre RFID-Produkte standardmäßig RoHS-konform hergestellt [BGGS07, 25]. Wie gezeigt wurde, stellen sich für RFID-Tags keine gesonderten Anforderungen an die Entsorgung aus WEEE.

Nichtsdestotrotz könnten zukünftige Massenanwendungen insbesondere Recyclingprozesse höherwertiger Abfälle wie z.B. Papier, Glas oder Kunststoff erschweren [BGGS07, 25; Behr04, 18ff], so dass zukünftige Umweltauflagen nicht auszuschließen sind.

4.4 Implikationen für die Bewertungssituation

Die in diesem Abschnitt genannten exogenen Faktoren kennzeichnen die Unsicherheit, die mit einer RFID-Einführung verbunden sind und auf welche kein unmittelbarer Einfluss genommen werden kann. Diese können sowohl unterstützenden Einfluss auf eine mögliche Verbreitung als auch projektgefährdenden Charakter aufweisen.

Während die technische Ausgestaltung von den umsetzenden Parteien wählbar und sich das damit verbundene technische Risiko durch Versuche und Feldtests weitestgehend eingrenzbar darstellt, haben Unternehmen auf die hier genannten Umfeldbedingungen

[35] Für eine Übersicht der typischen Materialzusammensetzung eines Transponders sei auf [Behr04, 17] verwiesen.

[36] Es ist darauf hinzuweisen, dass die Aussage der Europäischen Kommission in [EuKo06, 13] etwas widersprüchlich erscheint, da RFID-Transponder vor dem Hintergrund der RoHs in die dort referenzierte Klassifizierung der WEEE unter die Gruppe „IT- und Telekommunikationsgeräte" zu fassen wären, während sie in Bezug auf die WEEE selbst nicht eigenständig dort einzuordnen seien.

höchsten mittelbaren Einfluss, so dass in diesen Punkten immer ein Restrisiko bestehen bleibt.

Wie gezeigt wurde, sind nicht alle dieser Faktoren in jedem Einsatzgebiet relevant. So scheint der Datenschutzaspekt vor allem bei Einsatzformen zu berücksichtigen zu sein, die private Endverbraucher tangieren würden, während die gesetzlichen Vorschriften industriespezifisch zu beurteilen sind. Allen Einsatzformen gemein ist die Ungewissheit über das Momentum der technologischen Entwicklung und des damit erwarteten Preisverfalls der Infrastrukturkosten.

Bezüglich der Risiken ist ein grundsätzliches Bewusstsein zu schaffen. Für den jeweiligen Anwendungsfall ist zu prüfen, welche Risikoaspekte bestehen.

Diese Unsicherheit sollte von einer Bewertungsmethode berücksichtigt werden. Investitionsentscheidungen sind aufgrund ihres Zukunftbezugs grundsätzlich mit Unsicherheit behaftet [Götz06, 12; WaSp04, 172]. Insbesondere eine neuartige Technologie bzw. der Einsatz einer Technologie in einem neuen Umfeld birgt aufgrund der fehlenden Erfahrungswerte und nicht abgeschlossener Ausreifung besondere Schwierigkeiten hinsichtlich der Abschätzung der Auswirkungen.

5 Probleme und Anforderungen der überbetrieblichen Bewertung von RFID

Im folgenden Kapitel werden Probleme und Anforderungen an die überbetriebliche Bewertung von RFID untersucht. Hierfür wird zunächst auf Probleme bezüglich der Bewertung von IT allgemein Bezug genommen (Abschnitt 5.1) und danach auf die Besonderheiten im überbetrieblichen Kontext (Abschnitt 5.2) eingegangen. Das Kapitel schließt mit einer Zusammenfassung der Anforderungen an die Bewertung (Abschnitt 5.3).

5.1 Probleme der Bewertung von Informationstechnologie

In der Literatur werden regelmäßig Schwierigkeiten bei der Erfassung von Kosten und Nutzen von Informationssystemen thematisiert. *Picot et al.* [PiRW03, 199] fassen sechs allgemeine Problemkategorien (APK) bei der Wirtschaftlichkeitsbeurteilung neuer Informationstechnologien zusammen und definieren diesbezügliche Anforderungen (siehe Tabelle 5.1).

Dem Maßgrößenproblem (APK.1) wird sich in Kapitel 7 mit der Diskussion der Wirtschaftlichkeitsmaße Kosten- und Nutzen gewidmet, indem diese hinsichtlich der hier vertretenen grundlegenden Auffassung sowie Klassifizierungs- und Quantifizierungsansätzen beleuchtet werden. Bezüglich des Nutzens stellt sich insbesondere das Innovationsproblem (APK.5) vor dem Hintergrund der Bewertung nicht-substitutiver Effekte. Der Situationsproblematik (APK.2) wird sich speziell in diesem Teil der Arbeit gewidmet. Ihr wurde im vorangegangenen Kapitel im Rahmen des Klassifikationsrahmens für RFID-Systeme und den Ausführungen zu exogenen Faktoren ebenfalls Rechnung getragen. Auch die nachfolgenden Sektionen dieses Kapitels tangieren die Situationsproblematik, indem Probleme im überbetrieblichen Bewertungskontext adressiert werden. Eine Bewertungsmethodik muss an die spezifische Situation anpassbar sein (APK.2) und ferner durch eine umfassende Berücksichtigung der an unterschiedlichen Stellen auftretenden Effekte dem Ganzheitlichkeitsproblem (APK.6) Rechnung tragen. Im überbetrieblichen Einsatz stellen sich auch insbesondere Verbund- und Zurechnungsprobleme

(APK.3/4) ein. Auf die speziellen Probleme im Zusammenhang mit der überbetrieblichen Bewertung geht der folgende Abschnitt gesondert ein.

Tabelle 5.1: Problemkategorien der Wirtschaftlichkeitsbeurteilung von Informationstechnologien (eigene Darstellung nach [PiRW03, 199f])

Problemkategorie	Fragestellung
APK.1: Maßgrößen-problem	Welche Maßgrößen bzw. Indikatoren spiegeln die Aufwands- und Nutzeneffekte möglichst genau wieder?
APK.2: Situations-problem	Inwieweit werden die Wirtschaftlichkeitseffekte durch die jeweils vorliegenden spezifischen Situationsbedingungen beeinflusst?
APK.3: Verbundprob-lem	In welchen Teilen des arbeitsteiligen Leistungsverbundes der Unternehmung treten die für die Wirtschaftlichkeitsbeurteilung relevanten Effekte auf?
APK.4: Zurechnungs-problem	Wie lassen sich zeitlich verzögerte oder räumlich verteilte Wirtschaftlichkeitseffekte zurechnen?
APK.5: Innovations-problem	Wie lassen sich innovative Anwendungen neuer Technik bewerten, die über die reine Substitution traditioneller Arbeitsverfahren hinausgehen?
APK.6: Ganzheitlich-keitsproblem	Wie können komplexe Wechselbeziehungen im organisatorisch-technisch-personellen Gesamtsystem in der Wirtschaftlichkeitsbeurteilung Berücksichtigung finden?

5.2 Probleme der überbetrieblichen Bewertung

Der überbetrieblichen Bewertung der Wirtschaftlichkeit von RFID bzw. IT wurde sich bisher noch wenig in der Literatur gewidmet.

Hirnle [Hirn06, 60] fordert die Verwendung eines standardisierten Instrumentariums unter Berücksichtigung der Kosten- und Nutzeneffekte aller Partner und Verwendung möglichst objektiv einschätzbarer Daten.

Ähnlich formulieren *Kuhn et al.* [KHKR06, 380f] folgende Voraussetzungen:

- Berücksichtigung der Konstituenten eines Netzwerkes
- Vollständige Transparenz über die Beiträge und Leistungen jedes Unternehmens zur Gesamtleistung im Netzwerk
- Standardisierung von Bewertungsgrößen

Den letzten Punkt der Bewertungsgrößen spezifizieren sie noch etwas detaillierter. Diese sollten folgenden Anforderungen genügen [KHKR06, 381f]:

- Messbarkeit

- Handhabbarkeit
- Anpassbarkeit
- Aggregierbarkeit und Disaggregierbarkeit
- Monetarisierbarkeit

Ein RFID-System das mehrere Stufen über Unternehmensgrenzen hinweg umfasst, ist ungleich schwieriger zu bewerten als isolierte Investitionsobjekte [JaMa05a, 87]. *Wildemann* [Wild05, 19] sieht das Hauptproblem bei gemeinsamen Initiativen über Unternehmensgrenzen hinweg im mangelnden Vertrauen und ungleichen Nutzenverteilungen. Ähnlich konzentriert sich *Hirnle* [Hirn05] im Rahmen seiner Ausführungen zur Bewertung unternehmensübergreifender IT-Investitionen auf das Opportunismus- und das Verteilungsproblem.

Während für die letztliche Umverteilung verschiedene Modelle einer „gerechten" Beteiligung der Partner am Gesamterfolg vorstellbar sind, wird sich die faktische Umsetzung aus Verhandlungen ergeben. Verhandlungen können als konstitutiver Bestandteil von Netzwerken aufgefasst werden und dienen dem Ausgleich unterschiedlicher Interessen [SyWi00, 14]. Hier wird die relative Macht der Verhandlungspartner entscheidend sein (Abschnitt 5.2.3). Ferner stellt sich im Zusammenspiel der Netzwerkpartner das Opportunismusproblem, welches in Abschnitt 5.2.2 angesprochen wird. Zunächst seien jedoch die ebenfalls im überbetrieblichen Einsatz von RFID auftretenden Netzeffekte dargestellt.

5.2.1 Netzeffekte

Im vorliegenden Fall des überbetrieblichen RFID-Einsatzes ist der Nutzen für ein Wirtschaftssubjekt auch von den Entscheidungen der anderen Teilnehmer im Unternehmensverbund abhängig. Als Beispiel sei die automatische Erfassung am Wareneingang genannt, die u.a. davon abhängig ist, dass die Sendung bereits mit Transpondern gekennzeichnet geliefert wird. Diese gegenseitigen Abhängigkeiten individueller Nutzenfunktionen werden in der Theorie der Netzeffekte adressiert:

> *„There are many products for which the utility that a user derives from consumption of the good increases with the number of other agents consuming the good. [..] the utility that a given user derives from a good depends upon the number of other users who are in the same 'network' "[KaSh85, 424].*

Netzeffekte stellen positive externe Effekte dar [PiRW03, 64]. *Katz & Shapiro* [KaSh85] unterscheiden in direkte Netzeffekte, die sich unmittelbar durch die physische Verbindung der Netzteilnehmer ergeben – hier wären dies die Kommunikationsbeziehungen –

und indirekte Netzeffekte, die sich durch die allgemeine Ausweitung der Netzgröße ergeben. Letztere bewirken aufgrund der allgemeinen Verbreitung am Markt z.B. einen Preisverfall der RFID-Komponenten, sowie die Entwicklung neuer kompatibler Produkte und Anwendungen. Indirekte Netzeffekte treten bei den meisten Produkten auf, während direkte Netzeffekte spezifisch für Kommunikationsgüter sind [PiRW03, 64].

Im Bereich der Informationssysteme wird die Theorie der Netzeffekte regelmäßig vor dem Hintergrund von Standardisierungsentscheidungen angesprochen [z.B. LiKu06, ZKGX06, Buxm96, 18ff]. Ein oft genanntes Beispiel für ein Netzeffektgut ist das Telefon [z.B. Hofm01, 76]. Ein weiteres Beispiel mit engem Bezug zum vorliegenden Fall kann im Electronic Data Interchange (EDI) gesehen werden. Es bestehen sogar Abhängigkeiten zwischen dem Einsatz von EDI und RFID, der als komplementär anzusehen ist. Während EDI in erste Linie den Bereich kaufmännischer Dokumente (Lieferavis, Bestellungen, Produktkataloge etc.) betrifft, werden durch RFID vor allem Prozessdaten erfasst und kommuniziert. Eine automatische Wareneingangsprüfung ist neben der Ausstattung der Sendung mit RFID in der Regel auch von dem Erhalt eines elektronischen Lieferavis im Rahmen des EDI abhängig.

Im Rahmen der überbetrieblichen Beurteilung des RFID-Einsatzes müssen mehrere autonome Akteure berücksichtigt werden, deren Entscheidungen Auswirkungen bei den anderen Beteiligten entstehen lassen. *Buxmann* [Buxm01, 72] bezeichnet dies am Beispiel EDI als „Erfolgsverbund zwischen den Entscheidungen der autonomen Akteure“ [ebenda].

Durch die ganzheitliche Sicht auf Netzwerkebene, können auch die Netzeffekte vollständig erfasst werden. Dies motiviert eine Bewertung des Gesamtsystems. Das Problem ist jedoch, dass eine aus Gesamtsicht optimale Lösung die Vorteile nicht gleich auf die partizipierenden Unternehmen verteilt. Ganz im Gegenteil kann sie bei einzelnen Akteuren negative Auswirkungen haben. Diese haben als autonome Einheiten grundsätzlich die Möglichkeit sich einer Einführung zu entziehen. Der Erfolg der aus Gesamtsicht optimalen Lösung hängt jedoch aufgrund der Netzeffekte eines RFID-Einsatzes vom Zusammenspiel aller Beteiligten ab. Eine Verweigerungshaltung bei einem Unternehmen hat Konsequenzen auf die Positionen der anderen Akteure.

Für den vorliegenden Sachverhalt, bedeutet dies, dass die externen Effekte bei der Bewertung hinsichtlich des Ausmaßes und Allokation zu berücksichtigen sind. Dies kann durch einen ganzheitlichen Bewertungsansatz, der die Einzelkalküle aller beteiligten Unternehmen berücksichtigt, unterstützt werden. Die Abhängigkeit dieser Nutzeneffekte hat jedoch als Konsequenz, dass eine Bewertungsaussage aus Gesamtsicht nur so lange valide ist, wie die Konstellation, in der die Bewertung durchgeführt wurde sich nicht ändert. Beteiligt sich ein Unternehmen nicht mehr an dem Verbundprojekt, ist die Bewertung erneut durchzuführen bzw. die Einzelbewertungen der anderen Unternehmen anzupassen. Das Ausscheiden kann nicht einfach durch Abzug der Einzelwerte des aussteigenden Unternehmens vom Gesamtergebnis vorgenommen werden. Dies bedeutet auch, dass alle an der Bewertung Beteiligten und ihre Einzelpositionen strukturiert abzubilden sind. Um zu erreichen, dass ein identifiziertes Gesamtoptimum auch von allen Beteiligten Akteuren getragen wird, müssen diese den Einsatz auch aus ihren Einzelkalkülen heraus als Wirtschaftlich erachten. Wird dies durch die initialen Verteilungen nicht erreicht, müssen Umverteilungsmechanismen greifen.

5.2.2 Opportunistisches Verhalten

Opportunismus wird heutzutage (oft zusammen mit begrenzter Rationalität) von vielen Autoren als realitätsnahe Grundannahme menschlichen Verhaltens [Will90, 76] und folglich auch der Entscheider innerhalb von Organisationen erachtet. Opportunismus unterscheidet sich von der einfachen Verfolgung von Eigeninteressen, indem letztere auch unter Zuhilfenahme von List zu verwirklichen versucht werden [Will90, 74]. Opportunismus stört somit kooperative Prozesse. In Bezug auf eine gemeinschaftliche Bewertung kann opportunistisches Verhalten die getroffenen Aussagen verzerren.

In Bezug auf eine kooperative RFID-Einführung könnte sich Opportunismus bei den Partnerunternehmen darin äußern, dass sie bei der Bewertung ihren Nutzen untertreiben und die ihnen entstehenden Kosten übertreiben (vgl. [Hirn06, 38]), also den Nettonutzen kleinrechnen. Gerade in Anbetracht eventuell erhoffter oder vereinbarter Ausgleichsleistungen scheinen Unternehmen einen Anreiz für dieses Verhalten zu haben. Vor diesem Hintergrund scheinen Maßnahmen zur Kosten-Nutzen-Verteilung gar kontraproduktiv. Aber auch ohne diese Mechanismen können sich die Vertragspartner aufgrund der allgemeinen Grundannahme, dass ökonomische Systeme auf Leistung und einer entsprechenden Gegenleistung beruhen, veranlasst fühlen, ihre Leistung möglichst hoch darzustellen, um auf entsprechende, wie auch immer geartete Gegenleistungen spekulieren zu können.

Bei der Bewertung bedroht Opportunismus in erster Linie die Korrektheit der kommunizierten Angaben. Dem kann durch Transparenz entgegengewirkt werden (vgl. [Wild05, 19]), indem die Kalküle der einzelnen Unternehmen nachvollziehbar, vergleichbar und möglichst einheitlich gestaltet werden. Es muss versucht werden die Möglichkeiten einer falschen Darstellung von Daten zu reduzieren. Dies fängt bei einheitlichen Auffassungen der Bewertungsgrößen an. Diese müssen weitestgehend objektiv und nachvollziehbar sein. Auch die in die Bewertung einfließenden Indikatoren und Kennzahlen sollten dargestellt werden, um auch den Bewertungsprozess also den Weg zur ökonomischen Aussage offenzulegen. Neben der grundsätzlichen Einsicht durch die Partner müssen Indikatoren und Kennzahlen einheitlich verwendet werden, um die Vergleichbarkeit zu gewährleisten. Dies ist auch vor dem Hintergrund der Verrechnung und Zusammenführung zu einer Gesamtaussage von zentraler Bedeutung. Damit werden die Grundannahmen, die hinter der Gesamtbewertung stecken, offengelegt und können hinterfragt werden.

Opportunistisches Verhalten wird durch eine asymmetrische Informationslage unterstützt. Dieses Ungleichgewicht kann durch Offenlegung relevanter Informationen eliminiert werden. Die Unterstützung der Bewertung muss also auch eine Plattform für den Informationsaustausch bereitstellen. Sie muss gewährleisten, dass die Beteiligten grundsätzlichen Zugriff auf die Bewertungsdaten der Partner haben und diese für sie nachvollziehbar dargestellt werden. Um hierbei auch das Risiko einer Verfälschung des Informationsflusses zu reduzieren, sollen die Daten möglichst strukturiert, weitestgehend objektiv und vergleichbar dargestellt werden.

5.2.3 Machtverhältnisse zwischen autonomen Partnern

Bei den einzelnen Netzwerkteilnehmern handelt es sich nicht zwingender Weise um gleich starke Partner. Dies hat insbesondere auf die Verhandlungsposition der einzelnen Unternehmen Auswirkungen. In der Regel entscheidet der stärkste Partner in einer Wertschöpfungskette über eine Technologieeinführung [KnLK07, 103].

Ein gängiges Beispiel stellt die Konstellation im Handel dar. Die großen Handelsunternehmen forcieren den RFID-Einsatz ihrer Zulieferer. Sie können z.B. ihren Wareneingang nur automatisieren, wenn die Sendungen bereits mit RFID-Transpondern ausgestattet sind. Viele Zulieferer reagieren auf die Forderung ihrer wichtigen Abnehmer mit einer Slap&Ship-Strategie, bei der die Sendungen erst bei Auslieferung und nur zur Erreichung der Konformität mit der Kundenanforderung mit Transpondern ausgestattet werden. Nutzen sie die Technologie nicht für eigene Zwecke, stellen sie sich somit schlechter als im vorangegangenen Zustand ohne den RFID-Einsatz, da ihnen dieser nur zusätzliche Kosten aufbürdet. Dass in dieser Konstellation eine Einführung erreicht wird, liegt an der Marktmacht der großen Handelsunternehmen. Die Großhändler, die derzeit RFID einführen planen nicht, ihre Zulieferer für die ihnen durch den RFID-Einsatz entstehenden Kosten zu kompensieren [Tell06, 10]. Sie verzichten auf eine Beteiligung der konformen Zulieferer an den erlangten Vorteilen bzw. sehen diesen in der Aufrechterhaltung der Handelsbeziehungen. In diesem Fall wird in erster Linie auch kein Gesamtoptimum angestrebt, sondern das Kalkül des dominierenden Unternehmens durchgesetzt. Dieses stark ungleiche Machtverhältnis ist jedoch nicht in jedem Unternehmensnetzwerk vorhanden. Würde man dies auch in Bezug auf den Handel ausblenden, würden die Zulieferer sich gegenüber einer für sie unvorteilhaften Investition verschließen und der Großhändler auch keine Vorteile erlangen. Dies wäre aus Gesamtsicht nachteilig, wenn die Summe der (Netto-) Vorteile bei Profiteuren einer RFID Einführung die Summe aller (Netto-) Nachteile der übrigen Partner überwiegen würden.

Aus diesem Sachverhalt wird deutlich, dass bei einer überbetrieblichen Betrachtungsweise alle Akteure einbezogen werden müssen, um eine Gesamtbewertung durchführen zu können. Da diese letztendlich autonome Einheiten darstellen, muss die Bewertung auch die Konsequenzen für die einzelnen Beteiligten darstellen. Die unternehmensindividuellen Bewertungen müssen jedoch vergleichbar sein, um Gegenübergestellt werden zu können und insbesondere zu einer konsistenten Gesamtaussage verdichtet werden zu können. Letztendlich muss eine als vorteilhaft identifizierte Lösung auch durchgesetzt werden können, was erfordert, dass sich kein Akteur der Umsetzung entzieht. Dies motiviert Ausgleichszahlung. Da solche Zahlungen jedoch nicht auf Prognosewerte aufsetzen, sondern auf die tatsächlich realisierten Werte, erfordert dies eine Ergebniskontrolle. Für den Bewertungsprozess bedeutet dies wiederum, dass er ex ante Daten für die Entscheidungsunterstützung zusammentragen muss und ex post die Ist-Daten zur Kontrolle und der Unterstützung von Kompensationen bereitstellen muss.

Prinzipiell besteht eine Vielzahl denkbarer Mechanismen zur Umverteilung der relativen Vorteile. Die Partizipation der einzelnen Partner an den Vorteilen muss vor der Investitionsentscheidung festgelegt werden.

Schoppmann [Schop05, 32ff] spricht im Rahmen eines interorganisationalen Kostencontrollings eine paritätische Gewinnverteilung, bei der der Gewinn gleichmäßig zwischen den Kooperationspartner aufgeteilt wird, und eine anteilsmäßige Gewinnbeteiligung, die sich auf die Erfolgsbeiträge der Partner bezieht, an.

Plaßmann [Plaß74, 129f] stellt folgende Verteilungsgrundsätze für die durch Kooperation erlangten Vorteile auf:

- Jedes Kooperationsmitglied muss einen individuellen Mindestvorteil erhalten, damit es partizipiert.
- Sind alle Mitglieder unentbehrlich für die Zielerreichung liegt eine Gleichverteilung nahe.
- Ansonsten ist die relative Marktmacht für die Verteilung entscheidend.
- Bei einer Aufteilung der Vorteile, die sich nicht an den relativen Nachteilen orientiert, ist das Stabilitätsziel gefährdet.

Dem Verteilungsproblem widmet sich auch *Fontanari* [Font96, 130ff]. Er sieht jedoch auch letztendlich die Begrenztheit idealtypischer, theoretischer Distributionsschlüssel für die praktische Anwendung:

> *„Die Empfehlung einer optimalen Verteilungslösung verbleibt deshalb in der jeweiligen Kooperationsgestaltung." [Font96, 133]*

Letztlich hängt somit die Ausgestaltung von eventuellen Umverteilungsmechanismen von den Beziehungen unter den Kooperationspartnern und hier insbesondere von der relativen Marktmacht einzelner Unternehmen ab. Grundsätzlich kann bei autonomen Partnern davon ausgegangen werden, dass keiner eine für ihn unvorteilhafte Umsetzung akzeptieren würde. Auch die Form der Kompensierung kann sich unterschiedlich gestalten. So könnten für die Errichtungskosten Einmalzahlungen verhandelt werden und die erhöhten laufenden Kosten im Rahmen eines Preisaufschlags abgegolten werden.

5.3 Zusammenfassung der Anforderungen an die Bewertung

Im Folgenden werden die Anforderungen an die Bewertung nochmals zusammenfassend dargestellt. Die Anforderungen resultieren teilweise aus mehreren zuvor behandelten Sachverhalten bzw. Problematiken, was in Abbildung 5.1 durch Pfeile angezeigt wird.

In den vorangegangenen Kapiteln zur Ausgestaltung und den exogenen Faktoren wurde die Notwendigkeit der Vergleichbarkeit möglicher Ausgestaltungsvarianten (A.1), sowie der Berücksichtigung der verbundenen Unsicherheit (A.2) in Bezug auf Umweltfaktoren offensichtlich. Aus den allgemeinen Problematiken der Bewertung von IT-Investitionen ergeben sich Anforderungen nach der Berücksichtigung qualitativer Wirkungen (A.3), der möglichst umfassenden Bewertung des schwer zu ermittelnden Nutzens (A.5) und damit verbundenen Schätzungenauigkeiten (A.4). Ferner muss die Bewertung an die Situation anpassbar sein (A.6), was im überbetrieblichen Kontext zunächst für eine strukturierte Aufnahme der Bewertungen der einzelnen Partner spricht (A.7).

Die Ziele der überbetrieblichen Bewertung sind vor allem in der Ermittlung der Gesamtaussage (A.8) im Rahmen einer ganzheitlichen Bewertung und der Schaffung einer Grundlage für potenzielle Umverteilungsprozesse zu sehen, um eine aus Gesamtsicht vorteilhafte Lösung im Netzwerk auch durchzusetzen. Ferner ergibt sich aus der überbetrieblichen Bewertung die Anforderung der Verwendung vergleichbarer Bewertungsgrößen mit einheitlichen Wertansätzen (A.9), um die Ergebnisse der Einzelkalküle der beteiligten Unternehmen zu einer sinnvollen Gesamtaussage verknüpfen zu können. Vor dem Hintergrund möglicher Umverteilungsprozesse, müssen in diesem Rahmen neben den Schätzwerten der ex ante Bewertung auch die tatsächlichen Ist-Werte der ex post Betrachtung geführt werden (A.10), sowie die Verteilung der Effekte unter den Partnern aufgezeigt werden (A.11).

Abbildung 5.1: Anforderungen an die Bewertung

Durch einen transparenten Bewertungsprozess soll der Anreiz für opportunistisches Verhalten möglichst gering gehalten werden. Um den Bewertungsprozess zu unterstützen und insbesondere der Bewertungskomplexität gerecht zu werden, sowie sich aus dem Bewertungskontext ergebende funktionale Forderungen wie einer verteilten Datenerfassung durch unterschiedliche Akteure zu unterstützen, ist eine zentrale Plattform für die Bewertung bereitzustellen, die die Daten aufnimmt, Zugriffsrechte regelt und die anzuwendenden Bewertungsverfahren abbildet (A.12).

Teil III: Beurteilung der Wirtschaftlichkeit

6 RFID als Investitionsobjekt

Eine Investition ist dadurch gekennzeichnet, dass in erheblichem Umfang finanzielle Mittel gebunden werden, mit dem Ziel den zukünftigen Unternehmenserfolg zu steigern. Als Zielkriterium, um diesen Beitrag festzustellen, dient die Wirtschaftlichkeit.

Wirtschaftlichkeit wird definiert als:

> *„Wirtschaftssystem- und unternehmenszielindifferenter Ausdruck dafür, inwieweit eine Tätigkeit dem Wirtschaftlichkeitsprinzip genügt."* [Gabl04, 3356]

Das Wirtschaftlichkeitsprinzip ist als solches ein ökonomisches Prinzip, welches dem Mitteleinsatz den damit erzielten Erfolg gegenüberstellt. Hierbei gilt es gemäß dem Minimalprinzip einen bestimmten Erfolg mit geringstmöglichem Mitteleinsatz zu erreichen, während das Maximalprinzip den Erfolg bei gegebenem Mitteleinsatz maximieren will [Gabl04, 3357]. Abweichend von diesen Optimierungsprinzipien, wird in manchen Fällen der Investitionsrechnung die Satisfizierung eines Anspruchsniveaus als Erfolgsziel definiert [Kern76, 26].

Wirtschaftlichkeitsanalysen werden angestellt, um den Entscheidungsprozess zu unterstützen. Der Begriff Wirtschaftlichkeitsanalyse kann als Oberbegriff aller Methoden und Verfahren zur Ermittlung der Wirtschaftlichkeit verstanden werden. Die Wirtschaftlichkeitsrechnung hingegen bezieht sich gezielt auf eine festgelegte, sich im Schrifttum entwickelnde Menge von Rechenmodellen [vgl. Horv88, 3]. Wirtschaftlichkeitsrechnung und Investitionsrechnung werden zumeist synonym verwendet.[37] Kennzeichnend für Methoden der Wirtschaftlichkeitsrechnung ist, dass sie sich auf monetär quantifizierte Größen beschränken:

> *„Investitionsrechnungen orientieren sich immer an monetären Zielen. Nicht-monetäre Ziele müssen grundsätzlich außerhalb der Investitionsrechnung berücksichtigt werden."* [Krus05]

Wirtschaftlichkeitsanalysen dienen einer umfassenderen Unterstützung des Investitionsentscheidungsprozesses, indem sie die auf monetäre Größen eingeengte Wirtschaftlich-

---

[37] Eine synonyme Verwendung der Begriffe Wirtschaftlichkeitsrechnung und Investitionsrechnung findet sich z.B. in [Schu86; Däum03; Krus05]. Eine abweichende Auffassung vertritt [Schi03, 334] der Investitionsrechnung als Oberbegriff für alle Verfahren und Modelle verwendet, die sowohl in der Wirtschaftlichkeitsrechnung als auch in der Unternehmensbewertung Anwendung finden.

keitsrechnung um Methoden zur qualitativen Beurteilung ergänzen. In einer Wirtschaftlichkeitsbetrachtung von Informationssystemen sollten quantitative-finanzielle, quantitative-nicht-finanzielle und qualitative Faktoren der Auswirkung einbezogen werden [WaSp04, 172]. Die Frage ist jedoch, wie der Einbezug der qualitativen Effekte ausgestaltet werden kann.

Gerade in Bezug auf die Bewertung von Informationssystemen bzw. neuen Technologien wird die Frage nach der „richtigen" Methode kontrovers diskutiert. Es bestehen eine Reihe an Arbeiten, die isoliert verschiedene bestehende Methoden hinsichtlich ihrer Eignung in Bezug auf Informations- und Kommunikationssysteme untersuchen und dabei eine Methodenkombination ausblenden [z.B. Hirs05, Piet03; Nage88]. Diese Untersuchungen führen zu dem Ergebnis, dass keine bestimmte Methode alle Aspekte berücksichtigt.

Die Vertreter qualitativer Ansätze sehen in der einseitigen Orientierung auf finanzielle Kennzahlen die Gefahr der Fehlbewertung aufgrund der Vernachlässigung nicht quantifizierter positiver Effekte [JLMM04, 197]. Manche Autoren gehen so weit, die klassische Wirtschaftlichkeitsrechnung gar als „weitgehend unbrauchbar" [PiRW03, 198f] zur Bewertung von IuK-Technologien zu bezeichnen [ebenda; vgl. ebenso HeLe05, 371].

Dem entgegengesetzt sehen Andere eine Abwendung von diesen etablierten Methoden als unbegründet und bedenklich [Horv88; HoMa88, 49; Buxm01, 56]. Sie halten an der traditionell zentralen Rolle der Investitionsrechnung fest:

> *„Denn selbst wenn nicht-monetäre Investitionsziele oder –wirkungen in einer Entscheidung dominieren sollten, verdeutlicht eine Investitionsrechnung zumindest die damit verbundenen Konsequenzen auf der Ausgaben- respektive Kostenseite, also den ökonomischen „Preis" einer solchen nicht-monetär determinierten Investitionsentscheidung." [Schi03, 333f]*

Neben der theoretischen Frage, welche Methode die Bewertung „besser" repräsentiert, spricht ein praktisches Argument für die Durchführung finanzieller Bewertungen: Die Entscheider solcher Großprojekte sind diese Bewertungsform gewohnt und messen ihr Bedeutung bei [StSt06, 1092; MiMe04, 89].

Weitere Ansätze bestehen, die die Durchführung einer Investitionsrechnung mit den quantifizierbaren Daten propagieren, die durch eine parallele Bewertung der qualitativen Faktoren ergänzt wird [Schu92, 162; Sche97, 41]. Letztere Vorgehensweise wird auch als erweiterte Wirtschaftlichkeitsrechnung bezeichnet [Schu93, 176].

In erster Linie wird sich bei der Argumentation über die zu favorisierende Methode an der verfügbaren Datenbasis zur Prognose orientiert, um eine Bewertungsmethode zu begründen. Eine zentrale Rolle bei der Methodenwahl spielen die qualitativen Faktoren, die sich vor allem auf die positiven Erwartungen respektive Nutzen beziehen, da die Kosten relativ gut monetär abschätzbar sind. Die Frage ist jedoch, inwieweit diese Datenmenge als gegeben anzusehen ist, bzw. inwieweit der vorgelagerte Prozess der Ableitung einer Datenbasis auf der Bewertungsmethoden aufsetzen nicht bereits verfahrenstechnisch unterstützt werden kann. Die Wirkung von IT-Systemen ist sicherlich mehrdimensional. Die Wirtschaftlichkeitsrechnung bezieht sich jedoch eindimensional auf die finanziellen Wirkungen. Letztendlich misst sich der Erfolg einer Unternehmung jedoch auch nur in finanziellen Größen, obgleich ihre Operationen mehrdimensional betrachtet werden können. Folglich müssen auch qualitative Effekte, die zunächst als solche identifiziert wurden, jedoch nicht direkt in Geldeinheiten ausgedrückt werden können, in ihren Konsequenzen finanzielle Wirkungen haben, um aus Unternehmenssicht relevant bzw. erfolgswirksam zu sein. Anders ausgedrückt können qualitative Effekte als für eine Bewertung zu abstrakt formulierte Auswirkungen angesehen werden, deren finanzielle Konsequenzen zunächst noch bestimmt werden müssen. Das Ziel liegt also in der möglichst vollständigen Monetarisierung qualitativer Effekte. Hierbei können mehrdimensionale Methoden durchaus als Hilfsmittel dienen. Im Gegensatz zum oben angesprochenen kombinierten Ansatz, bei dem qualitative und quantitative Methoden parallel entsprechend der betrachteten Wirkungen eingesetzt werden und die Aussagen der beiden Methoden nach der Bewertung zur Entscheidungsunterstützung eingesetzt werden, entspricht dies einem sequenziellen Einsatz der Methodengruppen: Zunächst werden die Wirkungen mittels mehrdimensionaler Verfahren möglichst vollständig erfasst und auf die finanzielle Dimension abgebildet. Darauf aufbauend werden die Verfahren der Investitionsrechnung angewandt.

Eine möglichst umfangreiche Quantifizierung der Effekte, ohne diesen Transformationsprozess verfahrenstechnisch abzubilden, befürworten z.B. [Schu92, 162; Dörn03, 19].

Die grundlegende Philosophie bei der durchaus mit Ungenauigkeiten behafteten Monetarisierung qualitativer Effekte ist, dass Größenordnungen und Zusammenhänge wichtiger als exakte Werte sind [Helf87, 200].

> *„Although intangible benefits may be difficult to quantify, there is no reason to value them at zero in a capital expenditure analysis. Zero is, after all, no less arbitrary than any other number. Conservative accountants who assign zero values to many intangible benefits prefer being precisely wrong to being vaguely right." [Kapl86, 92]*

Es ist auch anzumerken, dass eine spätere Berechnung differenziert nach der Zuversicht in die prognostizierten Werte durchgeführt werden kann (vgl. Abschnitt 8.3). Hier können sich dann verschiedene Ergebnisse einstellen, je nachdem welche Nutzenarten, die mit einer bestimmten Konfidenz verbunden sind, man in die Berechnung einbezieht.

Das hierbei unterschiedliche Aussagen hinsichtlich der Vorteilhaftigkeit resultieren können widerspricht nicht dem Ziel der Investitionsrechnung: Diese unterstützen den Entscheidungsprozess, indem sie die quantifizierbaren Daten auswerten; sie ersetzen jedoch nicht die Investitionsentscheidung an sich [Krus05, 1f; BlLS06, 37; Horv88, 4].

Ein Wandel zur umfangreicheren Monetarisierung traditionell nicht-finanzieller Zielgrößen zeichnet sich auch in der traditionellen Investitionsrechnung ab [ScTe97, 47]. Hierbei kann z.B. ein „finanzielles Äquivalent" zur Bewertung der nicht-finanziellen Zielgröße herangezogen werden [ScTe97, 47].

6.1 Relevante Bewertungszeitpunkte

Der Investitionsprozess umfasst die Phasen Planung, Realisierung und Kontrolle (Abbildung 6.1).

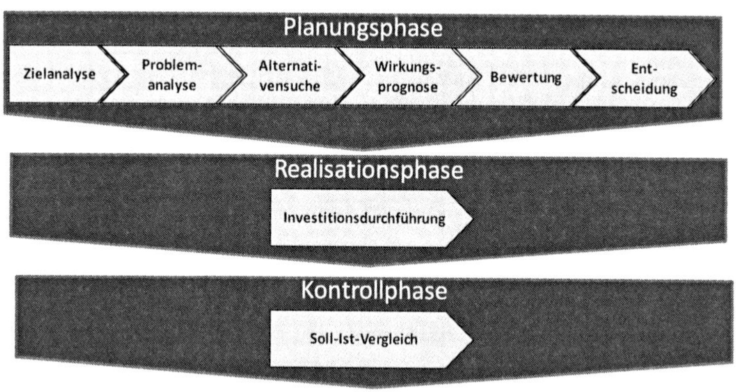

Abbildung 6.1: Phasen des Investitionsprozesses (eigene Darstellung nach [Wöhe05, 589])

Aus Sicht des Bewertungszeitpunktes im Investitionsprozess kann eine Bewertung vor, während oder nach der Umsetzung durchgeführt werden [Schu93, 167]. *Kruschwitz* [Krus05, 9] weist jedoch darauf hin, dass das Hauptanwendungsgebiet der Investitionsrechnung in der ex ante Beurteilung zu sehen ist. Die Wirtschaftlichkeitsrechnung als Bestandteil des Investitionsprozesses unterstützt die Entscheidungsvorbereitung bzw.

Investitionsplanung [Schu86, 16]. Sie umfasst die Wirkungsprognose und die darauf aufbauende Bewertung (siehe Abbildung 6.1). Ihr gehen die Problemanalyse, die die Unternehmens- und Umweltsituation einbezieht, und die Alternativensuche voraus [Wöhe05, 589f]. Ausgangspunkt ist die Festlegung der Zielsetzung eines Investitionsvorhabens. Teil II dieser Arbeit liefert eine Hilfestellung für die Problemanalyse und die Alternativensuche, wobei die Prognose und Bewertung in diesem Kapitel untersucht werden.

Im Falle einer Projektrealsierung können die Ergebnisse der Investitionsrechnung auch in der Kontrollphase zum Abgleich mit den Ist-Werten verwendet werden. Die Ergebniskontrolle verfolgt die Ziele der Verbesserung zukünftiger Bewertungen, die Reduzierung von Manipulation sowie dem Erkennen notwendiger Anpassungsmaßnahmen [Götz06, 28]. Auch für die im Fall der überbetrieblichen Systemeinführung diskutierten Ausgleichszahlungen scheint eine Ergebnisrechnung indiziert, da dieser Ausgleich sinnvollerweise auf tatsächlichen Werten beruhen sollte und nicht an den Schätzungen festzumachen ist.

6.2 Klassifizierung nach Investitionsart und -zweck

Hinsichtlich der Investitionsart können auf oberster Ebene Real-, Finanz- und immaterielle Investitionen unterschieden werden [vgl. Däum03, 17; Betg00, 10] (siehe Abbildung 6.2). Finanzinvestitionen bezeichnen finanzielle Anlageformen, während Realinvestitionen der Bereitstellung von Gütern dienen [Götz06, 7f]. Immaterielle Investitionen werden auch Potenzialinvestitionen bezeichnet und stellen z.B. Ausgaben für Forschung, Weiterbildung und Werbung dar [Götz06, 8]. Sie werden teilweise auch den Realinvestitionen zugerechnet (z.B. [Schu78, 12; Kern76, 13; Götz06, 8]).

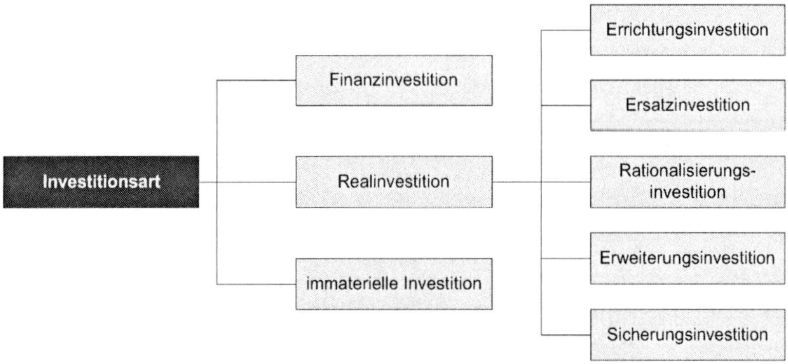

Abbildung 6.2: Investitionsarten (eigene Darstellung in teilweiser Anlehnung an [Däum03, 17]

Hinsichtlich der Investitionsart können RFID-Systeme zunächst grundsätzlich als Realinvestition klassifiziert werden. Die Untergliederung von Realinvestitionen nach Investitionszweck gestaltet sich in der Literatur uneinheitlich (vgl. [Seel02, 337; Schu86, 12; Töpf05, 979; Däum03, 17; Götz06, 9]). Trotzdem soll an dieser Stelle kurz auf den Zweck eingegangen werden, da dieser die Ziele und Erwartungen der einführenden Unternehmen widerspiegelt. Somit kann eine Investition in RFID-Systeme klar den Charakter einer Rationalisierungsinvestition aufweisen (z.B. Reduzierung manueller kostenintensiver Tätigkeiten). Dies betrifft solche Fälle, in denen durch Automatisierung Kosten eingespart werden sollen. Ferner können sie eine Erweiterung der Kapazitäten bewirken, indem die bestehende Leistungsfähigkeit erhöht wird (z.B. höhere Erfassungsrate in der Warenannahme) oder auch neue Leistungen geschaffen werden (z.B. individuelle Verfolgung einzelner Produkte). In bestimmten Konstellationen können sie als Sicherungsinvestition aufgefasst werden, wenn ein Unternehmen dies als notwendig zur Erhaltung der Geschäftstätigkeit ansieht [Schu86, 13], z.B. wenn ein wichtiger Kunde dies fordert oder durch den Technologieeinsatz Konformität zu gesetzliche Bestimmungen geschaffen werden kann. Lediglich bei einer reinen Sicherungsinvestition wäre ein ausschließlicher Bezug auf die Kostenseite zur Beurteilung denkbar, indem man sie mit den Kosten der Unterlassungsalternative vergleicht[38]. Eine Realinvestition kann aber gleichzeitig mehreren Unterkategorien zugeordnet werden, was den Regelfall darstellt. Aus den verfolgten Zielen können Anhaltspunkte für die Bewertung der positiven Erwartungen einer RFID-Investition abgeleitet werden.

Da also grundsätzlich positive Erwartungen bei einigen Akteuren im Rahmen eines überbetrieblichen RFID-Einsatzes verbunden sind und auf überbetrieblicher Ebene keine gesetzlichen Vorgaben den RFID-Einsatz vorschreiben, also von einer allgemeinen Sicherungsinvestition abzusehen ist, müssen diese bei einer Bewertung einbezogen werden. Dies bedeutet bezogen auf das anzuwendende Bewertungsverfahren, dass rein kostenorientierte Vergleichsmethoden auszuschließen sind.

[38] Teilweise wäre dies auch für eine Ersatzinvestition denkbar, bei der die Erlösseite konstant bleiben würden [Wöhe05, 590]. Aktuell stellen RFID-Einführungen im überbetrieblichen Bereich keine reinen Ersatzinvestition dar, wobei dieser Fall in der Zukunft durchaus denkbar ist. Sollen diese z.B. eine Barcode-Lösung ersetzen, sind hierbei immer auch Leistungssteigerungs- bzw. Rationalisierungseffekte vorhanden. Aufgrund des allgemeinen technischen Fortschrittes existiert kaum eine Ersatzinvestition, die nicht auch Rationalisierungseffekte mit sich bringt [Däum03, 16], so dass eine reine Kostenvergleichsrechnung auch für diesen Anwendungsfall abzulehnen wäre.

6.3 Klassifizierung der Investitionsentscheidung

Die Klassifizierung der Investitionsentscheidung ist wichtig für die Wahl des Bewertungsverfahrens. Tabelle 6.1 gibt eine Übersicht und hebt die hier getroffene Einordnung hervor.

Tabelle 6.1: Klassifizierung der Investitionsentscheidung (eigene Darstellung in teilweiser Anlehnung an [Götz06, 48])

Determinanten der Investitionsentscheidung	
Einzelentscheidung	Programmentscheidung
Vorteilhaftigkeitsentscheidung	Nutzungsdauer-, Ersatz- und Investitionszeitpunktentscheidung
Eine Zielgröße	Mehrere Zielgrößen
Entscheidung unter Sicherheit	**Entscheidung unter Unsicherheit**

Grundsätzlich können bei Realinvestitionen Einzelinvestitionen und Investitionsprogramme unterschieden werden (vgl. [Betg00, 7; Götz06, 48]). Im Rahmen der vorliegenden Arbeit werden Investitionen in RFID-Systemen aus Sicht der Investitionsrechnung als Einzelentscheidung aufgefasst, bei der die zum Vergleich stehenden Realisierungsvarianten sich gegenseitig ausschließen. In diesem Rahmen ist es also ebenso möglich, eine RFID-Einführung einer Barcode-Lösung oder der Unterlassungsalternative gegenüberzustellen.

Bei einer Programmbewertung werden Projekte unterschiedlicher Zielrichtung priorisiert. Eine derartige Entscheidung ist notwendig, wenn mehrere sich nicht gegenseitig ausschließende Projekte um knappe Ressourcen (Finanzen, Mitarbeiter) konkurrieren. Eine solche Zielsetzung ist jedoch nicht Gegenstand der vorliegenden Arbeit.

Im hier betrachteten Rahmen werden Methoden zur Einzelbewertung individueller Projekte herangezogen, die das jeweilige Vorhaben unter Kosten-Nutzen-Gesichtspunkten bewerten. Ein RFID-Vorhaben kann wiederum durch unterschiedliche Realisierungsvarianten umgesetzt werden, wobei die vorteilhafteste Ausgestaltungsmöglichkeit eines Projektes identifiziert werden soll. Dies geschieht durch die Bewertung von Realisierungsvarianten und der Identifizierung der relativen Vorteilhaftigkeit.

Als Zielgröße hinsichtlich der Vorteilhaftigkeitsaussage werden monetäre Werte betrachtet, so dass es sich um eine Investitionsentscheidung mit einer Zielgröße handelt (vgl. [Götz06, 49]). Es werden zwar unterschiedliche formale Ziele definiert, jedoch unter einheitlicher Zielsetzung bewertet. Ein echtes Mehrzielproblem liegt nur vor, wenn zwischen den Zielen Konflikte bestehen [Götz06, 173].

Letztlich kann die Investitionsentscheidung – wie Kapitel 4 gezeigt hat – als Entscheidung unter Unsicherheit klassifiziert werden. Verfahren zur Berücksichtigung dieses Aspekts werden in Abschnitt 8.2 erörtert.

6.4 Wahl der Bewertungsgrößen

Die oben genannte Definition der Wirtschaftlichkeit gibt noch keine konkrete Aussage über die Bewertungsgrößen von Mitteleinsatz und Erfolg. Grundsätzlich stehen für eine Investitionsrechnung verschiedene Rechengrößenpaare der Teilsysteme des betriebswirtschaftlichen Rechnungswesens zur Verfügung (siehe Tabelle 6.2).

Tabelle 6.2: Teilsysteme des Rechnungswesens (eigene Darstellung nach [CoFG07, 11])

Teilsystem des Rechnungswesens	Rechengröße (Stromgröße)	Bestandsgröße
Finanzrechnung	Einzahlungen/Auszahlungen	Liquide Mittel
Finanzierungsrechnung	Einnahmen/Ausgaben	(„Netto")-Geldvermögen
Bilanz und Erfolgsrechnung	Erträge/Aufwendungen	Reinvermögen = Eigenkapital
Kosten/Leistungsrechnung	Leistung/Kosten	Betriebsvermögen

In der Standardliteratur zur Investitionsrechnung werden in der Regel die Rechengrößen Einzahlungen und Auszahlungen [Schu86, 35ff; Däum03, 20; Krus05], sowie Einnahmen und Ausgaben [CoeFG07, 16] betrachtet, deren Werte sich nur bei der Existenz von Kreditgeschäften aufgrund von Zinswirkungen unterscheiden [Däum03, 21]. ***Einzahlungen und Auszahlungen*** sind in diesem Zusammenhang als exakter anzusehen, da zu berücksichtigende Zinswirkungen von Zahlungsflüssen und nicht von dem Eintrittszeitpunkt von Forderungen bzw. Verbindlichkeiten abhängen [vgl. Schu86, 35f]. Allerdings vereinfacht die Verwendung von ***Einnahmen und Ausgaben*** durch die Ausblendung der Liquiditätsbetrachtung die Berechnung [CoeFG07, 16]. *Blohm et al.* [BlLS06, 48] sehen eine Unterscheidung zwischen Einzahlungen und Einnahmen einerseits sowie Auszahlungen und Ausgaben andererseits für die Zwecke der Investitionsrechnung gar als nicht notwendig an.

Die Rechengrößen Einzahlung und Auszahlung scheinen jedoch für Investitionen in IT-Infrastrukturen wie RFID wenig geeignet, da diese zwar Auszahlungen bewirken, die Investition jedoch keine direkt zuordenbare Einzahlung im Sinne des Zugangs liquider Mittel nach sich zieht.

Ertrag und Aufwand sind Elemente der Finanzbuchhaltung, die als Zeitabschnittsrechnung für das gesamte Unternehmen die Wertentstehung bzw. den Werteverzehr darstellt [Coen03, 15]. Sie verfolgen somit eine andere Zielsetzung, indem in deren Rahmen nicht auf ein konkretes zu bewertendes Objekt eingegangen wird.

Kosten und Leistung sind Elemente der Kostenrechnung. Nach *Däumler* [Däum03, 23f] ist diese von der Investitionsrechnung aufgrund des unterschiedlichen Rechnungszwecks, der ebenfalls auf die Ermittlung des Erfolgs eines Betriebes bzw. eines Bereiches als Ganzes abzielt, abzugrenzen. Er folgert daraus die Notwendigkeit unterschiedlicher Rechenelemente.

Wie empirische Untersuchungen gezeigt haben, verwendet die Unternehmenspraxis unterschiedliche Rechenelementen - teilweise sogar mehrere nebeneinander - in ihren Investitionskalkülen [Däum03, 22].

Bei der Bewertung von Informationssystemen wird in der einschlägigen Literatur regelmäßig das Bewertungsgrößenpaar ***Kosten und Nutzen*** gewählt [Okuj06, 2f; Hirn05; Müll05, 43; Dörn03, 16; Jast97, 35ff; Schu93; Pott98]. Hierbei wird zum einen mit Kosten auf ein Element des innerbetrieblichen Rechnungswesens zurückgegriffen, jedoch nicht dessen traditionelles Gegenstück Leistung verwendet, sondern die definitorisch nicht klar bestimmte Bewertungsgröße Nutzen. Kosten und Nutzen werden in der Literatur in erster Linie für gesamtwirtschaftliche oder volkswirtschaftliche Investitionsbewertungen betrachtet, bei denen auch das Auftreten externer Effekte Berücksichtigung findet [BlLS06, 178]. Sie werden insbesondere bei größeren öffentlichen Investitionen durchgeführt [Witt89, 15]. In diesem Fall werden unter dem Nutzen alle positiven Wirkungen eine Investition verstanden, die grundsätzlich in Geldgrößen zu bewerten sind [BlLS06, 179].

Dieser Ansatz weist Parallelitäten zum vorliegenden Sachverhalt auf, bei dem eine wirtschaftliche Gesamtbewertung auf Ebene des Unternehmensverbundes umgesetzt werden soll und mit der Investitionsentscheidung eines Partnerunternehmens externe Effekte bei den Beteiligten auftreten können.

Da aufgrund der oben genannten Einschränkungen, das in der Theorie präferierte Rechengrößenpaar Auszahlung und Einzahlung aufgrund einer in Bezug auf Informationssysteme zu engen Auffassung hinsichtlich des Einzahlungsbegriffs zumindest zu Missverständnissen führen kann und sich die Begriffe Kosten und Nutzen in Arbeiten zur Wirtschaftlichkeit im IT-Umfeld etabliert haben, sowie der situationsbezogenen Nähe zum gesamtwirtschaftlichen Ansatz, wird auch hier dieser Begrifflichkeit gefolgt. Im Rahmen der vorliegenden Arbeit repräsentieren Kosten die negative Erfolgskomponente, während die positive Erfolgskomponente als Nutzen aufgefasst wird. Hierbei ist darauf hinzuweisen, dass dies zunächst eine rein begriffliche Festlegung darstellt und das Verständnis dieser Bewertungsgrößen im Folgenden näher zu bestimmen ist.

7 Bestimmung der Wirtschaftlichkeitsmaße Kosten und Nutzen

7.1 Bewertung der Kosten

Im Folgenden wird zunächst die Auffassung des hier verfolgten Kostenbegriffs dargestellt und begründet. Sie legt grundlegend fest, ob ein Güterverzehr zu berücksichtigen und wie dieser zu bewerten ist. Danach wird auf die Kostenarten im Rahmen eines überbetrieblichen RFID-Einsatzes eingegangen und wie diese vor dem Hintergrund der späteren Vorteilhaftigkeitsbewertung zweckmäßig kategorisiert werden können. Nach der Nennung der einzubeziehenden Kosten wird im Rahmen der Quantifizierung auf die Bestimmung der Werte der einzelnen Kostenpositionen eingegangen.

7.1.1 Auffassung des Kostenbegriffs

Der Kostenbegriff umfasst allgemein drei wesentliche Merkmale [ScKü97, 212]:

- Mengenmäßiger Verbrauch von Gütern[39]
- Sachzielbezogenheit des Güterverbrauchs,
- Bewertung des sachzielbezogenen Güterverbrauchs

Ein Güterverbrauch liegt vor, wenn diese ganz oder teilweise ihre Fähigkeit verlieren zur Erstellung betrieblicher Leistungen beizutragen [Hein83, 61]. Die Sachzielbezogenheit drückt aus, dass mit dem Güterverzehr eine Leistung im ökonomischen Sinne erbracht wird, d.h. ein Wert geschaffen werden soll [Hein83, 69].

Während die zuvor genannten Merkmale verschiedenen Interpretationen des Kostenbegriffs gemein sind, unterscheiden sich zwei grundlegende Auffassungen[40] hinsichtlich der Bewertung des Mitteleinsatzes:

- Wertmäßiger Kostenbegriff
- Pagatorischer Kostenbegriff

---

[39] Bei wirtschaftlichen Gütern kann es sich auch um Arbeits- und Dienstleistungen handeln [Hein83, 61].

[40] Für eine Übersicht an Definitionen des Kostenbegriffs verschiedener Autoren sei auf [Weic98, 142ff] verwiesen.

Für die Bewertung im Rahmen einer ***wertmäßigen Auffassung*** von Kosten existieren keine eindeutigen Bewertungsregeln, so dass die Wahl des Wertsystems einen willkürlichen Akt darstellt, „der in der Betriebswirtschaftslehre nicht mehr weiter zu begründen ist" [Hein83, 76].

Beim ***pagatorischen Kostenbegriff*** werden für die Kostenbewertung Marktpreise zugrunde gelegt [ScKü97, 213]. Der pagatorische Kostenbegriff verwendet hinsichtlich der Bewertung die tatsächlichen Anschaffungspreise und bezieht sich somit auf feststellbare Zahlungsmittelbewegungen [Hein83, 90f]. Im Sinne einer Vergleich- und Belegbarkeit des Wertsystems scheint gerade in einem überbetrieblichen Bewertungskontext eine pagatorische Begriffsauffassung vorteilhaft.

Eine Grundrichtung innerhalb des pagatorischen Kostenbegriffs kann in der Betrachtung der Kosten als entscheidungsrelevante Ausgaben nach *Riebel* [Rieb78, 127ff] gesehen werden [vgl. Hein83, 94]. *Riebel* [Rieb94, 77] definiert Kosten als

> *„Ausgaben [..], die durch die jeweiligen Entscheidungen über die Existenz des betreffenden Kalkulationsobjektes (zusätzlich) ausgelöst werden." [Rieb94, 77]*

Hierbei werden die Entscheidungen, die die jeweiligen Maßnahmen nach sich ziehen, als eigentliche Kostenquelle betrachtet. Abweichend von den o.g. Merkmalen des Kostenbegriffs, löst *Riebel* [Rieb78, 131] den Kostenanfall von einem mengenmäßigen Güterverzehr, da eine Reihe von Entgelten keine Mengenkomponente aufweisen. Darüber hinaus lehnt er den Einbezug von Opportunitätskosten explizit ab [Rieb94, 77].

Diese Auffassung scheint im vorliegenden Untersuchungskontext besonders hilfreich, da sie eine deutliche Abgrenzung der zu berücksichtigenden Kosten liefert z.B. was den Einbezug bereits bestehender Infrastrukturbestandteile betrifft. Darüber hinaus macht die Orientierung an den Ausgaben eindeutige Vorgaben hinsichtlich der Bewertung des Güterverbrauchs nämlich zu den Anschaffungspreisen. Dies ist vor dem Hintergrund der Objektivität und Vergleichbarkeit der Kosten im überbetrieblichen Kontext vorteilhaft, da eine Nachprüfbarkeit gegeben ist. *Schoppmann* [Scho05, 222] bestätigt ebenfalls, dass eine pagatorische Auffassung der Kosten opportunistische Verhaltensweisen reduzieren kann. Aus theoretischer Sicht scheint ebenso eine Orientierung der Kostenbewertung an den Ausgaben im Rahmen der Wirtschaftlichkeitsbewertung sinnvoll, da Ausgaben eine traditionelle Rechengröße innerhalb der Investitionsrechnung darstellen.

7.1.2 Kostenklassifizierung

Im Folgenden soll die Zusammensetzung der mit der Umsetzung eines RFID-Projektes für den überbetrieblichen Einsatz verbundenen Kosten in Form einer Kostenstruktur aufgezeigt werden, die es einem Unternehmen ermöglicht, über die Bezifferung der einzelnen Posten, eine betriebs- und projektindividuelle Kostenbewertung durchzuführen.

Kosten können nach verschiedenen Kriterien klassifiziert werden. Für eine allgemeine Übersicht und Klassifizierung bietet sich die Zurechnung zu Kostenarten an. Zunächst soll dargestellt werden, welche Kostenarten im Rahmen einer überbetrieblichen RFID-Anwendung in der Regel anfallen. Für eine wirtschaftliche Beurteilung ist neben der Höhe der Kosten die Zuordnung zu den einzelnen Berechnungsperioden wichtig, wobei hier zunächst unterschieden werden kann, ob eine Kostenart einmalig oder kontinuierlich anfällt. Hierbei wird zur zusätzlichen Klassifizierung die Unterscheidung nach laufenden und einmaligen Kosten getroffen wie in [Antw95, 73; Buxm01, 26ff; Piet03, 45; Müll05, 46; Anse86, 15f].

Tabelle 7.1 zeigt eine Übersicht auftretender Kosten nach Kostenarten (nach [CoFG07, 43]) und Häufigkeit des Auftretens.[41]

Zur Bewertung der einzelnen Posten sei allgemein auf die zuvor genannte entscheidungsorientierte Kostenauffassung verwiesen, die sich an den Auszahlungen orientiert.

Da im vorliegenden Fall keine kalkulatorische Kostenverrechnung stattfinden soll und eine entscheidungsorientierte Kostenauffassung vertreten wird, ist in vielen Fällen davon auszugehen, dass aufgrund einer RFID-Einführung keine zusätzlichen Personalkosten anfallen, die hier Berücksichtigung finden würden. Deshalb ist die dort aufgeführte Kostenposition in Tabelle 7.1 in Klammern gesetzt. Bei umfassenden Systemen, wäre jedoch die Einstellung von Experten z.B. in der IT-Abteilung denkbar. So schätzen Analysten, dass das Datenvolumen in einem Unternehmen durch eine integrierte RFID-Unterstützung auf das 10- bis 15-fache anwächst [SAP06, 4; vgl. auch KnLK07, 91]. Da im vorliegenden Fall keine kalkulatorische Kostenverrechnung stattfinden soll und eine entscheidungsorientierte Kostenauffassung vertreten wird, ist in vielen Fällen davon auszugehen, dass aufgrund einer RFID-Einführung keine zusätzlichen Personalkosten anfallen, die hier Berücksichtigung finden würden. Deshalb ist die dort aufgeführte Kostenposition in Tabelle 7.1 in Klammern gesetzt. Bei umfassenden Systemen, wäre je-

[41] Für alternative Gliederungen der Kostenpositionen sei auf [Stra05, 150 ff; BHPT07, 175ff; JaMG06, 70; JaMa05a, 88; FiFo06, 31] verwiesen.

doch die Einstellung von Experten z.B. in der IT-Abteilung denkbar. So schätzen Analysten, dass das Datenvolumen in einem Unternehmen durch eine integrierte RFID-Unterstützung auf das 10- bis 15-fache anwächst [SAP06, 4; vgl. auch KnLK07, 91].

Tabelle 7.1: Kostenklassifizierung[42]

Häufigkeit / Kostenarten	Einmalig	laufend
Personal- und Sozialkosten	Abfindungszahlungen	(Gehalt Neueinstellung, Gehaltserhöhung)
Sachkosten	Anschaffungskosten Infrastruktur (Antennen, Lesegeräte, Drucker, Server, Verkabelung) Bauliche Änderungen	Datenträger/Transponder Wartung Energie
Kapitalkosten	-	Zinszahlungen
Kosten für bezogene Dienstleistungen	Konzeption, Systemtests, Systemintegration, Schulung	Support
Kosten für Fremdrechte	EPC-Registierung, Softwarelizenzen (z.B. Middleware)	EPC-Lizenz

Obgleich die Literatur diesbezüglich keine Hinweise gibt, wäre ferner vorstellbar, dass Änderungen in den Verantwortlichkeiten einzelner Mitarbeiter zu Gehaltserhöhungen führen könnten. Würde eine RFID-Einführung zu einer Neueinstellung führen oder Gehaltspositionen ändern, wären die hiermit verbundenen (Mehr-) Kosten als laufende Kosten zu berücksichtigen. Vor dem Hintergrund, dass die Automatisierungseffekte von

---

42 Die Tabelle dient einer möglichst umfassenden Darstellung potenzieller Kostenpositionen und ihrer Systematisierung nach allgemeinen betriebswirtschaftlichen Kategorien. Die Zuordnung der Kostenpositionen ist nicht allgemeingültig. Zum einen sind unterschiedliche Bezugsmodelle möglich (z.B. kann ein Lizenzvertag für Software einmalige oder jährlich zu erneuernde Lizenzen vorsehen, des Weiteren können viele Tätigkeiten als Dienstleistung durch Dritte oder in Eigenleistung umgesetzt werden). Zum anderen existieren auch bei fest definierten Positionen grundsätzlich differierende Auffassungen hinsichtlich der Zuordnung. So rechnen *Coenenberg et al.* [CoFG07, 43] etwa Energiekosten den Sachkosten zu, während *Wöhe* [Wöhe05, 1082] diese als Dienstleistung klassifiziert. Die Zuordnung nach Kostenkategorien hat für die letztendliche Bewertung untergeordneten Charakter. Sie dient der übersichtlichen Darstellung und hat für eine Bewertung Checklistencharakter. Sie wurde auch durchgeführt um die in der Literatur genannten Kostenpositionen, die dort eher intuitiv gegliedert wurden, gegen traditionelle betriebswirtschaftliche Kostenarten abzuprüfen.

RFID zu einem Personalabbau führen, wären im Fall von Entlassungen Abfindungszahlungen als einmalige Personalkosten vorstellbar.[43]

Mit einer RFID-Einführung fallen diverse Sachkosten an, die sich auf die erforderliche Hardware und Materialien für bauliche Änderungen und Wartung beziehen. Unter den einmaligen Sachkosten ist vor allem die erforderliche Hardware zu nennen. Bauliche Veränderungen sind vor allem dort nötig, wo stationäre Schreib-/Lesegeräte verwendet werden. Unter die Wartungskosten fällt der Ersatz defekter Hardware bzw. Reparatur- und Instandhaltungskosten.

Müssen Teile der Investition finanziert werden, sind die Zinszahlungen als Kapitalkosten zu berücksichtigen.

Des Weiteren fallen in der Regel umfangreiche Ausgaben für Dienstleistungen Dritter für Beratung und Systemintegration an. Systemtests sind ebenfalls zu berücksichtigen, da sie für die Reduzierung des technischen Risikos und Verifizierung der letztendlichen Umsetzung im momentanen Stadium der Technologie unabdingbar sind. Hingegen sind Kosten für die Wirtschaftlichkeitsanalyse selbst und allgemeine Vorstudien (insofern hier Zahlungen angefallen sind) nicht anzusetzen, da diese zum Entscheidungszeitpunkt bereits getätigt wurden und unabhängig von der letztendlichen Realisierung anfallen.

Unter Kosten für Fremdrechte sind Softwarelizenzen einzubeziehen, die speziell im Zusammenhang mit dem RFID-Einsatz eingeführt werden z.B. im Bereich Middleware. Des Weiteren fallen im überbetrieblichen Einsatz Standardisierungskosten an. Hier wäre z.B. die EPC-Lizenz anzusetzen, insofern diese Verwendung findet. Sie setzt sich zusammen aus einer einmaligen Registrierungsgebühr und jährlichen Zahlungen. Beides ist abhängig vom Unterschreibermodell und des Betriebsumsatzes. Die Gebührenstruktur kann in [GS1G08] eingesehen werden.

7.1.3 Kostenquantifizierung

Nachdem grundsätzlich festgelegt wurde, welche Kosten einbezogen werden sollen und wie diese klassifiziert werden können, soll im Folgenden der Frage nachgegangen werden, wie die Höhe der relevanten Kosten ex ante prognostiziert werden kann.[44]

---

[43] Hier werden zunächst nur die mit einer RFID-Einführung verbundenen möglichen Kosten im Sinne von Ausgaben betrachtet (vgl. Abschnitt 7.1.1) und nicht die gesamten Auswirkungen auf die Kostenposition „Personalkosten". Auswirkungen wie der Abbau von Personalkosten aufgrund von Automatisierung werden unter den Nutzenaspekten aufgegriffen.

Allgemein lassen sich die Kosten im Vergleich zum später behandelten Nutzen relativ gut abschätzen [Schu93, 168; Wete97, 47; MiMe04, 90]. Eine exakte Kostenkalkulation wird jedoch durch die Preisvarianz der Hardware, die schwer prognostizierbaren Integrationskosten und die Komplexität der Systeme erschwert [Stra05, 149]. Für jede Kostenart sind die erwarteten Auszahlungen zu bestimmen.

Da viele Unternehmen mit der RFID-Technologie nicht vertraut sind, nehmen sie zu Beginn eines RFID-Projekts Beratungsleistungen bspw. für Machbarkeitsstudien oder Hardwareentscheidungen in Anspruch [LiSH06]. Hierbei können Kostenvoranschläge von Systemintegratoren und Beratungshäusern herangezogen werden [JaMa05a, 89].

Bei einer eigenen Projektierung kann aus der Systemplanung ein Mengengerüst benötigter technischer Komponenten abgeleitet werden, aus dem sich auf Basis der Anschaffungspreise die Infrastrukturkosten bestimmen lassen [Stra05, 149]. Die Kosten der Middleware stehen in enger Beziehung zum Umfang des Gesamtsystems [Mann06, 55]. *Koch & Mannel* [KoMa05, 160] verwenden für ihre Modellrechnung einen prozentualen Satz von 20% der Hardwarekosten, um die Kosten der Middleware zu approximieren.

Ebenso können die Kosten des späteren laufenden Betriebes anhand der Infrastrukturkosten orientiert werden [Mann06, 98]. Über das tatsächliche Ausmaß und Verteilung der Lebenszykluskosten fehlen bislang statistisch abgesicherte Erkenntnisse [ZaSB04, 186].

Grundsätzlich sind die laufenden Kosten möglichst genau wertmäßig abzuschätzen. In der betrieblichen Praxis werden die laufenden Kosten bei der Bewertung von IT-Anwendungen oft vernachlässigt, obwohl ihr Anteil an den Lebenszykluskosten beträchtlich ist und die Kosten der Erstanschaffung übersteigen können [ZaBr04, 336ff].

Grundsätzlich sollen alle relevanten Kosten des RFID-Einsatzes einbezogen werden. Ein Ansatz der strukturiert alle Kosten eines Systems einbezieht, allerdings einem andere Kostenverständnis folgt, ist der Ansatz der Total Cost of Ownership (TCO).

Im folgender wird dieser Ansatz kurz beschrieben, da dieser in der Praxis weit verbreitet ist und auch regelmäßig in wissenschaftlichen Publikationen aufgegriffen wird.

Der Begriff "Total Cost of Ownership" wurde von der Gartner Group, einem amerikanischen Beratungsunternehmen, im Jahre 1987 geprägt [WiHe00, 3]. Entstanden ist der

---

[44] Die tatsächlichen Werte stellen die später realisierten Ausgaben dar, die mit den hier betrachteten Schätzungen im Rahmen der Ergebnisrechnung verglichen werden können.

TCO-Ansatz vor dem Hintergrund der Dezentralisierung der IT von Mainframe- hin zu Client/Server-Architekturen, mit der eine Kostenverschiebung von den Anschaffungskosten hin zu den Betriebskosten einherging [Okuj06, 59]. Dieser Sachverhalt einer verteilten IT-Infrastruktur findet sich auch bei RFID-Systemen wieder, weshalb der Ansatz aus dieser Perspektive geeignet erscheint.

Es ist allerdings kritisch anzumerken, dass es sich hierbei nicht um ein allgemeines, standardisiertes und formal beschriebenes Modell handelt; vielmehr hat die Gartner Group selbst ihr TCO-Modell über die Zeit auf verschiedene Anwendungsfälle übertragen und abgewandelt. Darüber hinaus sind diese Modelle nicht frei veröffentlicht, sondern werden kommerziell vertrieben [WiHe00, 4], wobei ein Modell für RFID-Anwendungen bislang nicht angeboten wird. Ferner haben auch eine Reihe weiterer Beratungshäuser eigene Varianten entwickelt, die sich durch teilweise unterschiedliche Begrifflichkeiten und Kostenkategorien unterscheiden [Okuj06, 60f.]. Auch die wissenschaftliche Literatur zu dem Modell weist bereits ab der zweiten Hierarchieebene Diskrepanzen auf (vgl. [DaSS02, 102; Piet03, 149; Maur02, 11; Okuj06, 60; WiHe00, 15]). Man kann jedoch festhalten, dass der Grundgedanke stets darin liegt, die Gesamtkosten einer im IT Bereich angesiedelten Investition in disjunkten, hierarchisch angesiedelten Kostenkategorien, die alle relevanten Kosteneffekte, welche wiederum über verschiedene Unternehmensbereiche verteilt und zu verschiedenen Zeitpunkten im Produktlebenszyklus anfallen können, zu bestimmen. Hierbei motivierte der TCO-Ansatz insbesondere, die Folgekosten des laufenden Betriebs zu berücksichtigen [ZaSB04, 182].

Ein derart analytisches Vorgehen, das die Zielgröße der Gesamtkosten einer überbetrieblichen RFID-Investition in ihre Bestandteile zerlegt, soll auch bei der Kostenquantifizierung in diesem Zusammenhang verfolgt werden.

7.2 Bewertung des Nutzens

Wenngleich die Bewertung der mit einem komplexen IT-System verbundenen Kosten als kompliziert erachtet werden, wird die Bestimmung der Nutzenseite in der herrschenden Meinung als weitaus schwieriger angesehen (vgl. [KaMa05, 90; BiMR94, 332; Nage88, S.24, Schu93, 168; Zee02, 4]). In der Vergangenheit wurden deshalb oft Kostenvergleichsrechnungen zur Gegenüberstellung von Investitionsalternativen in die IT herangezogen. Aufgrund ihrer Vernachlässigung der positiven Erfolgskomponente werden diese jedoch zumindest in der Theorie durchweg kritisch gesehen. Bereits *Nagel* [Nage88, 15] forderte, dass die Nutzenseite verstärkt in IT-bezogene Wirtschaftlichkeitsberechnungen einbezogen werden sollte.

Es findet sich allerdings keine einheitliche Auffassung über den Nutzenbegriff. Während grundsätzliche Erwartungen und Nutzeneffekte genannt werden können, scheitert es jedoch oft an der Quantifizierung der Erwartungen insbesondere hinsichtlich der finanziellen Bewertung. Letztere ist für eine Wirtschaftlichkeitsrechnung aber unerlässlich (vgl. Kapitel 6).

Deshalb soll in den folgenden Abschnitten analog zur vorangegangenen Kostenbetrachtung zunächst die im Rahmen dieser Arbeit verfolgte Auffassung des Nutzenbegriffs geklärt werden und danach die Nutzenklassifizierung und -quantifizierung adressiert werden.

7.2.1 Auffassung des Nutzenbegriffs

Der Nutzenbegriff ist nicht allgemeingültig bestimmbar und abhängig vom individuellen Bewertungssubjekt [Adam70, 25]. Während eine Nutzenbewertung nicht zwingend in Geldeinheiten ausgedrückt wird, scheint dies im vorliegenden Kontext in Anbetracht der Maxime wirtschaftender Unternehmen jedoch vorgegeben:

> *„In privaten Produktionsbetrieben ist Nutzenmaximierung im marktwirtschaftlichen Wirtschaftssystem gleichbedeutend mit Erzielung des maximalen Gewinns oder Einkommens der Eigentümer des Betriebes." [Wöhe05, 3]*

Folglich ist Geld die ultimative Einheit von Nutzen im Unternehmenskontext. Noch wichtiger scheint eine einheitliche und von allen Beteiligten verstandene, objektive Werteinheit im zwischenbetrieblichen Vergleich. Somit scheiden Bewertungsverfahren wie etwa die Nutzwertanalyse, bei denen die beurteilende Person bezogen auf die Unternehmensziele Nutzwerte vergibt, um Beurteilungsobjekte ordinal nach ihrer relativen Vorteilhaftigkeit zu ordnen, aufgrund der fehlenden Vergleichbarkeit im überbetrieblichen Kontext aus. Letztendlich scheint eine möglichst vollständige Monetarisierung des Nutzens erstrebenswert.[45]

Die Umsetzung in einer einheitlichen Wertgröße ist notwendige jedoch nicht hinreichende Bedingung für eine möglichst genaue Vergleichbarkeit der Ergebnisse unterschied-

[45] *Schumann* [Schu92, 148] schreibt in Bezug auf die auftretenden Effekte (quantifizierbar, schwer quantifizierbar, qualitativ), dass es das Ziel sein muss „möglichst viele Veränderungen in die Berechnung einzubeziehen". Vor dem Hintergrund, dass nur mit quantifizierten monetären Werten eine Wirtschaftlichkeitsrechnung durchgeführt werden kann, spricht dies für eine weitgehende Monetarisierung auftretender Nutzeneffekte. Auch *Kuhn et al.* [KHKR06, 381] fordern eine vollständige Monetarisierung für eine netzwerkweite Kosten-Nutzen-betrachten, ohne dies jedoch näher zu begründen. Die Grundannahme einer monetären Bewertbarkeit sämtlicher Nutzeneffekte findet sich z.B. auch in [Müll05, 223].

licher Bewertungssubjekte. Ferner ist erforderlich, dass die Bewertungsmethode, also der Weg zur Überführung in eine monetäre Größe, gleich ist, so dass die Ergebnisgrößen nicht nur aufgrund identischer Einheiten verrechenbar sind, sondern auch hinsichtlich der Aussagekraft gegenüber gestellt werden können. Es soll über vergleichbare Transformationsprozesse der Nutzen in Geldeinheiten überführt werden und somit ein kardinales Wertsystem abgebildet werden.

In Analogie zum entscheidungsorientierten Kostenbegriff, sollen unter einem entscheidungsorientierten Nutzenbegriff alle positiven Wirkungen, die auf die Entscheidung über die Einführung eines überbetrieblichen RFID-Systems zurückzuführen sind, verstanden werden.[46] Dennoch ergeben sich Probleme der Zurechenbarkeit in Bezug auf bestimmte Nutzenerwartungen, die um bisher nicht berücksichtigte Auszahlungen bereinigt werden müssen. Dies betrifft Erwartungen hinsichtlich Umsatzerhöhungen. Grundsätzlich können sich relevante Nutzeneffekte in Kostensenkungen und/oder Umsatzsteigerungen ausdrücken [HoMa88, 53]. Während eine Kostenreduktion durch eine Verminderung bestehender oder einer Abwendung potenziell entstehender Auszahlungen als Einzahlung interpretiert werden kann [vgl. BILS06, 125; Wild87, 64], ist es demgegenüber nicht möglich Umsatzeffekte direkt als Einzahlungen zu bewerten. Einzahlungen aufgrund von Umsätzen stehen weitere, bisher nicht berücksichtigte Kosten gegenüber. In Bezug auf die Entscheidung sind vor allem die mit der Herstellung eines Produktes verbundenen variablen Kosten relevant, da diese ohne die Umsatzerhöhung nicht entstanden wären. Hierbei sollten lediglich die Deckungsbeiträge berücksichtigt werden, die den Erlös um die variablen Kosten verringern.[47] *Riebel* [Rieb94, 609] bescheinigt, dass für komplexere Investitionsrechnungen das Prinzip der Deckungsbeitragsrechnung sinnvoll sein kann. Wiederum sind hierbei nur die zusätzlichen Deckungsbeiträge zu berücksichtigen, die auf die Investitionsentscheidung bzw. die damit verbundene Umsatzänderung zurückgehen.

Es ist also festzuhalten, dass im Rahmen dieser Arbeit Nutzen unter Verwendung eines einheitlichen Vorgehens zur Quantifizierung grundsätzlich in Geldeinheiten zu bewerten ist, wobei als Bewertungsgrundlage entweder eingesparte Ausgaben oder die Deckungsbeiträge zusätzlicher Einnahmen als Grundlage für die Bewertung zu verwenden sind.

---

[46] *Riebel* [Rieb94, 528], der den entscheidungsorientierten Kostenbegriff geprägt hat und als Äquivalent einen entscheidungsorientierten Leistungsbegriff sieht, bezeichnet diesen unter Bezug auf den allgemeinen Sprachgebrauch als Erlös.

[47] Die entspricht dem Deckungsbeitrag I [Siehe CoFG07, 208], der den Nettoerlös um Einzelkosten des Vertriebes und der Materialkosten reduziert. Ein Hinweis zur Verwendung des Deckungsbeitrags zur Betrachtung der Umsatzsteigerungen findet sich auch in [HoMa88, 51].

7.2.2 Nutzenklassifizierung

In der Literatur existieren verschiedene Ansätze zur Nutzenklassifizierung von RFID-Systemen und IT allgemein. Diese umfassen zum einen allgemeine abstrakte Nutzenkategorisierungen sowie anwendungsspezifische Nutzeneffekte. Letztere sollen analog zum Kostenkapitel einer für die Wirtschaftlichkeitsbewertung geeigneten Klassifikation zugeordnet werden.

Zunächst soll eine Systematik für die Nutzenklassifizierung unter Bewertungsgesichtspunkten ermittelt werden. Vor diesem Hintergrund sind bestehende Klassifikationsansätze auf ihre Zweckmäßigkeit hinzu untersuchen. Als Kriterium der Zweckmäßigkeit wird hierbei gesehen, inwieweit ein Klassifikationsansatz Rückschlüsse auf einen geeigneten Bewertungsansatz zulässt.

Nutzenklassifizierungen von RFID Systemen

Tabelle 7.2 gibt eine Übersicht bestehender Nutzenklassifizierungen, die sich explizit auf RFID-Systeme beziehen.

Strassner [Stra05, 98ff] unterscheidet in Bezug auf RFID-Systeme Effekte erster Ordnung (Substitution manueller Koordination), Effekte zweiter Ordnung (Netzwerkanwendungen) und Effekte dritter Ordnung (Prozessreorganisation).

Ähnlich unterscheidet *Tellkamp* [Tell06, 56ff] in Automatisierungseffekte (Reduktion der Datenbeschaffungskosten), Informationseffekte (Erhöhung der Datenqualität) und Transformationseffekte (Prozessinnovationen).

Mannel [Mann06, 59] gliedert die „positiven Auswirkungen eines RFID-Einsatzes" in Anlehnung an [Stra05, 98ff] in Prozesseffekte und Netzeffekte, die teilweise über Kundenauswirkungen oder auch direkt in finanzielle Auswirkungen münden.

Schmidt [Schm06] verzichtet hingegen auf ein Zusammenführen relevanter Faktoren zur Wirtschaftlichkeitsgesamtaussage. In seinem Entscheidungsmodell ist Wirtschaftlichkeit nur ein Aspekt, der neben anderen Faktoren über eine Gewichtung direkt in das Entscheidungsmodell eingeht.

Jansen et al. [JaMG06] klassifizieren hinsichtlich der Bestimmbarkeit in quantitative und qualitative Nutzenpotenziale und weisen auf die Wichtigkeit der Berücksichtigung qualitativer Effekte hin. Sie schlagen jedoch für die Bewertung letzterer eine Nutzwertanalyse vor, die die ökonomische Bewertung begleiten soll [JaMG06, 71]. Wie diese Bewertungen zu einer Gesamtaussage zusammengeführt werden sollen und wie die letztendliche Aussagekraft einer unvollständigen ökonomischen Berechnung zu bewerten ist, beschreiben sie jedoch nicht.

Tabelle 7.2: Bestehende Nutzenklassifizierungen bezogen auf RFID-Systeme

Quelle	Nutzenklassifizierung						
[JaMa05a, 91; JaMG06, 70]	Quantitativ (Quantifizierbar)			Qualitativ (Nicht bzw. schwer quantifizerbar)			
[Stra05, 98ff]]	Effekte erster Ordnung (Substitution manueller Koordination)		Effekte zweiter Ordnung (Netzwerkanwendungen)		Effekte Dritter Ordnung (Prozessreorganisation)		
[Mann06, 59]	Prozesseffekte			Netzeffekte			
[Schm06, 269]	Technologische Aspekte	Wirtschaftliche Aspekte	Grad der Standardisierung	Datenschutz, Privacy und Sicherheit	Strategische Ziele	Empirische Aspekte	Gesetzliche Rahmenbedingungen und Zusatznutzen
[Tell06, 56ff]	Automatisierungseffekte (Reduktion der Datenbeschaffungskosten)		Informationseffekte (Erhöhung der Datenqualität)		Transformationseffekte (Prozessinnovationen)		
[ThGr06, 179f]	Ersatz des Barcode		Steigerung der Prozesseffizienz		Prozessinnovation	Visibilität der Lieferkette	

Thiesse & Gross [ThGr06] sehen vier Projektkategorien, die sie in Ersatz des Barcode, Steigerung der Prozesseffizienz, Prozessinnovation und Visibilität der Lieferkette unterteilen. Sie nennen unter diesen Kategorien weitere Nutzeneffekte, machen jedoch keine Angaben zur Bewertung.

Die oben genannten Klassifizierungen scheinen aus Bewertungssicht nicht zweckmäßig, da sie keine unmittelbaren Aussagen zum Bewertungsansatz geben. Sie verzichten auch auf eine genaue Bestimmung der Bewertungsgrößen für positive und negative Erwartungen. Insofern auf die Bewertung eingegangen wird, ist jedoch erkennbar, dass sie hinsichtlich ihrer Wirtschaftlichkeitsaussagen in wertmäßigen Kategorien der Kostenrechnung kalkulieren, da sie z.B. Verrechnungssätze für anteilige Personalkosten verwenden. Dies ist vor dem Hintergrund einer Investitionsentscheidung kritisch zu sehen, da diese Kosten nicht flexibel abbaubar sind.

Nutzenklassifizierung von IT

In einem weiteren Schritt sollen deshalb weitere Nutzenklassifizierungen der Literatur zu Wirtschaftlichkeitsbetrachtungen von IT herangezogen werden. Aufgrund der Vielzahl betrachteter Nutzeneffekte in der Literatur[48] konzentrieren sich die folgenden Betrachtungen auf Klassifizierungsansätze vor dem Hintergrund der Bewertung.

Die dargestellten Ansätze lassen sich grob unterscheiden in solche, die die Nutzenwirkung betrachten [Schu93, 168; Buxm01, 30; Dörn03, 22ff; Hirn06, 51; Mert01, 16] und solche die auf die Nutzenbewertbarkeit [Schu93, 168; Antw95, 64; Piet03, 14; HeLe05, 373] abzielen. *Schumann* [Schu93, 168] nennt Vorschläge unter beiden Gesichtspunkten.

Während einige Klassifizierungsansätze auf den Aspekt der Kostensenkung eingehen [Buxm01; Hirn06; Mert01; Dörn03], berücksichtigt *Dörner* [Dörn03, 30ff] weitere monetäre Kategorien. *Dörner* [Dörn03, 30ff] unterscheidet jedoch auch nach dem Ort der Nutzenrealisierung (neue und bestehende Geschäftsfelder), was hier nicht weiter verfolgt wird. Die Betrachtung der Umsatzseite wird zu einer Kategorie, die Umsatzerhöhungen und Umsatzsicherung berücksichtigt, zusammengefasst. Die explizite Nennung des Aspekts der Umsatzsicherung soll verdeutlichen, dass sich bei betrachteten zukünftigen Umsatzentwicklungen mit RFID an den Erwartungen ohne eine Einführung orientiert werden soll und nicht am Status quo. Umsatzsicherung wäre hierbei die treffendere Bezeichnung, wenn ein Unternehmen ohne den RFID-Einsatz rückläufige Umsätze erwarten würde. Letztlich ist das Vorgehen bei der Bestimmung der Umsatzsteigerung bzw. -sicherung jedoch identisch.

Weitere Wirkungen, wie veränderte Wettbewerbspositionen [Schu93, 168] oder der verwandte, in diesem Zusammenhang oft genannte strategische Nutzen [z.B.Hirn06, 51; Mert01, 16; GuNM06, 958; Clem91] sollen im Rahmen der vorliegenden Arbeit nicht separat behandelt werden. Zum einen ist dies auf den überbetrieblichen Bewertungskontext zurückzuführen, der eine Gesamtwirtschaftlichkeit aus Netzwerksicht zum Ziel hat und strategische Aspekte im Sinne von Wettbewerbspositionen zumindest teilweise die

---

[48] Für eine umfangreiche Betrachtung von Nutzeneffekten in der Literatur sei auf [Okuj06, 90ff] verwiesen.

Beziehungen zwischen den Partnern betreffen.[49] Zum anderen ist fraglich, inwieweit ein strategischer Nutzen überhaupt von den grundlegenden Zielen der Gewinnmaximierung abgrenzbar ist bzw. inwieweit er sich nicht in Betrachtungen zur Umsatzsteigerung/-sicherung und Kostensenkungen ausreichend widerspiegelt.

Tabelle 7.3: Bestehende Nutzenklassifizierungen bezogen auf IT allgemein

Quelle	Nutzenklassifizierung					
[Schu93, 168]	Änderung des Kostenanfalls	Produktivitätssteigerung	Qualitätsverbesserung	Flexibilitätsverbesserung	Erweiterung des Leistungsangebots	Wettbewerbsänderung
[Buxm01, 30]	Kostensenkung		Zeiteinsparung		Informationswerterhöhung	
[Dörn03, 22ff]	Kostensenkung	Umsatzzuwächse in bestehenden Geschäftsfeldern		Abwendung von Umsatzrückgängen in bestehenden Geschäftsfeldern	Umsätze aus neuen Geschäftsfeldern	
[Hirn06, 51] ähnlich [Mert01, 16]	Kostensenkung		Beiträge zur strategischen Position		Führung des Unternehmens im Netzwerkverbund	
[Schu93, 168]	Quantitativ direkt monetär erfassbar		Indirekt monetär quantifizierbar		Nicht (einfach) quantifizierbar	
[Antw95, 64]	Leicht quantifizierbarer Nutzen		Schwer quantifizierbarer Nutzen		Nicht quantifizierbarer Nutzen	
[Piet03, 14]	Quantifizierbar, monetär bewertbar		Quantifizierbar, nicht monetär bewertbar		Nicht quantifizierbar, nicht monetär bewertbar	
[HeLe05, 373]	Direkt monetär messbarer Nutzen		Indirekt monetär messbarer Nutzen		Nicht monetär messbarer Nutzen/schätzbarer Nutzen	

[49] Eine Berücksichtigung dieses Aspekts wird an anderer Stelle als der initialen Bewertung vorgenommen.

So sieht *Kaplan* [Kapl86, 87] allgemein strategische Begründungen für Investitionsentscheidungen kritisch:

> *„If a company, even for good strategic reasons, consistently invests in projects whose financial returns are below its cost of capital, it will be on the road to insolvency." [Kapl86, 87]*

Insbesondere wird auch ein strategischer Vorteil von RFID im Sinne eines Alleinstellungsmerkmals kritisch gesehen. Nach *Carr* [Carr04, 126] reduzieren die Bestrebungen von Großhändlern wie Wal-Mart den strategischen Vorteil der RFID-Technologie und tragen durch die rasche Verbreitung dazu bei, dass sie sich schnell zu einem allgemeinen Gebrauchsgut entwickelt. Die strategische Sichtweise zeichnet sich aber gerade durch einen langfristigen Planungshorizont aus.[50]

Wenn man davon ausgeht, dass der strategische Nutzen keinen Selbstzweck hat, sondern die strategischen Entscheidungen eines Unternehmens die langfristige Sicherung des Unternehmenserfolges zum Ziel haben, der darauf beruht, dass langfristig die Einnahmen die Ausgaben übersteigen, müssen sich strategisch relevante Entscheidungen auch grundsätzlich in diesen Größen ausdrücken lassen. Auch *Buxmann* [Buxm01, 56] vertritt die Auffassung, dass sich strategische Wettbewerbsvorteile letztendlich in monetären Werten niederschlagen. Analog zum strategischen Nutzen müssen alle erwarteten Nutzeneffekte wertmäßig interpretierbar sein, da ein Unternehmen letzten Endes nur in diesen Größen denkt bzw. disponiert.

> *"Jede Nutzenerwartung in eine Investition muss sich letztendlich in Umsatzsteigerungen und /oder Kostensenkungen niederschlagen. Die Quantifizierbarkeit und Sicherheit solcher Erwartungen ist allerdings sehr unterschiedlich." [HoMa88, 53]*

Genauso verhält es sich mit Qualitätseffekten, da mit ihnen Erwartungen hinsichtlich Umsatzsicherung oder Preisdifferenzierung verbunden sind. Lassen sich diese nicht realisieren, ist eine erhöhte Qualität in Bezug auf die Unternehmensziele irrelevant und demnach wäre solchen Effekten auch kein Nutzen beizumessen.

Es bleibt also festzuhalten, dass sich hinsichtlich der Bewertung relevante Nutzeneffekte grundsätzlich als Kostenreduzierungen oder Einnahmeerhöhungen klassifizieren lassen. Um eine konsistente Auffassung der Rechengrößen zu verfolgen, müssen diese, wie in Bezug auf negative Effekte (siehe Abschnitt) hinsichtlich der Zahlungswirksamkeit

---

[50] Eine Klassifizierung als strategischer Nutzen kann somit Hinweise auf die zeitliche Dauer der Effekte geben. Mit höherer zeitlicher Distanz sind die Unwägbarkeiten positiv korreliert [vgl. HeLe05, 369]. Dies erschwert die zuverlässige Beurteilung, macht diese aber nicht unmöglich.

bewertet werden. Hierbei werden die vermiedenen Auszahlungen als Einzahlungen gewertet. Einnahmeerhöhungen orientieren sich am Umsatz bzw. den Erlösen aus der allgemeinen Geschäftstätigkeit. Da hiermit jedoch weitere Kosten im Rahmen der Leistungserstellung verbunden sind, die bisher nicht berücksichtigt worden sind, können die Erlöse nicht direkt als Einzahlungen in die Wirtschaftlichkeitsanalyse eingehen. Sie müssen zunächst um die variablen Kosten bereinigt werden, was zu einer Bewertung zum Deckungsbeitrag führt. Da also Kostenreduktion und Umsatzsteigerung unterschiedliche Bemessungsgrundlagen verwenden, sind sie zur Klassifizierung im Hinblick auf die Bewertung zweckmäßig. Sie beziehen sich auf die Nutzenwirkung.

Ferner treffen [Schu93, 168; Antw95, 64; Piet03, 14; HeLe05, 373] Aussagen hinsichtlich der Quantifizierbarkeit des Nutzens, was die Schwierigkeit der Prognose und den verbundenen Ungenauigkeiten betrifft. Dies scheint aus Bewertungssicht ebenfalls relevant. Von den genannten Aufteilungen definieren nur [Antw95, 64 und Piet03, 14] Klassen, die sich explizit einer monetären Bewertung entziehen.

Im Rahmen der vorliegenden Arbeit ist es das Ziel, Nutzeneffekte vollständig monetär auszudrücken, so dass Methoden der Investitionsrechnung umfassend Verwendung finden können. In Anlehnung an [HeLe05, 373 und Schu93, 168] wird folgende Einteilung der Nutzengrößen im Hinblick auf ihre Messbarkeit und der damit verbundenen Ungenauigkeit unterschieden:

Direkt monetär messbar sind solche Nutzeneffekte, die bestehende Kosten direkt reduzieren und somit unmittelbar messbar wären.

Die nächste Gruppe bilden Effekte, die nicht direkt monetär messbar sind, sondern von eine quantitativen Kennzahl abgeleitet werden müssen. Dies betrifft Effekte, die zukünftige Kosten reduzieren oder erwartete Umsätze erhöhen. Bei ihnen wird eine quantitative, grundsätzlich messbare Größe geschätzt, die über Verrechnungssätze[51] bewertet werden.

Die letzte Gruppe umfasst Effekte, die sich nicht von einer direkt zuordenbaren quantitativ messbaren Grundlage berechnen lassen. Diese müssen als ganzes über Vergleichswerte geschätzt werden (finanzielles Äquivalent).

Somit ergibt sich für die hier verfolgte Nutzenklassifizierung folgendes Schema (Tabelle 7.4):

---

[51] Diese Bewertung soll zu Marktpreisen bzw. Deckungsbeiträgen geschehen.

Tabelle 7.4: Nutzenklassifizierung

Bewertungsgrundlage / Messbarkeit	Kostenreduktion	Umsatzerhöhung, -sicherung
Direkt Monetär messbar		
Quantitativ messbar, monetär bewertbar		
Nicht quantitativ messbar, monetär schätzbar		

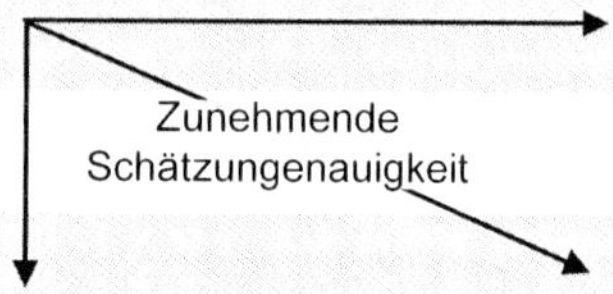

Allgemein drückt diese Klassifizierung auch die mit der Nutzenprognose verbundene Schätzungenauigkeit aus, die von den Größen in der linken oberen Ecke in Tabelle 7.4 zur unteren rechten Ecke zunimmt. Je stärker Schätzungen in die Bewertung einfließen und je entfernter der Nutzen von den primären Effekten der Investition entfernt liegt, desto größer ist die verbundene Unsicherheit in Bezug auf die Genauigkeit der Bewertung [vgl. Pott98, 28]. Allgemein sind die Effekte der Umsatzerhöhung schwieriger zu bestimmen als die der Kostenreduktion [Kapl86, 91].

7.2.3 Nutzenquantifizierung

Abgesehen von den oben aufgeführten sehr abstrakten Klassifizierungsansätzen, werden in der Literatur verschiedenste mit RFID verbundenen Ziele und Nutzeneffekte eher unsystematisch genannt. Insbesondere unterscheiden sich die genannten Ziele hinsichtlich ihrer Fassbarkeit. Es handelt sich hierbei um die Beschreibung unscharfer Effekte wie z.B. Erhöhung der Visibilität, bis hin zur Nennung spezifischer Auswirkungen wie die Reduzierung von Out-of-Stock-Situationen, die durchaus messbar sind und zu denen Schätzungen bezüglich des finanziellen Schadens von Unternehmen angestellt werden. Das Beispiel zeigt auch, dass die genannten Effekte nicht überschneidungsfrei sind. So kann z.B. die Reduzierung von Out-of-Stock-Situationen mit einer Erhöhung der Visibilität in Verbindung gebracht werden. Eine Konkretisierung hin zu einer möglichst messbaren Stufe macht auch vor dem Hintergrund Sinn, Mehrfachbewertungen zu vermeiden.

Wirkungsketten[52] sind ein Instrument zur Darstellung sachlogischer Zusammenhänge. Sie werden auch von einigen Autoren im Rahmen der Darstellung der Zusammenhänge verschiedener Nutzeneffekte der IT als Nutzeffektketten angeführt [Mann06, 59ff.; Hirn06, 51 ff; Schu92, 102]. Wirkungsketten finden sich auch im mehrdimensionalen

[52] Teilweise werden diese im vorliegenden Kontext auch als Nutzeffektketten [Schu93, 174] oder im Zusammenhang mit der Balanced Scorecard Ursache-Wirkungs-Ketten [JLMM04, 200] bezeichnet.

Bewertungsmodell der Balanced Scorecard wieder[53]. Wirkungsketten stellen zunächst nur dar, welche erwarteten Effekte sich gegenseitig beeinflussen und ob sie positiv oder negativ korrelieren. Die Darstellung erfolgt grafisch. Oft werden die Wirkungen thematisch gruppiert und stellen als Zielsystem die finanziellen Auswirkungen dar. So werden in einer Balanced Scorecard klassischer Weise die Perspektiven Finanzen, Kunden, Prozesse sowie Lernen und Entwicklung verwendet. Während diese Ebenen grundsätzlich gleichwertig gegenüber stehen, ist das Ziel doch immer die Beziehung der Wirkungen auf die Finanzperspektive darzustellen. Perspektiven können verwendet werden, um Wirkungsbereiche zu klassifizieren und dort die rein quantitativen Prognosewerte festzuhalten. Die monetäre Bewertung wird in einer Finanzperspektive abgebildet wird, auf der die Berechnung aufsetzt. Somit wird auch eine transparente Darstellung der erwarteten Effekte und deren finanzieller Bewertung erreicht.

In den Wirkungsketten können zunächst qualitative und quantitative Wirkungen erfasst werden. Sie können die monetäre Bewertung unterstützen, indem schrittweise qualitative Effekte in quantitative Auswirkungen und deren Bewertung überführt werden (vgl. [Pott98, 18 Schu93, 174]).

Im Rahmen des vorliegenden Sachverhaltes scheint eine Verwendung von Wirkungsketten aus verschiedenen Gründen sinnvoll. Zum ersten hilft sie die erwarteten Effekte und ihre Zusammenhänge darzustellen. Dies dient zum einen als Kreativitätstechnik, um den spezifischen Wirkungsraum zu reflektieren und zum anderen der Kommunikation und Schaffung eines einheitlichen Verständnisses unter den beteiligten Partnern. Ferner soll die Wirkungskette Anwendung finden, um abstrakte qualitative Auswirkungen auf bewertbare Ziele herunterzubrechen. Dies unterstützt die Bewertung in zweierlei Hinsicht. Zum einen sollen alle Effekte in eine monetäre Aussage abgleitet werden, so dass Methoden der Wirtschaftlichkeitsrechnung Anwendung finden können. Zum anderen wird hiermit einer Doppelbewertung von Effekten vorgebeugt, da alle auf einer möglichst einheitlichen Konkretisierungsebene betrachtet werden. Ebenso werden alle Effekte auf ihre Relevanz hinterfragt. Das Ziel ist also einen einheitlichen Bewertungsrahmen, der sich in den monetären Zielen manifestiert, zu erhalten. Dies ist die gemeinsame Bewertungsbasis aller Beteiligten und soll die Vergleichbarkeit der Individualergebnisse und deren Verdichtung zur Gesamtaussage unterstützen.

---

53 Dort werden sie als Ursache-Wirkungskette bezeichnet [KaNo97, 29].

Aus diesem Grund soll Abbildung 7.1 die Ziele vor dem Bewertungshintergrund in einer allgemeinen Zielhierarchie systematisieren, um eine Zuordnung zur Bewertungsgrundlage zu schaffen.

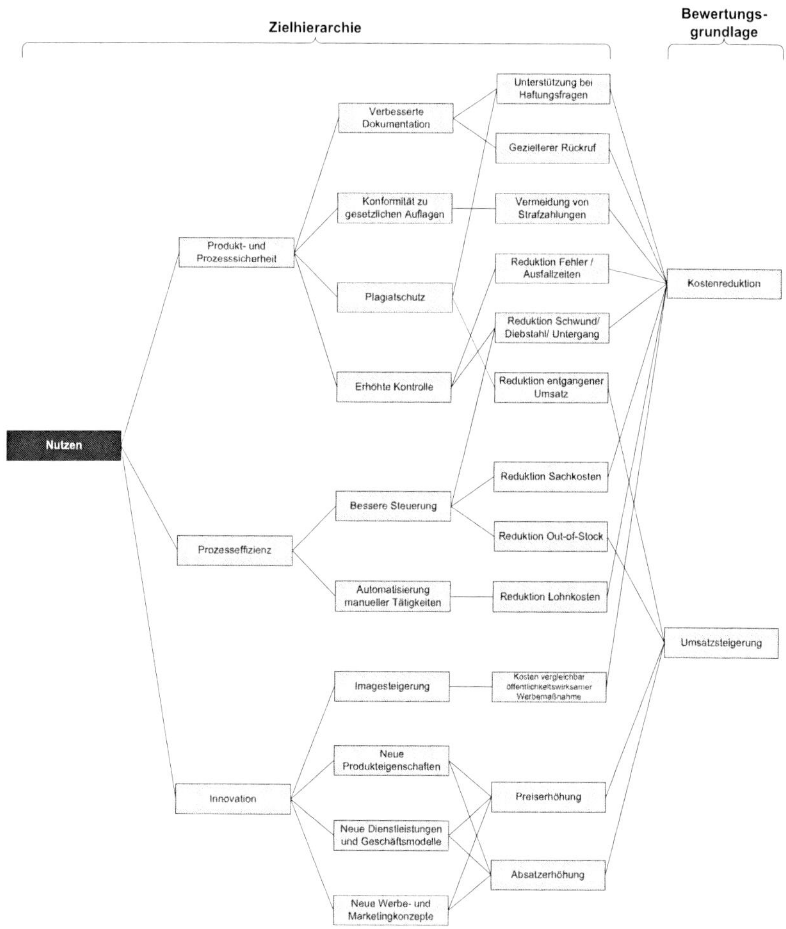

Abbildung 7.1: Quantifizierung von Nutzenaspekten

Hierbei wurden die in der Literatur regelmäßig genannten Nutzeneffekte (vgl. [BGGS07, 27ff; ThGr06, 179f; GKWD06, 108ff; JaMA05a, 92ff; Mann06, 14; Seif06, 372ff; FlDi03, 616; Tell03, 6]) unter einheitlichen Begrifflichkeiten zusammengefasst und soweit heruntergebrochen bis sie zu einer Bewertungsgrundlage zugeordnet werden können. Die Übersicht erhebt keinen Anspruch auf Vollständigkeit, sondern soll das grundlegende Vorgehen einer Präzisierung allgemeiner Nutzenwirkungen auf bewertbare Erwartungen darstellen.

Auf oberster Ebene können die mit RFID erzielbaren Nutzeneffekte in die Kategorien Produkt- und Prozesssicherheit, Prozesseffizienz und Innovation eingeteilt werden (siehe Abbildung 7.1).

Unter dem Gesichtspunkt der ***Sicherheit*** können RFID-Systeme dazu beitragen, die Dokumentation und die Kontrolle zu verbessern. Während die Dokumentation eher dabei hilft im Nachhinein negative Konsequenzen zu mildern, unterstützt die Kontrolle proaktive Maßnahmen. So kann eine genauere Dokumentation gezieltere Rückrufaktionen unterstützen, also die Fehlerfolgekosten reduzieren (vgl. [Stra05, 116]), während eine bessere Kontrolle potenziell bereits das Auftreten von Fehlern verhindern kann (vgl. [Samt06, 6]). Eine verbesserte Dokumentation kann darüber hinaus ebenfalls klären, ob die Fehlerschuld dem Betrieb zuzurechnen ist und er somit dafür haftbar gemacht werden kann. Ferner kann sich eine erhöhte Kontrolle auf Schwund, Diebstahl und Untergang von Erzeugnissen auswirken. Der Produkt- und Prozesssicherheit sind ebenfalls die teilweise verfolgten Ziele der Konformität zu gesetzlichen Auflagen und der Plagiatschutz zuzurechnen. Zur Bewertung der Konformität zu gesetzlichen Auflagen könnten ggfs. verhinderte Strafzahlungen herangezogen werden. Da diese Auflagen zumeist Kontroll- und Dokumentationspflichten betreffen, sind weitere Effekte bereits über diese ebenfalls aufgeführten Punkte abgedeckt. Die Auswirkungen auf den Plagiatschutz sind nur grob anhand der Unternehmensschätzungen über gehandelte Plagiate abwägbar. Dies ist ein wichtiges Thema insbesondere im Pharmabereich (vgl. [KoSt05]).[54] Auch übergreifende Schätzungen können das Ausmaß nur erahnen und gehen von einem Anteil gefälschter Medikamente zwischen 1% in Industrieländer bis zu über 10% in Entwicklungsändern aus [WHO06]. Eine Reduzierung von Plagiaten kann sich zum Einen als Umsatzsteigerung auswirken und zum Anderen den Bereich der Haftungsfragen tangieren insoweit Gefahr besteht bei Produktmängeln der Fälschungen von vermeintlichen Kunden haftbar gemacht zu werden.

Unter dem Gesichtspunkt der ***Prozesseffizienz*** ist in Auswirkungen zu unterscheiden, die auf die Automatisierung manueller Tätigkeiten zurückzuführen sind und solche, die über eine bessere Steuerung Produktionsmittel rationeller einsetzen lassen z.B. die Anzahl benötigter Spezialtransportmittel reduziert.

---

[54] Für eine Zusammenstellung an offiziellen Meldungen zu Plagiaten im Pharmabereich sei auf [HDMA04] und verwiesen.

Vor allem die Reduzierung der Personalkosten ist ein häufig hervorgebrachtes Argument. Dabei ist jedoch zu berücksichtigen, dass durch partielle Zeiteinsparungen bei Arbeitsprozessen einzelner Mitarbeiter nicht zwangsweise ein betrieblicher Kapazitätsabbau realisiert wird, da diesem organisatorische und psychologische Faktoren entgegenwirken können [JaMa05b, 30]. Als Bemessungsgrundlage für die Reduzierung der Personalkosten können wiederum eingesparte Auszahlungen dienen. Dies kann zum einen der Fall sein, wenn tatsächlich Arbeitskraft direkt abgebaut werden kann, z.B. wenn diese über Zeitarbeit bedient wurde, die grundsätzlich flexibler handhabbar ist, oder die freigesetzte Arbeitskraft eine andere Tätigkeit übernimmt und somit an anderer Stelle eine nötige Ausgabe ersetzt. Die Tatsache, dass eine Person kürzer für den gleichen Prozess braucht, reduziert nicht per se, die verbundenen Kosten. Vor diesem Hintergrund sind Ansätze, die Prozessdurchlaufzeitverkürzungen mit Verrechnungssätzen bewerten kritisch zu sehen.

So schlagen *Jansen & Mannel* [JaMa05a, 91] folgendes Vorgehen zu einer mit einer RFID-Einführung verbundenen Nutzenquantifizierung vor:

$$PKE_i = (TPZ_i^O - TPZ_i^R) * TPK_i$$

$$PKE = \sum_{j=i}^{n} PKE_j * TPM_j$$

PKE_i = Prozesskosteneinsparung in Prozess i

PKE = Prozesskosteneinsparung gesamt

TPZ_i^O = Teilprozess ohne RFID-Einsatz

TPZ_i^R = Teilprozess mit RFID-Einsatz

TPK_i = Teilprozesskosten in Prozess i

TPM_i = Teilprozessmenge in Prozess i

mit j = i, ..., n

Abbildung7.2: Formel zur Berechnung der Prozesskosteneinsparung durch RFID (nach [JaMa05a, 91])

Hierbei ist darauf hinzuweisen, dass sich auf kalkulatorische Kosten bezogen wird, die nicht zwingend Auszahlungen reduzieren. Ferner ist fraglich, inwieweit die Prozesszeiten vor und nach einer RFID-Einführung mit dem gleichen Verrechnungssatz bewertet werden können bzw. inwieweit sich nicht die Prozesse selbst ändern. Deshalb scheint es angebracht, die neuen Prozesse als ganzes auf die Möglichkeit der Reduzierung von Arbeitskraft zu untersuchen. Solche Einsparungspotenziale lassen sich durch detaillierte Prozessbeschreibungen sowie Labor- und Feldversuchen relativ gut abschätzen [JaMa05a, 92]. Effekte aufgrund der Übernahme weiterer Tätigkeiten durch entlastete Personen, etwa im Bereich Qualitätssicherung können an anderer Stelle Berücksichtigung finden, jedoch nicht als Reduktion der Personalkosten.

Eine bessere Steuerung kann auch dazu beitragen, die Logistik zu verbessern und somit Out-of-Stock-Situationen zu verringern. *Hardgrave et al.* [HaWM06] untersuchten die

Auswirkungen von RFID am Beispiel von Wal-Mart und kamen zu dem Ergebnis, dass Out-of-Stock-Situationen im Durchschnitt um 30% bei Artikeln, die zwischen 0,1 und 15 mal am Tag gekauft werden, reduziert werden konnten. In diesen Fällen würde potenziell entgangener Umsatz reduziert. Bei der Verwendung von Out-of-Stock-Kennzahlen zur Ermittlung der Umsatzsteigerung ist zu beachten, dass Käufer unterschiedlich auf fehlende Produkte reagieren und dies unterschiedliche Auswirkungen auf die Beteiligten einer Supply-Chain hat. In einer Metastudien untersuchten *Corsten & Gruen* [CoGr03] das Konsumentenverhalten, wenn ein gewünschtes Produkt nicht verfügbar war. In Europa kaufen demnach 27% in einem solchen Fall das gleiche Produkt in einem anderen Geschäft, 13 % verschieben den Einkauf, 16 % kaufen ein Substitut der gleichen Marke (z.B. andere Größe), 32% nehmen ein Substitut einer anderen Marke und 9% verzichten ganz [CoGr03, 607]. Der Kauf des gleichen Produktes in einem anderen Geschäft belastet vor allem den Händler. Die Substituierung mit einem Produkt einer anderen Marke belastet wiederum den Hersteller aber weniger den Händler (bei vergleichbaren Margen). Letztlich schadet ein nicht erzielter Verkauf aufgrund von gänzlichem Konsumverzicht beiden. Produkttreue ist aber zusätzlich noch abhängig von der individuellen Art des Produktes und selbst innerhalb einer Kategorie verstehen es manche Unternehmen besser als Andere, Kunden zu binden, so dass hinsichtlich der zu verwendenden Schätzungen individuelle Unternehmenswerte heranzuziehen sind. Diese sind für Hersteller und Händler differenziert zu betrachten.

Als dritte Klasse können ***Innovationen*** aufgeführt werden. Während sich zuvor darauf konzentriert wurde, bestehende Leistungsprozesse zu verbessern, werden hier neue Möglichkeiten verfolgt. Betrachtet werden neue Dienstleistungen und Geschäftsmodelle, neue Produkteigenschaften und auch im Bereich Customer Relationship Management (CRM) werden Potenziale gesehen. In diesem Bereich, der neuartige Prozesse etabliert, werden von manchen Autoren die größten Nutzenpotenziale erwartet [VoSR06, 63]. Hier besteht bei vielen Unternehmen jedoch noch Unklarheit, z.B. in der Hinsicht wie die erweiterte Datenbasis einen verwertbaren Nutzen stiftet [KnLK07, 91]. Ein Analyserahmen wie die Balanced Scorecard mit ihren Ursache-Wirkungsketten, kann hierbei die Konkretisierung unscharfer Erwartungen unterstützen.

Mit einem innovativen Einsatz werden auch regelmäßig Imagesteigerungen verbunden. Dieses Ziel wirkt grundsätzlich auf Umsatzsteigerungen hin. Gerade der Aspekt der Imagesteigerung ist jedoch schwer monetär bewertbar. Sollte der Einsatz tatsächlich die Aufmerksamkeit der Öffentlichkeit bzw. potenzieller Kunden (in positiver Weise) auf sich ziehen, könnte dieser für die Bewertung problematische Punkt z.B. mit den Kosten vergleichbar öffentlichkeitswirksamen Werbemaßnahmen verglichen werden.

Abhängig von der jeweiligen Umsetzung werden nicht alle der hier genannten Ziele verfolgt und auch deren Gewichtung kann sich von Fall zu Fall unterscheiden. Auch hat nicht jedes Unternehmen denselben Leidensdruck in den einzelnen Bereichen, so dass ausgehend vom Status quo die erwartete weitere Entwicklung ohne RFID als Vergleichsbasis für Prognosen dient. So sind bei einem bestehenden hohen Automatisierungsgrad z.B. über Barcode und automatische Lagersystemen die Einsparungen aufgrund des Automatisierungsnutzens über die Erhöhung der Prozesseffizienz in der Regel begrenzt [StFl05, 48]. Weiteres Nutzenpotenzial bietet jedoch die Verbesserung der Prozessqualität aufgrund einer geringeren Fehleranfälligkeit und zusätzlicher Kontrollen durch die Umsetzung automatischer Regelkreise [StFl05, 48].

Generell wäre ebenso denkbar, den Nutzen aufzuführen, den ein einzelnes Unternehmen aus der Umsatzsicherung eines wichtigen Kunden erfährt. Vor dem Hintergrund einer Gesamtbewertung aus Sicht des Unternehmensverbundes scheint es jedoch nicht ratsam, dies an dieser Stelle als Nutzen in die Bewertung einfließen zu lassen. Es würde die Gesamtaussage verfälschen, da für solche Drohungen und deren Ausmaß antizipierte Vorteilhaftigkeitsbewertungen des starken Partners ausschlaggebend sind. Die Vorteilhaftigkeit soll jedoch erst noch bestimmt werden. Es würde zu einer Überbewertung des Nutzens aus Gesamtsicht führen[55]. Außerdem würde keine stabile Bewertungssituation auf Netzwerkebene erreicht. Deshalb sollen solche „Machtspiele" erst nach der Wirtschaftlichkeitsanalyse bei der Betrachtung der Nutzenallokation und eventuell zu diskutierenden Ausgleichsrechnungen stattfinden.

Die Ausführungen sollen den grundsätzlichen Weg der Konkretisierung der Ziele aufzeigen und deren Zuordnung zur Bewertungsgrundlage. Jeder identifizierte Nutzen sollte bewertet werden. Das bedeutet, dass Nutzeneffekte, die nicht direkt monetär bezifferbar sind, in quantitativen Kennzahlen abgebildet werden, über die eine Bewertung möglich ist. Sollte dies ebenfalls nicht möglich sein, sollte der Nutzen direkt monetär geschätzt werden.

Tabelle 7.5 ordnet die hier genannten Nutzeneffekte in das zuvor dargestellte Klassifikationsschema ein.

---

[55] Als Beispiel kann die Konstellation im Handel dienen. Wenn ein Großhändler seine Zulieferer dazu drängt RFID zu verwenden, bedeutet dies, dass er für sich bereits die Vorteilhaftigkeit festgestellt hat. Diese Vorteilhaftigkeit überwiegt die negativen Konsequenzen den Zulieferer zu ändern. Wird ein Produkt jedoch von einem anderen Zulieferer bezogen, ändert sich nicht der Gesamtumsatz aus Netzwerksicht, sondern es ändert sich dessen Konstellation.

Tabelle 7.5: Einordnung der Nutzeneffekte in einen Klassifikationsschema zur Bewertung

Bewertungsgrundlage / Messbarkeit	Kostenreduktion	Umsatzerhöhung, -sicherung
Direkt Monetär messbar	Personalkosten, Gerätekosten, Materialkosten	--
Quantitativ Messbar, Monetär bewertbar	Fehler und Ausfallzeiten, Schwund/Diebstahl und Untergang, Out-of-Stock	Preiserhöhung, Mengenerhöhung
Nicht quantitativ meßbar, monetär schätzbar	Vermeidung von Strafzahlungen, Unterstützung bei Haftungsfragen, gezieltere Rückrufaktionen	Plagiatschutz (Umsatzaspekt), Imagesteigerung

Diese Einordnung zeigt zum einen, auf welcher Grundlage die Nutzeneffekte zu bewerten sind. Eine Kostenreduktion wird als Einzahlung interpretiert, während Umsatzerhöhungen mit den Deckungsbeiträgen zu bewerten sind. Zum anderen wird aufgezeigt, wie die Effekte quantifiziert werden können. Unmittelbare Reduzierungen in Kostenpositionen, wie Gehalt oder anderen Anschaffungen sind direkt bewertbar. Erwartete Reduktionen in Fehlerkosten, Ausfallzeiten, Out-of-Stock, Schwund, Diebstahl und Untergang sind mengenmäßig zu bestimmen und in einem Folgeschritt finanziell zu bewerten. Auf der Umsatzseite wären die Auswirkungen von neuen Produkteigenschaften, Dienstleistungen und CRM-Maßnahmen auf Preise und Absatzmengen zu prognostizieren. Durch eine parallele Führung der grundlegenden Kennzahlen im Sinne von Key Performance Indicators (KPI) zu den prognostizierten finanziellen Ergebnissen, kann man bei der Nachkalkulation unterscheiden, ob eventuelle Abweichungen von den allgemeinen Entwicklungsprognosen (Kennzahlen) abweichen, oder ob die Zusammenhänge zwischen den Kennzahlen und dem finanziellen Erfolg falsch gewertet wurde.

Die Nutzeneffekte in der letzten Klasse lassen sich nicht über messbare Kennzahlen abbilden und müssen direkt monetär geschätzt werden z.B. mittels eines finanziellen Äquivalents. So kann die Konformität mit gesetzlichen Auflagen an potenziell vermiedenen Strafzahlungen orientiert werden. Ähnlich könnten erwartete Imagesteigerungen an Kosten für vergleichbar öffentlichkeitswirksame Maßnahmen, wie einer Werbeschaltung, gemessen werden. Gezieltere Rückrufaktionen und die Unterstützung bei Haftungsfragen kann aus Erfahrungswerten des Unternehmens beurteilt werden.

8 Beurteilung der Vorteilhaftigkeit

Nachdem sich im vorangegangenen Kapitel den grundlegenden Bewertungsgrößen und deren Ermittlung gewidmet wurde, soll nun geklärt werden, wie auf Basis der ermittelten Daten Aussagen bezüglich der Vorteilhaftigkeit getroffen werden können. Während sich zuvor der Bezifferung der Schätzgrößen gewidmet wurde, werden nun auf diesen Größen aufsetzende Verfahren betrachtet.

Im Folgenden wird zwischen Verfahren zur Bestimmung der Vorteilhaftigkeit unterschieden, die auf die Bestimmung der eigentlichen Wirtschaftlichkeitsaussage ausgerichtet sind, sowie Verfahren zur Berücksichtigung der Unsicherheit, der Schätzungenauigkeit und qualitativen Faktoren, die in die zuvor genannten Verfahren eingebracht werden können, um dem jeweiligen Aspekt Rechnung zu tragen. Das Ziel ist es, für das vorliegende Problem geeignete Verfahren zu identifizieren und zu einem Instrumentenmix zu kombinieren. Dieser wird zum Abschluss dieses Kapitels in Abschnitt 8.5 zusammengefasst.

8.1 Verfahren zur Beurteilung der Vorteilhaftigkeit

Vor dem Hintergrund einer angestrebten vollständig monetären Darstellung der Entscheidungskonsequenzen, wird sich im Folgenden auf finanzielle Verfahren der Vorteilhaftigkeitsbewertung konzentriert. Dies schließt Methoden wie die Argumentenbilanz und Nutzwertanalyse aus. Bei der Argumentenbilanz werden die erwarteten positiven und negativen Effekte textuell in Bilanzspalten gegenübergestellt. Ein Anhaltspunkt liefert die relative Länge der Argumentenblöcke. Eine messbare Gegenüberstellung verschiedener Lösungsmöglichkeiten wird allerdings nicht unterstützt [Schu93, 171]. Bei der Durchführung der Nutzwertanalyse erhält man ebenfalls kein monetäres Ergebnis. Es werden verschiedene Varianten mittels eines gewichteten Kriterienkatalogs, bei dem für erwartete Nutzeneffekte Punktewerte vergeben werden, verglichen [Schu93, 171]. Die Nutzwertanalyse ist sehr subjektiv von der beurteilenden Person beeinflusst und liefert eine ordinale Rangfolge. Die Vergleichbarkeit verschiedener Aussagen ist somit sehr eingeschränkt[56] [WeZi05, 248]. Dies ist insbesondere vor dem Hintergrund der Zusammenführung von Teilergebnissen zu einem Gesamtergebnis ein Ausschlusskriterium.

---

[56] Zur weiteren Kritik an der Nutzwertanalyse sei auf [Adam00, 102f] verwiesen.

Bezüglich der Investitionsrechenverfahren kann in statische und dynamische Verfahren unterschieden werden, die im Folgenden dargestellt werden.

8.1.1 Statische Verfahren

Die Beliebtheit der statischen Investitionsrechenverfahren in der Praxis ist auf ihre Einfachheit zurückzuführen, während sie aus theoretischer Sicht durchweg kritisch betrachtet werden (vgl. [Krus05, 31ff; Wöhe05, 599, BlLS06, 217]). Die allen Verfahren gemeinsamen Schwachstellen werden vor allem in der fehlenden Berücksichtigung der zeitlichen Verteilung der Effekte, und der unzureichenden Vergleichbarkeit alternativer Investitionen gesehen [Krus05, 31]. Die statischen Verfahren gliedern sich ferner in ein- und mehrperiodige Verfahren. Tabelle 8.1 gibt einen Überblick.

Tabelle 8.1: Arten der statischen Investitionsrechnung (eigene Darstellung nach [Krus05, 31])

Einperiodige Verfahren	Mehrperiodige Verfahren
Gewinnvergleichsrechung	Amortisationsrechnung
Kostenvergleichsrechnung	
Renditevergleichsrechnung	

Die einperiodigen Verfahren haben ferner den Nachteil nur eine fiktive Jahresabrechnungsperiode zu berücksichtigen, so dass der Erfolg nicht mehr in Ein- und Auszahlungen sondern in periodisierten Erfolgsgrößen gemessen wird [Krus05, 33]. Dies entspricht nicht der hier getroffenen Auffassung der Bewertungsgrößen.

Die Gewinnvergleichsrechnung legt als Zielkriterium fest, die Investition mit dem höchsten durchschnittlichen Gewinn zu präferieren. Sie liefert aber nur korrekte Ergebnisse, wenn die Realisierungsalternativen die gleiche Nutzungsdauer haben und den gleichen Kapitaleinsatz erfordern [Krus05, 35]. Davon kann im vorliegenden Fall nicht ausgegangen werden, da bei den Realisierungsvarianten grundsätzlich unterschiedliche Dimensionierungen berücksichtigt werden sollen.

Bei der Kostenvergleichsrechnung wird unter Berücksichtigung der Unterlassungsalternative dasjenige Investitionsobjekt mit den geringsten Kosten präferiert [Götz06, 51]. Der Hauptnachteil der Kostenvergleichsrechnung besteht in der einseitigen Betrachtung der negativen Erfolgskomponente. Sie ist nur zum Vergleich von Investitionen mit identischen Leistungsmerkmalen geeignet [PeSt07, 29]. Im Zusammenhang mit der Bewertung von RFID-Systemen sollen jedoch insbesondere die positiven Erwartungen berücksichtigt werden, da diese bei unterschiedlich umgesetzten Systemen divergieren.

Die Renditevergleichsrechnung bzw. Rentabilitätsvergleichsrechnung setzt die Gewinne der Investitionsobjekte zum eingesetzten Kapital in Beziehung. Die Rentabilität gibt das „Verhältnis einer Gewinngröße zu einer Kapitaleinsatzgröße“ [Götz06, 60] an, wobei diese beiden Größen unterschiedlich definiert werden [ebenda]. Sie zeigt die gleichen Schwächen der Gewinnvergleichsrechnung [Krus05, 37] und ist deshalb ebenfalls abzulehnen. Allgemein werden Rentabilitätskennziffern als ungeeignet für den Vergleich von Investitionen mit unterschiedlichem Kapitaleinsatz oder Nutzungsdauer angesehen [Adam00, 148].

Als mehrperiodiges Verfahren verwendet die Amortisationsrechnung[57] periodisierte Zahlungen[58]. Sie berechnet den Zeitraum, nach dem das eingesetzte Kapital durch Einzahlungsüberschüsse kompensiert wurde. Investitionen mit einer kürzeren Amortisationszeit werden als relativ vorteilhaftiger gesehen. Als alleiniges Entscheidungskriterium ist die Amortisationsrechnung jedoch nicht angebracht [Götz06, 110]. Dies würde zu einem einseitigen Favorisieren kurzfristiger Projekte führen. Auch berücksichtigt sie nicht die absolute Höhe der erzielbaren Vorteile. Als die Bewertung unterstützende Methode kann sie jedoch als sinnvoll angesehen werden, da der Kompensationszeitraum einen Risikoaspekt wiederspiegelt (vgl. [Krus05, 41, BILS06, 74]). Die Amortisationsrechnung existiert ebenso in einer dynamischen Variante, bei der die Periodenzahlungen diskontiert werden. Da sie sich ansonsten nicht von der statischen Amortisationsrechnung nach der einfachen Kumulationsmethode unterscheidet, wird sie dort nicht nochmals explizit aufgeführt.

Zusammenfassend lässt sich festhalten, dass einperiodige Verfahren der statischen Investitionsrechnung aufgrund ihrer inhärenten Schwachstellen für die Beurteilung im vorliegenden Kontext abzulehnen sind. Davon abzugrenzen ist die Amortisationsrechnung, die eine andere Fragestellung bedient und somit als Hilfs- bzw. Ergänzungsrechnung zur Risikobeurteilung geeignet erscheint. *Horváth & Mayer* [HoMa88, 49] sehen die Methode gar „als Basis jeder Wirtschaftlichkeitsanalyse“.

---

[57] Synonyme Bezeichnungen sind: Pay-Off-Rechnung, Pay-Back-Rechnung, Kapitalrückfluss- bzw. Kapitalwiedergewinnungsrechnung (vgl. [Krus05, 37]).

[58] In der einfachsten Form kann sie auch nach dem Durchschnittsverfahren aus dem Quotienten des eingesetzten Kapitals und den durchschnittlichen Rückflüssen errechnet werden (vgl. [Götz06, 64]).

8.1.2 Dynamische Verfahren

Dynamische Verfahren haben gegenüber den statischen Verfahren den Vorteil, dass sie die zeitliche Struktur der mit einer Investition verbundenen positiven und negativen Erwartungen als Zahlungsreihen berücksichtigen. Ferner betrachten sie die gegenübergestellten Investitionen als „echte, sich gegenseitig ausschließende Alternativen“[Krus05, 45], was auch die vorliegende Entscheidungssituation widerspiegelt.

Auch *Schumann* [Schu93, 171] fordert, dass dynamische Verfahren für die IV-Systembeurteilung vorgezogen werden sollten. Insbesondere bei sehr inhomogenen Kostenverläufen sind sie eindeutig zu präferieren [HoMa88, 50]. Ein weiterer wesentlicher Vorteil der dynamischen Verfahren liegt darin begründet, dass sie ebenfalls den Zeitwert einer Zahlung berücksichtigen. Hierbei gehen zeitlich nähere Zahlungen über die Diskontierung mit einem höheren Wert in die Bewertung ein.

Dynamische Verfahren der klassischen Investitionsrechnung gliedern sich in:

- Kapitalwertmethode
- Annuitätenmethode und
- Methode der internen Zinssätze

Die Kapitalwertmethode

Der Kapitalwert[59] (engl.: Net Present Value (NPV)) einer Investition stellt die Summe aller Investitionszahlungen dar, die auf den Anfangszeitpunkt *t=0* mit dem Kalkulationszinssatz *i* diskontiert werden [Krus05, 68].

$$Kapitalwert\ (NPV) = \sum_{t=0}^{T} z_t (1+i)^{-t}$$

T: *Planungshorizont*

z_t: *(Netto−)Zahlung in Zeitpunkt t*

i: *Kalkulationszinssatz*

Abbildung 8.1: Berechnung des Kapitalwertes (vgl. [Krus05, 68])

Bei der Berechnung nach der Kapitalwertmethode ist eine Investition absolut vorteilhaft, wenn ihr Kapitalwert positiv ist. Im Rahmen der relativen Vorteilhaftigkeit im Vergleich

[59] Dieser wird auch einfach als Nettokapitalwert (vgl. [DrSc07, 13]), Nettobarwert oder Net Present Value bezeichnet (vgl. [Krus05, 68]).

mit sich gegenseitig ausschließenden Realisierungsvarianten wird diejenige mit dem höchsten Kapitalwert als am vorteilhaftesten identifiziert.

Der verwendete Kalkulationszinssatz drückt die geforderte Mindestverzinsung für ein Vorhaben aus und ist stets subjektiv [Däum03, 30, 38]. In der Literatur werden verschiedene Ansätze zur Bestimmung des Kalkulationszinssatzes diskutiert (vgl. [Däum03, 30ff]). Dieser kann sich nach der Finanzierungsform richten, sowie das Risiko oder Opportunitätskosten berücksichtigen. Im Rahmen der vorliegenden Untersuchungen sollte ein einheitlicher Kalkulationszinssatz verwendet werden, auf den sich die Partner einigen. Da die jeweilige Finanzierung des Investitionsvorhabens sich von Partner zu Partner unterscheiden kann, werden eventuell anfallende Zinszahlungen im Rahmen der Auszahlungen berücksichtigt. Dies entspricht einer direkten Berücksichtigung der Finanzierungseffekte durch Erweiterung der Zahlungsreihe um diesbezügliche Ein- und Auszahlungen [Adam00, 62]. Das Risiko wird ebenfalls in einer anderen Form als durch den Kalkulationszinssatz abgebildet (siehe Abschnitt 8.2). Opportunitätskosten sind aufgrund unterschiedlicher Dispositionen der Einzelbetriebe auf überbetrieblicher Ebene schwierig zu bestimmen. Für den anzusetzenden Kalkulationszinssatz im Rahmen der gemeinschaftlichen Bewertung scheint eine Orientierung am Habenszinssatz als sinnvoll, da viele weitere Aspekte entweder im überbetrieblichen Kontext kaum zu bestimmen sind oder aber bereits auf anderem Weg Einzug in die Bewertung finden. Darüber hinaus kann er als objektiver Ausdruck zur Berücksichtigung der Konsumpräferenz angesehen werden [Adam00, 78]. Der Habenszinssatz stellt die Untergrenze für einen zu wählenden Kalkulationszinssatz dar (vgl. [Däum03, 31]). *Kaplan* [Kapl86, 88] fordert ebenfalls einen niedrigen Kalkulationszinssatz für technische Innovationen.

Die Kapitalwertmethode ist in Theorie und Praxis gleichermaßen beliebt, so dass sie als Rechenmodell im vorliegenden Fall geeignet erscheint. Im Rahmen von IT-Investitionsprojekten wird sie z.B. von *Wehrmann & Zimmermann* [WeZi05] herangezogen. *Potthof* [Pott98, 21] sieht ebenfalls den Kapitalwert als das geeignetste Kriterium ein IV-Investitionsobjekt zu bewerten.

Annuitätenmethode

Die Annuitätenmethode ist eine Variante der Kapitalwertmethode. Dieser wird in Annuitäten transformiert, d.h. in gleichhohe periodenbezogene Zahlungen während des Betrachtungszeitraumes [BlLS06, 70]. Analog zur Aussage des Kapitalwertes sprechen positive Annuitäten für eine absolute Vorteilhaftigkeit. Im Vergleich verschiedener sich ausschließender Investitionen drückt die höchste Annuität die relative Vorteilhaftigkeit aus.

Interne Zinssatz-Methode

Die interne Zinsatz-Methode ist die nach der Kapitalwertmethode am meisten favorisierte Methode bei Großunternehmen[60] [Däum03, 81]. Sie berechnet die Rendite einer Investition und stellt dieser eine Mindestverzinsungsanforderung gegenüber [Däum03, 82]. Die interne Zinssatzmethode ist eng mit der Kapitalwertmethode verknüpft. Der interne Zinssatz einer Investition stellt denjenigen Diskontierungszinssatz dar, „bei dem sich ein Kapitalwert von Null ergibt“ [BlLS06, 84]. In der Theorie wird das Verfahren der internen Zinssätze allerdings insbesondere in Bezug auf Sachinvestitionen kritisch gesehen (vgl. [Krus05, 107, 115; Adam00, 152ff]).

Ferner ist die Berechnung, die nicht zwingend eindeutige Ergebnisse liefert, sehr komplex, so dass man ab einem Betrachtungszeitraum von über zwei Perioden in der Regel Näherungsverfahren verwendet [Krus05, 112].

Da die Methode des internen Zinssatzes keinen nennenswerten Vorteil gegenüber der Kapitalwertmethode birgt und im vorliegenden Fall sich auch die Bestimmung des Mindestzinssatzes zur Entscheidung über die absolute Vorteilhaftigkeit als schwierig erweist (vgl. [Pott98, 20]), wird im Folgenden von der Verwendung abgesehen. In der Literatur wird wiederholt die Kapitalwertmethode gegenüber der Interne-Zinssatz-Methode bevorzugt [HaRo94, 104f].

8.2 Verfahren zur Berücksichtigung der unsicheren Erwartungen

Verfahren zur Berücksichtigung der Unsicherheit tragen der Investitionswirklichkeit Rechnung, da Bewertungsgrößen schon allein aufgrund des Zukunftsbezugs nicht mit absoluter Sicherheit vorhergesagt werden können. Bei der Prognose müssen unterschiedliche mögliche Umweltzustände in Betracht gezogen werden, die Einfluss auf die Ausprägungen der Inputgrößen haben und somit das Bewertungsergebnis bestimmen. Die Inputgrößen umfassen neben den in Kapitel 7 dargestellten Bewertungsgrößen Kosten (K) und Nutzen (N) allgemein die Rechenparameter Planungszeitraum (T) und Kalkulationszinsfuß (i). Abbildung 8.2 veranschaulicht den Sachverhalt.

[60] Bei kleinen und mittelgroßen Betrieben werden überwiegend noch statische Methoden angewandt [Däum03, 27].

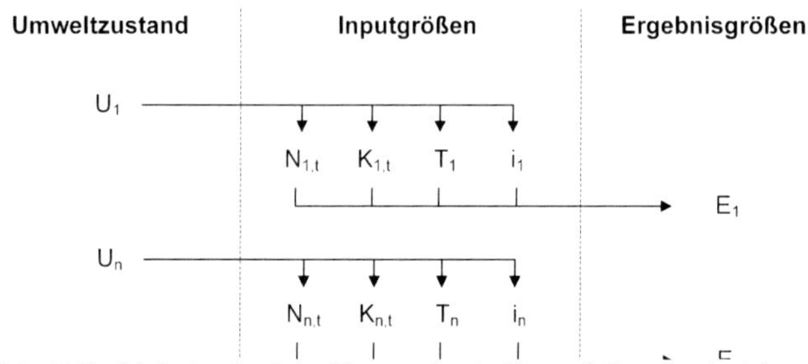

Abbildung 8.2: Abhängigkeit der Ergebnisgrößen von Inputgrößen und Umweltzustand (angepasst nach [Wöhe05, 625])

Die Betrachtung von Umweltzuständen führt zu stochastischen Investitionsmodellen, die durch mehrwertige Investitionsergebnisse gekennzeichnet sind [Wöhe05, 626].

In der Literatur werden folgende Typen unterschieden [Wöhe05, 626]:

- Korrekturverfahren
- Sensitivitätsanalysen
- Risikoanalysen
- Entscheidungsbaumverfahren
- Portfoliotheoretische Ansätze

Diese werden im Folgenden auf ihre grundsätzliche Eignung im Untersuchungskontext überprüft.

8.2.1 Korrekturverfahren

Bei den Korrekturverfahren wird der verbundenen Unsicherheit mit Zu- oder Abschlägen der ursprünglichen Schätzwerte in der Form begegnet, dass eine vorsichtigere Aussage erzielt wird. Es werden positive Wirkungen vermindert und negative Wirkungen erhöht. Das Verfahren stellt sich somit recht einfach dar, weist aber beträchtliche Mängel auf, da es ohne Ursachenanalyse eine pauschale Schätzung des Risikos vorwegnimmt, negative Wirkungen potenziell mehrfach einbezieht und bei zu starken Einschränkungen möglicherweise lukrative Investitionen totrechnet [Wöhe05, 62]. Deshalb ist es nur bei kleineren Investitionsprojekten, die einen höheren Planungsaufwand nicht rechtfertigen, anzuwenden [Wöhe05, 62].

8.2.2 Sensitivitätsanalyse (Verfahren kritischer Werte)

Sensitivitätsanalysen stellen eine Ergänzung der Investitionsrechenverfahren dar, indem sie berücksichtigen, dass die betrachteten Werte der Inputgrößen vom Schätzwert abweichen können. Sie sollen Aufschluss darüber geben, welche Inputwerte das Ergebnis besonders stark beeinflussen und in welchen Grenzen sich die Ausprägungen bewegen dürfen, um die Vorteilhaftigkeitsaussage nicht zu revidieren [Wöhe05, 627; BlLS06, 232f].

Umgesetzt wird dies durch eine systematische Parametervariation. Bei einer Sensitivitätsanalyse werden ein oder mehrere betrachtete Inputparameter in der Berechnung variiert. Die anderen Größen werden konstant gehalten, was dazu führt, potenzielle funktionale Abhängigkeiten zwischen variierten und festgehaltenen Größen zu ignorieren [BlLS06, 236f]. Das Verfahren kritischer Werte stellt eine besondere Betrachtung innerhalb der Sensitivitätsanalyse dar. Der kritische Wert einer Inputgröße ist die Ausprägung, bei der die Investition gerade noch nicht unvorteilhaft ist. Bei der Bertachtung des Kapitalwertes, wäre es derjenige Inputwert, bei dem sich ein Kapitalwert von Null ergibt [Däum03, 229]. Insgesamt liefert die Sensitivitätsanalyse einen Beitrag zur Erfassung des Investitionsrisikos [Wöhe05, 628].

8.2.3 Risikoanalyse

Ziel einer Risikoanalyse ist die Berücksichtigung von Wahrscheinlichkeitsverteilungen für die Vorteilhaftigkeitsbewertung. Aus relevanten Ereignissen können Umweltzustände abgeleitet werden, denen Wahrscheinlichkeiten zuzuordnen sind. Wahrscheinlichkeitsverteilungen können prinzipiell auf Grundlage empirischer Häufigkeitsverteilungen oder subjektiver Vorstellungen ermittelt werden. Insbesondere letztere spielen aufgrund des Mangels an empirisch begründeten „objektiven Wahrscheinlichkeiten“ im Investitionsbereich eine besondere Rolle [BlLS06, 227]. Formale Wege für die Herleitung der subjektiven Wahrscheinlichkeiten aus einer bestehenden Informationsmenge sowie eine Richtigkeitsgewähr bestehen nicht, solche Glaubwürdigkeitsmaße können jedoch grundsätzlich bestimmt werden [DrSc07, 46]. Für jeden Umweltzustand können folglich die Kosten- und Nutzengrößen bestimmt werden und die Vorteilhaftigkeit berechnet werden. Der Erwartungswert gewichtet die einzelnen Ergebnisse mit ihrer Wahrscheinlichkeit. Ein risikoneutraler Investor entscheidet sich für die Investitionsvariante mit dem höchsten Erwartungswert [Wöhe05, 630].

Zusätzlich kann das Risiko über Streuungsmaße wie Varianz und Standardabweichung abgebildet werden, die die Abweichung vom Erwartungswert in den jeweiligen Umweltzuständen wiedergeben [DrSc07, 47]. Investitionsvarianten mit geringerer Varianz sind somit weniger abhängig von den definierten Umweltzuständen.

Risikoanalysen werden vor allem bei großen, komplexen und mit vielen Unwägbarkeiten behafteten Investitionsprojekten durchgeführt (vgl. [BlLS06, 262; Wöhe05, 631]), was auf den vorliegenden Sachverhalt zutrifft.

8.2.4 Entscheidungsbaumverfahren

Dass Entscheidungsbaumverfahren trägt dem Umstand Rechnung, dass sich Umweltzustände in den einzelnen Betrachtungsperioden ändern können. Der Anfang einer Periode wird durch einen Knoten dargestellt, von dem mehrere Kanten, die die Entscheidungen des Investors unter einem bestimmten Umweltzustand repräsentieren, darstellen. Das Verfahren ermöglicht es somit im Gegensatz zu den Vorgenannten ebenso Entscheidungen des Investors in nachgelagerten Perioden abzubilden. Dieses Verfahren wird allerdings sehr schnell übermäßig komplex und unübersichtlich, so dass seine Anwendbarkeit bei realen Entscheidungsproblemen als beschränkt angesehen wird [Wöhe05, 634].

8.2.5 Portfoliotheoretische Ansätze

Portfoliotheoretische Ansätze dienen der Berücksichtigung von Unsicherheitsauswirkungen einzelner Investitionsobjekte auf die Risikostruktur des Gesamtunternehmens [Wöhe05, 634]. Sie sind vor allem angebracht, wenn eine Investition die Diversifizierung des Unternehmensportefeuilles unterstützt. Im vorliegenden Sachverhalt wird jedoch ein Unternehmensverbund betrachtet und die Portefeuilles der Einzelunternehmen können nicht ohne weiteres sinnvoll zu einem Gesamtportefeuille verdichtet werden. Daher wird dieser Ansatz nicht weiter betrachtet.

8.3 Verfahren zum Umgang mit der Schätzungenauigkeit

Wie in Abschnitt 7.2.2 dargestellt, gibt die Nutzenklassifizierung einen Hinweis auf den Ermittlungsweg des Nutzens. Die einzelnen Klassen offenbaren hierbei unterschiedliche verbundene Unsicherheitsgrade hinsichtlich der Schätzung selbst, die gesondert von den zuvor genannten Szenarien, die die Unsicherheit hinsichtlich des Eintritts exogener Faktoren widerspiegeln, zu berücksichtigen sind. Diese Aufteilung der Nutzenklassen und die mit ihnen verbundene Schätzzuverlässigkeit können bei der Ergebnisbeurteilung herangezogen werden. Mit ihnen können zusätzliche Untersuchungen dahingehend angestellt werden, welche Nutzenklassen einbezogen werden müssen, damit eine Vorteilhaftigkeit festgestellt werden kann. Hierbei würden zunächst die mit weniger Schätzungenauigkeiten behafteten Nutzenklassen den Kosten gegenübergestellt und sukzessive Weitere einbezogen werden. Somit ist es bei der Entscheidungsunterstützung möglich, sich relativ sichere positive Effekte anzeigen zu lassen und nach dem Kapitalwert unter dieser Prämisse zu fragen. Bei einem negativen Ergebnis kann sich der Entscheider immer noch die Frage stellen, ob die erwarteten schwer zu beziffernden Nutzeneffekte voraussichtlich mindestens diese Differenz ausmachen oder nicht. Eine mögliche Erkenntnis könnte sein, dass die Kosten bereits durch relativ zuverlässig zu bestimmende Kosteneinsparungen realisiert werden können, so dass potenzielle Abweichung aufgrund ungenauer Schätzungen die Vorteilhaftigkeitsaussage nicht revidieren würden. Es ermöglicht ebenfalls die Erkenntnis darüber, welches Ausmaß die schwer zu bestimmenden Nutzeneffekte ausmachen müssten, um das Vorhaben wirtschaftlich werden zu lassen, um dann aus diesem Blickwinkel die Erwartungen hinsichtlich der Realisierbarkeit dieser schwer bestimmbaren Faktoren zu reflektieren. Man stellt sich also die Frage nach einem minimalen Schwellwert (z.B. kann die Summe x, die nach Berücksichtigung der messbaren Kosteneinsparungen zur Vorteilhaftigkeit fehlt, voraussichtlich durch Umsatzsteigerungen erwirtschaftet werden?). Derartige Vorschläge zur Unterscheidung möglicher Nutzeneffekte hinsichtlich der Schätzzuverlässigkeit finden sich in Bezug auf Investitionen in Computer Integrated Manufacturing (CIM) z.B. in [HoMa88, 52; Kapl86, 93].

8.4 Verfahren zur Berücksichtigung qualitativer Indikatoren

Die qualitativen Effekte sollen aus Gründen der Nachvollziehbarkeit verfolgt werden. Es muss jedoch eine Überführung in monetäre Werte stattfinden. Ohne einen einheitlichen Bewertungsmaßstab kann kein aussagekräftiger Gesamtwert abgeleitet werden (vgl. [Witt89, 12]). Dies schließt Bewertungsansätze, bei denen parallel klassische Investitionsrechenarten und qualitative Verfahren zur Vorteilhaftigkeitsentscheidung herangezogen werden (z.B. in [Wete97, 38]), aus. Rein qualitative Verfahren wie die Nutzwertanalyse liefern keine monetäre Aussage, sondern liefern ein subjektives Punkteergebnis. Insbesondere vor dem Hintergrund der überbetrieblichen Erfassung und der damit verbundenen Forderung nach Aggregierbarkeit der Bewertungsgrößen sowie der prinzipiellen Notwendigkeit monetärer Wertaussagen, um z.B. Anhaltspunkte für Ausgleichszahlungen zu liefern, schließt ein Verfahren, das sich einseitig auf abstrakte Nutzenpunkte bezieht, aus.

Dennoch besteht in der Literatur die Forderung der Berücksichtigung nicht-monetärer Faktoren. Obgleich das Ziel innerhalb der vorliegenden Arbeit in einer vollständigen Monetarisierung sämtlicher Nutzeneffekte liegt, scheint es vor dem Hintergrund der Objektivität und Nachvollziehbarkeit sinnvoll, mittels nicht-monetären Faktoren die Grundannahmen, auf der die abgeleiteten monetären Aussagen beruhen, darzustellen. Ein möglicher Nutzeneffekt, der monetär zu bewerten wäre, könnten z.B. reduzierte Fehlerfolgekosten darstellen. Diese können geschätzt werden und sich an Indikatoren wie der Reduktion an Reklamationsfällen orientieren.

Ein Instrument zur Zusammenführung unterschiedlicher Kennzahlen und deren Verdichtung zu finanziellen Aussagen stellt die Balanced Scorecard (BSC) dar. Die BSC wurde zum ersten Mal in [KaNo92] vorgestellt und ist mittlerweile zu einem in der Praxis weit verbreiteten Instrument des strategischen Managements avanciert (z.B. [KöWo07, 130; WeBG02, 133]). Sie dient der Zusammenführung einer ausgewählten Menge an aussagekräftigen Kenngrößen für die Unternehmenssteuerung, die sowohl finanziellen als auch nicht-finanziellen Ursprungs sein können und zeitlich sowohl vergangenheits- als auch zukunftsorientiert in verschiedenen Perspektiven aufgestellt werden [KaNo92, 72ff]. Die BSC dient der umfassenden Darstellung wesentlicher Erfolgsfaktoren eines Unternehmens zu einer strategieorientierten Unternehmensführung. Abbildung 8.3 zeigt den konzeptionellen Aufbau einer BSC mit den traditionellen Perspektiven.

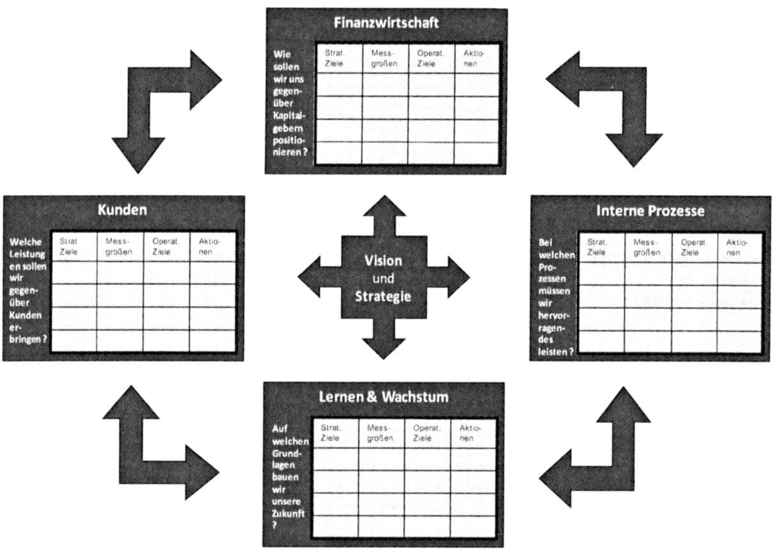

Abbildung 8.3: Klassischer Aufbau einer Balanced Scorecard (eigene Darstellung nach [KaNo96, 76])

Den dargestellten Perspektiven werden an der Unternehmensstrategie orientierte Ziele zugeordnet und über Kennzahlen verfolgt. Diese bilden eine Kausalkette, die sich zu finanziellen Aussagen verdichtet [KaNo97, 32]. Die finanziellen Kennzahlen bilden das Ergebnis, jedoch soll die Sichtweise auf nicht-finanzielle Leistungstreiber ausgeweitet werden [KaNo97, 32, 46]. Darüber hinaus soll die BSC ebenfalls als Kommunikations-, und Informationssystem aufgefasst werden [KaNo97, 24; KaNo96, 79f]. Dies entspricht der hier verfolgten Zielsetzung, der Erweiterung der Sichtweise zum Einbezug qualitativer Größen, die in monetäre Wertaussagen zu transformieren sind und der Unterstützung der Kommunikation und des Informationsaustausch zwischen den bewertenden Unternehmen dienen.

Die Theorie zur BSC wurde in der Literatur vielfältig aufgegriffen und erweitert. In dem hier vorgestellten Zusammenhang scheinen insbesondere Erweiterungen im Hinblick auf das Anwendungsfeld der Supply Chain sowie als Bewertungsinstrument für IT-Investitionen relevant.

Die Verwendung der BSC im überbetrieblichen Einsatz insbesondere zur Bewertung der Supply-Chain-Aktivitäten, wird von mehreren Autoren aufgegriffen (vgl. [Karr06, 237ff; Rich06, 77ff; Zimm03; Erdm02, 177ff; Acke02; BrSp00; WeBG02]). Hierbei bleibt weitestgehend die ursprüngliche Zielsetzung der BSC als Controlling- bzw. Managementinstrument laufender Aktivitäten erhalten, jedoch erweitert sich der Bewertungskontext.

Die Ausführungen scheinen aus Sicht des vorliegenden Untersuchungshintergrundes vor allem hinsichtlich der Anwendungsunterstützung und hier insbesondere in Bezug auf die Zusammenführung der Teilwerte zur Gesamtaussage und den Anforderungen an die Erhebung unter diesen Gesichtspunkten relevant. Leider erweisen sich die o.g. Ausführungen auf dem Gebiet der Datenerhebung und deren Zusammenführung der Teilwerte als wenig ergiebig. Am weitesten geht Erdmann [Erd02, 241] auf die Anwendungsunterstützung ein, jedoch stellt er in der Zusammenfassung seiner Untersuchungen fest, dass hinsichtlich der Kennzahlenaggregation weiterhin ein großer Forschungsbedarf besteht [Erd02, 296].

Auf dem Gebiet der Adaption der BSC auf Supply Chains werden ebenfalls unterschiedliche Anpassungen der Perspektiven vorgeschlagen, so dass sich hier noch kein herrschender Ansatz herauskristallisiert hat. Hierbei ist jedoch ferner die unterschiedliche Zielsetzung zu beachten, so dass ein Ansatz zur Bewertung der Supply Chain selbst ohnehin nicht einer gemeinsamen Bewertung eines konkreten Projektes gleichzusetzen ist.

Letztlich bedeutet das für die hier verfolgte Umsetzung, dass die Perspektiven von den Akteuren frei wählbar sein sollten. Das Ursprungsmodell schlägt zwar die oben dargestellten Perspektiven vor, diese sind jedoch, obgleich die finanzielle Perspektive als Zielperspektive nahegelegt wird, nicht als verpflichtend anzusehen [KaNo97, 33]. Die Perspektiven dienen als Denkmodell [Körn06, 156], das die Definition und Gruppierung der Indikatoren unterstützt. Ein Vorschlag zur Gruppierung der Kennzahlen in Perspektiven kann aus der Nutzenkategorisierung aus Abschnitt 7.2.2 entnommen werden. Diese dienen letztendlich einer logischen Gruppierung der Kennzahlen. Sie fließen hinsichtlich der Aussage in die festgelegte finanzielle Perspektive ein, die insbesondere im vorliegenden Untersuchungskontext zentrale Bedeutung innehat.

In der Literatur wird häufig die Eignung der BSC zur Beurteilung von Investitionen bzw. Projekten insbesondere im Bereich der IT unterstellt (z.B. in [Hirs05, 71; ZiJö03, 75ff; MiMe04, 94ff; JLMM04]).

Hierbei stellt sich jedoch die grundsätzliche Frage inwieweit dies noch der Theorie zur BSC entspricht, da bei einer Investitionsbeurteilung letztendlich eine anders gelagerte Zielsetzung verfolgt wird. So wird die BSC hierbei nicht mehr als Managementinstrument zur Unternehmenssteuerung eingesetzt, so dass sich der Fokus auf ein Einzelprojekt reduziert.

Zweifelsohne können jedoch Anleihen aus dem BSC-Konzept zur Bewertung von Investitionen genommen werden, wobei jedoch an dieser Stelle aus folgenden Gründen davon abgesehen wird, dies als BSC zu bezeichnen. Während die BSC ebenfalls im Kontext des Supply-Chain-Managements ein Instrument des strategischen Controllings ist [Zimm03, 128f], soll im Rahmen eines RFID-Projekts eine Investitionsentscheidung geplant und gesteuert werden, ohne nochmals vor dem Hintergrund der strategischen Ziele des Unternehmens überdacht zu werden. Somit kann ein RFID-Projekt ein strategisches Projekt aus Sicht einer Unternehmens- oder Supply-Chain-Scorecard sein. In Bezug auf das Projekt selbst, wird die Systematik jedoch angewandt, um die verschiedenen Wirkungsebenen darzustellen, qualitative Indikatoren abzubilden und zur finanziellen Aussage zu verdichten. Die Verbindung zwischen den Kenngrößen erfolgt durch Ursache-Wirkungsketten. Sie verdichten sich zur finanziellen Perspektive, die traditionelle finanzielle Kenngrößen darstellt [KaNo04, 28]. Die Kennzahlen müssen sowohl untereinander als auch unternehmensübergreifend verknüpft sein. Allgemein kann dieser Zusammenhang mathematischer oder sachlogischer Natur sein. Zumindest für die Aggregation der finanziellen Kenngrößen und deren Verdichtung zur Gesamtaussage scheint jedoch eine mathematische Verknüpfung in dem vorliegenden Zusammenhang unabdingbar.

Hinsichtlich der Investitionsbewertung unterstützt das Konzept der BSC des Weiteren den Soll-Ist-Vergleich [ZiJö03, 74].

In Bezug auf die Auswahl der Kennzahlen sind ebenfalls Unterschiede zwischen dem Konzept der BSC und der Bewertungssystematik von RFID-Projekten zu erkennen. Während bei der Anwendung der BSC in ihrer traditionellen Zielsetzung als Managementinstrument zu einer überschaubaren Zahl von Kennzahlen mit Strategiebezug geraten wird [Zimm03, 143f], muss die Erfassung von Kosten und Nutzen in einem RFID-Projekt möglichst vollständig erfolgen. Insbesondere soll dies genutzt werden, um schwer quantifizierbare Effekte abzubilden.

Die Einteilung von Kennzahlen in Perspektiven unterstützt das Verständnis der vielfältigen Wirkungsweisen einer RFID-Einführung. Zusätzlich zeigen die Zusammenhänge, die in Form der Ursache-Wirkungsketten dargestellt werden, die Interdependenzen zwischen den Kennzahlen auf. Letztlich unterstützen sie den Bewertungsprozess.

Das Führen der qualitativen Indikatoren, kann ebenfalls als Darstellung der Sachziele (vgl. [PfWS94, 34ff]) verstanden werden, die sich über die Verkettung über Ursache-Wirkungsbeziehungen zu den Formalzielen (Kosten/Nutzen) verdichten, auf deren Basis die Entscheidung getroffen wird. Dies entkräftet Einwände einer Vernachlässigung dieser Faktoren. Das Führen nicht finanzieller Kennzahlen bedient die Forderung nach einer Berücksichtigung dieser Größen und unterstützt den Prozess der finanziellen Bewertung.

Neben den o.g. Gründen spricht der Bekanntheitsgrad der BSC in der unternehmerischen Praxis für einen Einbezug des Konzepts zur Verfolgung qualitativer Indikatoren.

8.5 Zusammenfassender Vorschlag zur Entscheidungsunterstützung

Ein Verfahren zur Beurteilung der Wirtschaftlichkeit überbetrieblicher RFID-Anwendungen, sollte sich an in der Praxis etablierten Methoden orientieren und der Investitionswirklichkeit durch die Berücksichtigung der Unsicherheit gerecht werden. In der Praxis wird eine Vielzahl von Methoden zur Bewertung von Investitionsprojekten verwendet, die teilweise parallel Anwendung finden [DrDc07, 7]. Der interne Zinsfuß und der Kapitalwert stellen die populärsten Methoden dar und die Pay-Back-Methode ist trotz ihrer in der Literatur diskutierten Mängel ebenfalls sehr verbreitet [DrSc07, 7f]. In der Literatur wird insbesondere die Kapitalwertmethode präferiert[61]. Somit fällt die Wahl des zentralen Verfahrens zur Vorteilhaftigkeitsbewertung (Abschnitt 8.1) aufgrund der breiten Akzeptanz in Theorie und Praxis auf die Kapitalwertmethode.

Zur Berücksichtigung der Unsicherheit (Abschnitt 8.2) scheint die Risikoanalyse, das geeignete Mittel zu sein, die in Kapitel 4 dargelegten exogenen Faktoren zu berücksichtigen. Deren mögliche Ausprägungen können zu Umfeldszenarien zusammengefasst werden, denen Eintrittswahrscheinlichkeiten zugeordnet werden. Somit wird zur Bewertung im vorliegenden Kontext die Kapitalwertmethode mittels Risikoanalayse zu einem stochastischen Investitionsmodell erweitert.

Die Gesamtaussage der Vorteilhaftigkeit drückt sich im erwarteten Kapitalwert aus. Dieser spiegelt aber nur bei einem risikoneutralen Investor unmittelbar die Präferenz wider. Da eine risikoneutrale Haltung jedoch nicht grundsätzlich angenommen werden kann, sind zusätzlich Risikomaße zu berücksichtigen. Das Risiko der Investition lässt sich durch Streuungsmaße wie der Varianz und Standardabweichung einzelner Zustände vom Erwartungswert ermitteln [DrSc07, 47]. Die bereits angesprochene Break-Even Rechnung scheint unter dem Risikoaspekt ebenfalls sinnvoll.

Die Ermittlung der den Berechnungen zugrunde liegenden Zahlungsreihen erfolgt gemäß der in Kapitel 7 beschriebenen Bewertung der periodenbezogenen Kosten und des Nutzens unter der Berücksichtigung der Szenarien. Als Zeithorizont zur Bewertung ist grundsätzlich die Nutzungsdauer heranzuziehen.[62]

Potenziell zielführende Parametrisierungen der Ausgestaltung (Kapitel 3) werden in technischen Szenarien zusammengefasst, die den Umfeldszenarien gegenübergestellt werden. Umfeldszenarien können flexibel anhand des erwarteten Einflusses exogener Faktoren definiert werden und zur Abbildung möglicher Zukunftsausprägungen herangezogen werden.

---

[61] Zur „Überlegenheit der Kapitalwertmethode" siehe [ScTe97, 164ff.].

[62] Als Zeithorizont für die Berücksichtigung der Zahlungsreihen dient grundsätzlich die Nutzungsdauer der RFID-Lösung. Sollte diese nicht bestimmbar sein, kann sich am Abschreibungszeitraum der Investition orientiert werden [Stra05, 146; JaMa05a, 94], wobei darauf hingewiesen werden muss, dass die Abschreibungen selbst in der Bewertung nicht betrachtet werden, da Kosten und Nutzen zahlungsorientiert aufgefasst werden.

Es ergeben sich somit Datenwürfel wie in Abbildung 8.4 dargestellt. Die Grafik veranschaulicht ebenfalls, wie der Umfang des Bewertungsprozesses mit der Anzahl einbezogener Szenarien zunimmt, da Kennzahlen und Indikatoren für jede Kombination der beiden Szenarientypen festgehalten werden müssen.

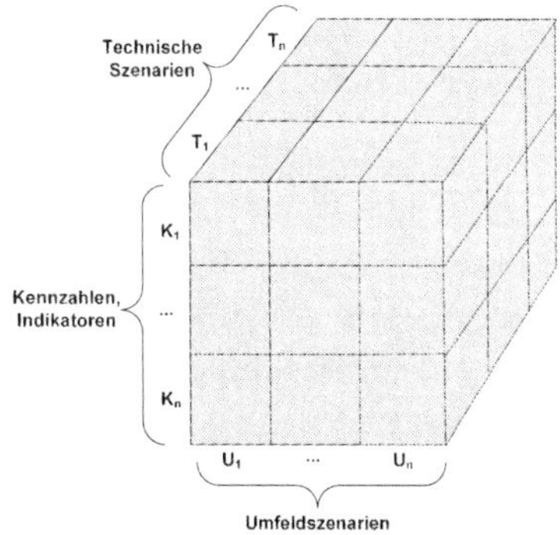

Abbildung 8.4: Bewertung nach Szenarien

Die Kennzahlen und Indikatoren werden ferner hinsichtlich der in Abschnitt 7.1.2 und 7.2.2 beschriebenen Ansätze klassifiziert, um die Schätzunsicherheiten (Abschnitt 8.3) zu berücksichtigen. Bei einer späteren Berechnung des Kapitalwertes können somit verschiedene Nutzen- und Kostenklassen einbezogen werden.

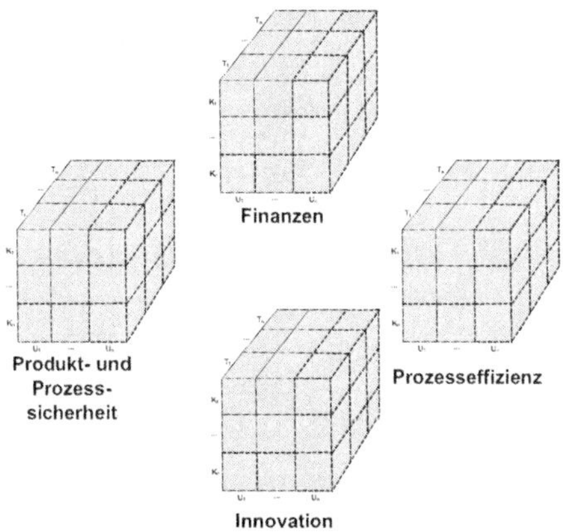

Abbildung 8.5: Scorecards

Kennzahlen und Indikatoren können zusätzlich in Perspektiven gruppiert werden, um insbesondere die verschiedenen qualitativen Wirkungen festzuhalten (Abschnitt 8.4). Neben der zentralen Finanzperspektive, in denen alle Wirkungen ihre monetäre Bewertung finden, können sich weitere Perspektiven an den in 7.2.3 dargestellten Zielkategorien orientieren (siehe Abbildung 8.5).

Im weiteren Kontext der überbetrieblichen Bewertung müssen die unternehmensindividuellen Evaluationsergebnisse zu einer Gesamtaussage verdichtet werden. Die oben dargestellten Scorecards bestehen prinzipiell für jeden Partner des bewertenden Unternehmensnetzwerkes, welcher wiederum einer bestimmten Wertschöpfungsstufe angehört. Daraus ergeben sich drei grundsätzliche Betrachtungsebenen (Unternehmen, Wertschöpfungsstufe, Netzwerk).

Zunächst führt jedes Unternehmen individuell aufgrund seiner Disposition und Schätzungen nach Vorgaben des gemeinschaftlich festgelegten Evaluationsrahmens die Bewertungen durch. Diese Bewertungsebene ermöglicht es, die Konsequenzen für das einzelne Unternehmen darzustellen.

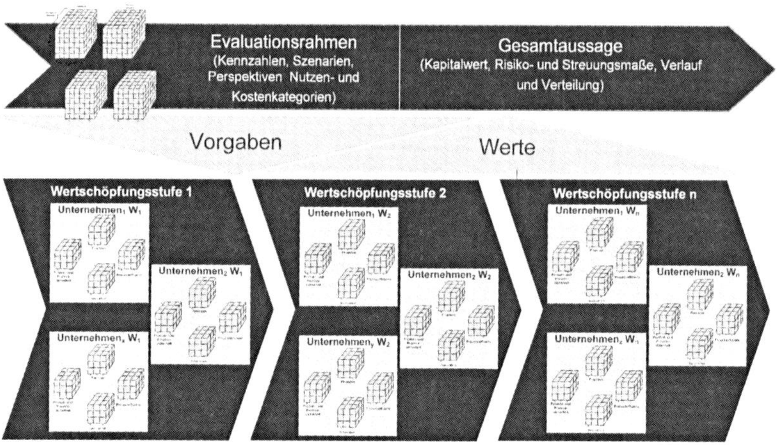

Abbildung 8.6: Grobkonzept der Bewertung

In einer Zwischenebene können die Ergebnisse der einzelnen Unternehmen nach deren Rollen verdichtet werden. Diese Schicht gibt Auskunft darüber, welche Wertschöpfungsstufe tendenziell in welcher Weise profitieren würde bzw. wie sich die Auswirkungen verteilen. Die Zuordnung eines Unternehmens zu der Wertschöpfungsstufe ermöglicht zusätzlich Plausibilitätschecks durch die Gegenüberstellung von Schätzung potenziell ähnlich gelagerter Akteure. Weisen z.B. zwei Unternehmen der gleichen Stufe sehr differierende Werte zu Kennzahlen auf, könnte durch einen Detailvergleich der zugrunde liegenden Schätzungen geprüft werden, wo der Ursprung dieser Abweichung liegt und ob diese tatsächlich durch valide Annahmen gestützt werden. Insofern würde diese Vergleichbarkeit und Nachprüfbarkeit das Opportunismusrisiko senken. Schließlich soll die Gesamtaussage auf Netzwerkebene erreicht werden, was auf dieser Ebene durch Zusammenfassen der Teilwerte geschieht. Da ein Gesamtoptimum ange-strebt wird, ist diese Ebene für die Aussage über die grundsätzliche Vorteilhaftigkeit der untersuchten Lösungsvarianten ausschlaggebend. Hinsichtlich des Vorgehens bei der überbetrieblichen Bewertung ist zunächst der Unternehmensverbund selbst hinsichtlich der einzubeziehenden Wertschöpfungsstufen respektive der Partner zu definieren. Aus den Partnerunternehmen rekrutieren sich Teilnehmer für ein Projektteam, das mit dem Aufbau und der Durchführung der Evaluation betraut ist. Diese Gruppe legt die gemäß ihrem Anwendungsfall geeigneten technischen Szenarien sowie zu berücksichtigende Umfeldszenarien fest. Um die erwarteten Kosten- und Nutzeneffekte festzuhalten, werden diesbezügliche Indikatoren und Kennzahlen definiert, die einheitlich verwendet werden. Nach Abschluss dieser Phase besteht ein einheitlicher Bewertungsrahmen für die anschließende Prognose.

In der Prognosephase ermitteln die einzelnen Akteure szenariobezogene Schätzwerte zu den von Ihnen verwendeten Kennzahlen für den gesamten betrachteten Zeitraum. Auf Basis dieser Schätzungen, bzw. der ermittelten finanziellen Kennzahlen zur Vorteilhaftigkeit und des Risikos, kann eine Entscheidung für ein umzusetzendes technisches Szenario erfolgen oder eine Umsetzung als unwirtschaftlich beurteilt werden. Im letzteren Fall können eventuelle zentrale Werttreiber ermittelt werden wie z.B. der Tagpreis und eine erneute Untersuchung verschoben werden, bis in diesem Gebiet maßgebliche Änderungen aufgetreten sind z.B. der Transponderpreis signifikant gefallen ist. Wird hingegen eine Gesamtwirtschaftlichkeit auf Ebene des Unternehmensverbundes ermittelt, ist die Verteilung der Effekte auf die unterschiedlichen Teilnehmer zu untersuchen. Hier können Verhandlungen über Ausgleichszahlungen unter den Akteuren geführt werden, um potenzielle Verweigerungshaltungen zu lösen und die gesamtoptimale Lösung letztendlich durchzusetzen. Die Art und Höhe der Kompensierung potenziell benachteiligter Unternehmen richtet sich nach den relativen Machtverhältnissen und ist letztendlich Verhandlungssache.

In der Umsetzungsphase werden die Kennzahlen für das Controlling des RFID-Projektes genutzt. Dabei führen die Unternehmen Ist-Werte für die vereinbarten Kennzahlen. Diese können den Soll-Werten gegenübergestellt werden, der Erfolgskontrolle dienen und des Weiteren Hinweise auf die eigene Schätzgenauigkeit geben. Ferner können auf Basis dieser Ist-Werte festgelegte Ausgleichsmechanismen aufsetzen.

Der Unterstützung dieses Bewertungsprozesses dient der nun folgend dargestellte Prototyp.

Teil IV: Informationstechnische Unterstützung der Bewertung

9 Bestehende Anwendungen zur RFID-Bewertung

Im Folgenden sollen bestehende Tools zur Wirtschaftlichkeitsbewertung von RFID-Projekten gegenübergestellt werden. Die diesbezügliche Informationslage ist allerdings begrenzt, da es sich abgesehen vom Lösungsvorschlag des Bremer Instituts für Betriebstechnik und angewandte Arbeitswissenschaft (Abschnitt 9.2) nicht um frei zugängliche Produkte handelt. Dies gilt ebenso für das in Abschnitt 9.4 beschriebene Tool *rfid-cab*, das am Fachgebiet Logistik der Universität Dortmund entwickelt wurde. Beratungsfirmen setzten häufig eigene Tools ein, die oft auf MS-Excel® basieren wie z.B. das ROI-Tool der Seeburger AG, das auf einem Tagungsforum grob vorgestellt wurde (siehe [Ocke06]). Diese sind jedoch weder öffentlich erhältlich noch einsehbar und werden im Rahmen von Beratungsdienstleistungen eingesetzt. Etwas bekannter ist der zumindest prinzipiell als reines Softwareprodukt käuflich erwerbliche RFID-Kalkulator von GS1 Germany und IBM (Abschnitt 9.1).

9.1 RFID-Kalkulator

Der RFID-Kalkulator ist ein auf MS-Excel® basiertes Tool (siehe Abbildung 9.1), das von GS1 Germany und IBM entwickelt wurde [IBMoJ]. Dieser ist zum einen als reine Toolbox erhältlich[63] und wird zum anderen zusammen mit Beratungsleistung vertrieben [GS1GoJ].

Dem RFID-Kalkulator liegt ein statisches Modell zugrunde, das abgesehen von gesondert berücksichtigten Transponderkosten, keine Veränderungen der Eingabeparameter im Zeitverlauf zulässt [Voge05]. Es können allerdings Szenarien (z.B. optimistisches Szenario) berücksichtigt werden [Voge06, 10]. Sein inhaltlicher Fokus liegt auf den Abläufen im Handel [Mann06, 4]. Insgesamt hat das Tool einen gewissen Checklistencharakter, bei dem vordefinierte Kategorien abgearbeitet werden (vgl. [Voge06]). Einerseits unterstützt dies ein zügiges Vorgehen, schränkt allerdings die Flexibilität ein.

---

[63] Der Preis beläuft sich laut [GS1GoJ] auf 2.250€.

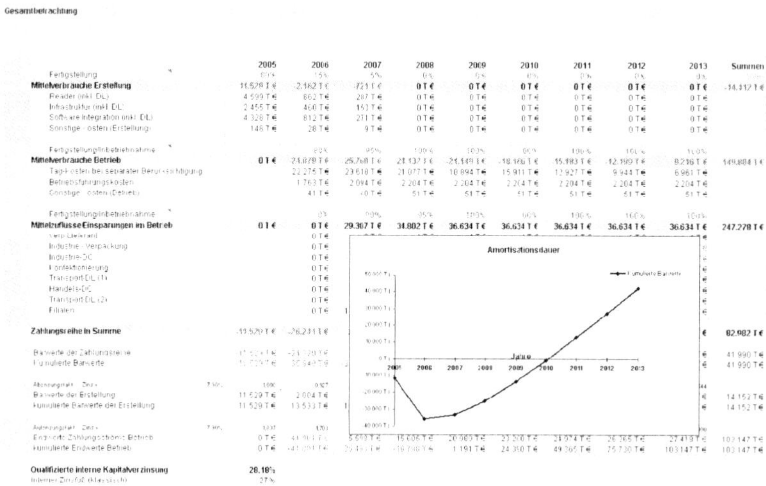

Abbildung 9.1: Screenshot RFID-Kalkulator [GS1GoJ, 3]

Da der RFID-Kalkulator kommerziell vertrieben und in Beratungsprozesse der Firmen einbezogen wird, ist die Informationslage insgesamt entsprechend vage. Ferner ist vor diesem Hintergrund die Interessenslage der beteiligten Parteien, die von einer Entscheidung zu Gunsten eines RFID-Einsatzes potenziell profitieren würden, nicht außer Acht zu lassen.

9.2 Wirtschaftlichkeitsbetrachtung des BIBA

Das Bremer Institut für Betriebstechnik und angewandte Arbeitswissenschaft (BIBA) der Universität Bremen hat im Internet[64] einen RFID-Planungsleitfaden veröffentlicht, der unter anderem eine Betaversion einer Komponente zur Wirtschaftlichkeitsbertachtung umfasst. Das sehr einfach gehaltene Rechensystem ist als Excel®-Mappe öffentlich zum Download zugänglich. Man kann die Berechnung ebenfalls über die Webseite direkt durchführen, eine Möglichkeit zur (Zwischen-) Speicherung der Eingabedaten oder Ergebnisse besteht hierbei allerdings nicht. Es können einige wenige Werte zu den Einsparungen (vgl. Abbildung 9.2), einmalige Anschaffungskosten und laufende Kosten eingegeben werden, woraufhin man sich auf zwei weiteren Blättern die Amortisations-

[64] http://www.biba.uni-bremen.de/rfidleitfaden/index.aspx

dauer und den ROI innerhalb eines vorgegebenen fünfjährigen Betrachtungszeitraums anzeigen lassen kann.

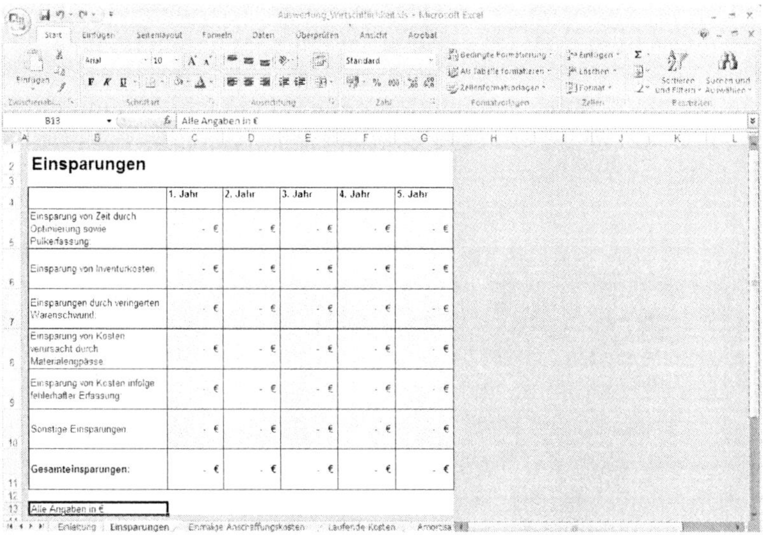

Abbildung 9.2: Screenshot des Excel-basierten Vorschlags zur Wirtschaftlichkeitsbetrachtung des BIBA

Diese Umsetzung spiegelt einen Minimallösungsvorschlag für den Anwendungsfall wieder, der sicherlich keine tiefergehende Analyse des Wirtschaftlichkeitsfalls unterstützt. Insofern erübrigen sich - trotz des guten Zugangs zu dem Tool - weitere Ausführungen zum jetzigen Stand. Die Bezeichnung als Betaversion lässt aber darauf schließen, dass an dem Tool weiter gearbeitet wird, so dass der derzeitige Stand nicht als endgültiger Lösungsvorschlag angesehen werden muss.

9.3 Auto-ID Calculator

Der Auto-ID Calculator wurde vom Auto-ID Center[65] an der Universität St. Gallen entwickelt. Er war ursprünglich als Web-Applikation frei zugänglich, ist mittlerweile jedoch nicht mehr erreichbar. Das Tool ist allerdings recht ausführlich in dem weiterhin verfügbaren White Paper [Tell03] beschrieben, so dass es in diesem Rahmen trotzdem berücksichtigt werden soll.

[65] Seit 2004 firmieren die Auto-ID Center unter dem Namen Auto-ID Labs (www.autoidlabs.org).

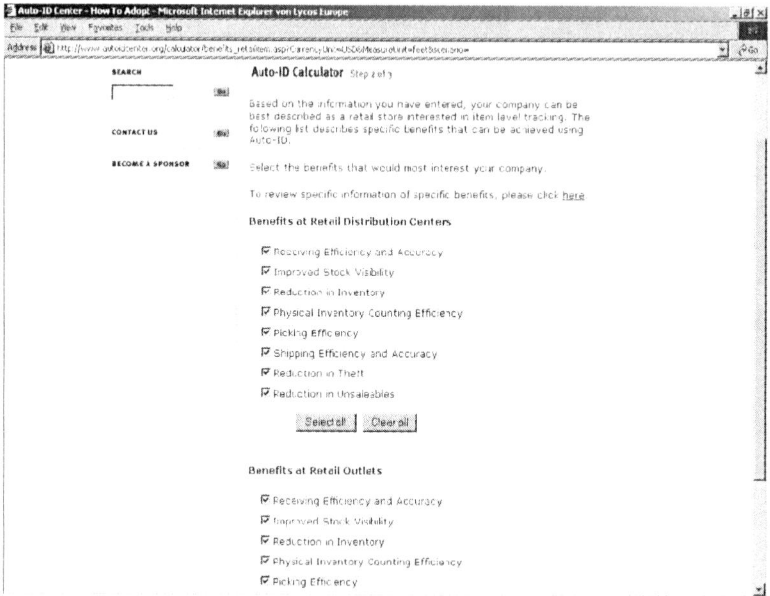

Abbildung 9.3: Screenshot Auto-ID Calculator [Tell03, 7]

Bei der Beschreibung des Tools wird bereits in der Einleitung darauf hingewiesen, dass es für eine finanzielle Vorabschätzung konzipiert wurde und keine tiefergehende Analyse ersetzt [Tell03, 3]. Dies wird ebenso aus der geschätzten Dauer von ca. 20 Minuten für die Durchführung eines Bewertungsvorganges [Tell03, 4] und einer offensichtlich nicht vorhandenen Möglichkeit zur (Zwischen-) Speicherung der Ergebnisse ersichtlich. Es wird somit keine verteilte Datenerfassung unterstützt. Der Kalkulator unterscheidet genau drei fest angelegte Supply-Chain-Stufen (Hersteller, Groß- und Einzelhändler). Er bezieht sich somit auf eine einfach gehaltene Supply-Chain-Struktur der Handelsbranche und lässt den Nutzer eine vorgegebene Struktur von Eingabefeldern zu Kosten- und Nutzengrößen durchlaufen, die nicht erweiterbar ist [Tell03]. Bestimmte Nutzenkategorien können – wie in Abbildung 9.3 dargestellt – ausgewählt werden, woraufhin über eine für den Nutzer intransparente Logik, die auf Abschätzungen des Auto-ID Centers beruht [Tell03, 14], finanzielle Nutzenwerte abgeleitet werden.

9.4 rfid-cab

Das Tool *rfid-cab* entstand am Fachgebiet Logistik der Universität Dortmund im Rahmen des Forschungsprojektes „Erstellung eines Kostenbewertungsmodells zum Einsatz der RFID-Technologie in der Bekleidungsindustrie auf Basis von betrieblichen Kennzahlen"[66] (AIF-Nr. 14171 N) und wird in der Dissertation von *Mannel* [Mann06] in einem Kapitel beschrieben, worauf die folgenden Aussagen zum Tool basieren [Mann06, 89ff.]. Bei *rfid-cab* handelt es sich um eine Stand-Alone-Anwendung unter Windows, die eine installierte MS-Office® 2003 Version voraussetzt.[67]

Das Tool betrachtet in erster Linie die Textillogistik, was sich in den berücksichtigten Eingabeparametern wie Angaben zur Verteilung in Hänge- und Liegewarenanteilen, sowie Spezialfragestellungen wie dem Einsatz spezieller Kombietiketten, widerspiegelt. Die unterstützte Supply-Chain-Betrachtung ist auf die beiden fest definierten Partner „Hersteller" und „Handel" mit den zugeordneten Supply-Chain-Stufen „Produktion", „Lagerstufe 1" (Hersteller), „Lagerstufe 2" (Handel) und „Filiale" begrenzt (vgl. [Mann06, 95]). Zu den vorgegebenen Stufen sind Standardprozesse hinterlegt, die über zugrundeliegende, editierbare Aktivitäten bewertet werden. Pro Aktivität werden jeweils relative Veränderungen vom derzeitigen Ist-Ablauf ohne RFID zum prognostizierten Verhalten mit RFID betrachtet. Als Bewertungsgrundlage dienen Durchlaufzeiten und Fehlerquoten.

Aus der Verringerung der Durchlaufzeit mit RFID werden über die anteiligen Lohnkosten die kalkulatorischen Kosteneinsparungen berechnet. Einzelbewertungen der Fehlerquote pro Aktivität werden zu übergeordneten Aussagen auf Prozessebene verdichtet. Qualitative Auswirkungen werden unter den beiden Gesichtspunkten „Zeiteinsparungen" und „Grad möglicher Fehlerreduktionen" pro Prozess prozentual angegeben.

Hinsichtlich der Ergebnisausgabe werden Kennzahlen dynamischer und statischer Investitionsrechenverfahren unterstützt. Wie bereits angesprochen werden hierbei in erster Linie kalkulatorische Kosteneinsparungen aufgrund geringerer Durchlaufzeiten berücksichtigt. Die Stärke von rfid-cab liegt eindeutig in der Bewertung des Nutzens aufgrund RFID-basierter Automatisierungsmöglichkeiten, die bei vielen RFID-Einführungen sicherlich im Vordergrund stehen. Allerdings können neue, nutzenstiftende Prozesse, die über eine RFID-Einführung erst ermöglicht werden, in dem verwendeten Prozessschema, das im Wesentlichen auf Kostenreduktion ausgerichtet ist, nicht bewertet werden. So werden die im Tool berücksichtigten Zusatzpotenziale wie Erhöhung der Warenverfüg-

---

[66] http://www.flog.mb.uni-dortmund.de/forschung/projekte/65.html

[67] Die genaue technische Umsetzung ist nicht bekannt; es wird lediglich beschrieben, dass die Software unter Windows XP mit einer Office 2003 Version „lauffähig" sei und innerhalb der Excel®-Konfiguration Makros erlaubt sein müssen [Mann06, 89].

barkeit, Reduktion des Lagerbestandes, Retouren sowie Schwund und Diebstahl direkt als prozentuale Veränderungen abgeschätzt.

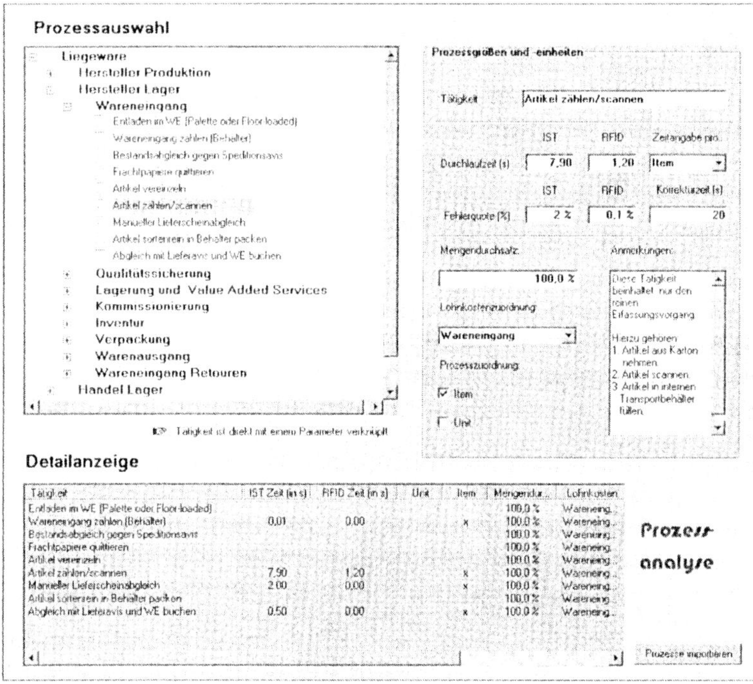

Abbildung 9.4: Screenshot rfid-cab [Mann06, 104]

Die Berücksichtigung von Standardprozessen und dazugehöriger Aktivitäten mit dem Fokus auf die Textillogistik können bei einer Bewertung ebenfalls behilflich sein, allerdings nur solange sie auf den Sachverhalt passen. In diesem Zusammenhang stellt sich die Frage inwieweit dieselben Aktivitäten im Vergleich mit und ohne RFID bewertet werden können oder inwieweit sich die Aktivitäten selbst im Zuge eines RFID-Einsatzes ändern (vgl. [LLBW06, 7; ThGr06, 180]).

Die Flexibilität des Tools ist hinsichtlich des Einbezugs weiterer Supply-Chain-Partner in den Bewertungsprozess sowie weiterer Nutzenkategorien eingeschränkt. Die Realisierung als Stand-Alone-Anwendung und Restriktionen bezüglich der Datenerfassung durch mehrere Partner stehen der Unterstützung einer umfassenden kooperativen Analyse durch ein Unternehmensnetzwerk entgegen.

9.5 Zusammenfassung

Abschließend sollen die dargestellten Tools anhand vergleichender Kriterien gegenübergestellt werden. Tabelle 9.1 stellt wesentliche Kriterien in einer Übersicht dar.

Tabelle 9.1: Gegenüberstellung der Bewertungstools

Tool / Kriterium	RFID-Kalkulator	Wirt.Betr. BIBA	Auto-ID Calculator	Rfid-cab
Ursprung	Industrie	Forschung	Forschung	Forschung
Technische Umsetzung	Stand-Alone*	Stand-Alone*, Web-Anwendung	Web-Anwendung	Stand-Alone-Anwendung*
Speicherung der Ergebnisse	Ja	Ja*	Nein	Ja
Einbezug mehrerer Wertschöpfungsstufen	Ja	nein	Ja	Ja
Wertschöpfungsstufen frei definierbar	Nein	Nein	Nein	nein
Branchenfokus	Ja (Handel)	kein	Ja (Handel)	Ja (Textil)
Verteilte Datenpflege	Nein	Nein	Nein	Nein
Abbildung von Umfeldszenarien	Ja	Nein	Nein	bedingt**
Vergleich technischer Varianten im Tool	Nein	Nein	Nein	Nein
Sensitivitätsaussagen	Nein	Nein	Nein	bedingt**
Aufnahme Ist-Werte	Nein	Nein	Nein	Nein

Legende: *benötigt Excel®, ** in Bezug auf Tag-Kosten

Abgesehen vom RFID-Kalkulator, der von IBM im Auftrag von GS1 Germany entwickelt wurde, entstammen alle Tools von dem Forschungssektor zuzurechnenden Institutionen. Diese weisen teilweise Affinitäten zu bestimmten Industrien auf, die sich in den jeweiligen Anwendungen niederschlagen. So betrachten der RFID-Kalkulator und der Auto-ID Calculator in erster Linie den Handel, während rfid-cab die Textillogistik fokussiert. Dementsprechend gestalten sich die berücksichtigten Wertschöpfungsstufen, die bei keiner der Anwendungen frei gestaltbar sind.

Die Excel®-basierten Stand-Alone-Anwendungen schränken den überbetrieblichen Einsatz ein, auch wenn im Kalkulationsschema selbst mehr als ein Partner berücksichtigt wird. Die Anwendungen sind folglich nicht plattformunabhängig und benötigen eine hinreichend aktuelle Excel®-Version[68]. Es können zwar Dateien zwischen den Parteien ausgetauscht werden, sie umfassen aber keine Zugriffsbeschränkung oder Versionskontrolle, so dass die technische Umsetzungsform vor dem Hintergrund der Bedienungsfreundlichkeit im überbetrieblichen Einsatz und der Fehleranfälligkeit zumindest als suboptimal zu bewerten ist. Der Auto-ID Calculator und das Tool des BIBA unterstützten – obgleich als Web-Anwendung konzipiert – keine verteilte Dateneingabe. Die Berechnungen werden nicht für spätere Zugriffe abgespeichert.

Die Abbildung von Zukunftsszenarien wird vom RFID-Kalkulator in abstrakter Form (z.B. „Optimistisches Szenario") unterstützt und von rfid-cab nur in Bezug auf die Entwicklung der Tag-Kosten. Eine darauf aufbauende Sensitivitätsbetrachtung wird nur von rfid-cab unterstützt. Ferner unterstützt keines der Tools eine Gegenüberstellung unterschiedlicher technischer Ausgestaltungsvarianten[69].

Keines der Tools ermöglicht eine Aufnahme der Ist-Werte zur Projektverfolgung bzw. Nachkalkulation.

Die Auflistung o.g. Kriterien unterstützen die in den Unterkapiteln zuvor bereits getroffenen Aussagen, dass das Tool des BIBA und der Auto-ID Calculator nicht für eine umfassende Analyse konzipiert wurden. Die beiden leistungsfähigeren Anwendungen unterstützen ebenfalls nicht alle der hier aufgelisteten Kriterien.

---

[68] *Mannel* [Mann06, 89] sieht in der Umsetzung als Microsoft-Windows-Applikation eine Konformität zur Anforderung einer „universelle[n] Einsetzbarkeit des Tools", wobei die Aussage in der Form sicherlich als strittig zu werten ist.

[69] Natürlich besteht immer die Möglichkeit diese Tools entsprechend oft isoliert Anzuwenden, hierdurch verlieren sich aber detailliertere Gegenüberstellungen innerhalb des Bewertungsprozesses bzw. werden diese nicht mehr von der Anwendung selbst unterstützt.

10 Umsetzung im Rahmen des Prototyps

Im Folgenden wird der im Rahmen der vorliegenden Arbeit entwickelten Prototyp *SCOPES* (Scorecard-based Controlling and Planning Environment for Supply Chains) vorgestellt, der das zuvor beschriebene Bewertungsmodell informationstechnisch umsetzt. Die Darstellung von SCOPES erfolgt anhand des technischen Aufbaus (Abschnitt 10.1), der Anwendungsfälle (Abschnitt 10.2) sowie der angebotenen Analysesichten (Abschnitt 10.3). Abschließend erfolgt eine Evaluierung des Prototyps (Abschnitt 10.4) im Hinblick auf die in den Vorkapiteln erarbeiteten Anforderungen (siehe Abschnitt 5.3).

Die Anwendung dient als zentrales Entscheidungssystem, bei dem alle Akteure ihre Informationen der zentralen Instanz bereitstellen. Es unterstützt das Finden einer für den Gesamtverbund optimalen Lösung.

10.1 Technischer Aufbau

Zunächst wird die grundlegende Architektur des Prototyps adressiert, woraufhin das Datenmodell und das verwendete Rollenmodell dargestellt werden.

10.1.1 Architektur

Die technische Architektur von SCOPES orientiert sich an der 3-tier-Architektur gängiger einfacher Internetanwendungen. Ein Apache-Server, der hier als Web- und Anwendungsserver fungiert, empfängt die HTTP-Anfragen, die ein Nutzer über seinen Web-Browser absendet. Der Server interpretiert die PHP-Skripte der vom Client verlangten Seiten und startet gegebenenfalls Abfragen an die Datenbank, die sämtliche Daten der Anwendung bereithält. Nach abgeschlossener Interpretation der PHP-Elemente der aufgerufenen Seite liefert der Web-Server eine HTML-Seite an den Client zurück, die in dessen Browser angezeigt wird (siehe Abbildung 10.1).

Die Umsetzung als Web-Anwendung bietet die allgemeinen Vorteile einer gewissen Orts- und Plattformunabhängigkeit. Darüber hinaus fällt kein Installationsaufwand bei den einsetzenden Parteien an.

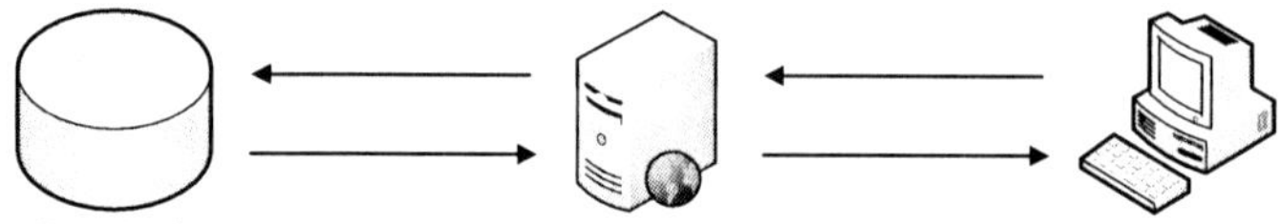

Abbildung 10.1: Architektur des Prototyps[70]

Die Verwendung einer relationalen Datenbank erlaubt die Abbildung komplexer Zusammenhänge bei entsprechender Performanz.

10.1.2 Datenmodell

Wie beschrieben liegt dem Prototyp ein relationales Datenbankschema zugrunde. Abbildung 10.2 zeigt in Form eines Entity-Relationship-Diagramms die wichtigsten Entitäten.

Zentrale Elemente des Datenmodells sind *Organisation*, *Kennzahlentyp* und *Kennzahl*. Zur Definition des betrachteten Netzwerkes, werden in *Organisation* die einbezogenen Unternehmen angelegt. Supply Chains als Unternehmensverbünde, werden ebenfalls in diesem Entitätstyp gespeichert und über eine rekursive Beziehung den Unternehmen zugeordnet. Die in *Organisation* aufgenommenen Unternehmen sind mit einer Entität in *Wertschöpfungsstufe* verknüpft, während Supply Chains mehrere Wertschöpfungsstufen umfassen. Über Organisation und Wertschöpfungsstufe können also Supply Chains, die zugehörigen Unternehmen und deren Wertschöpfungsstufe abgebildet werden. Hier werden die evaluierenden Organisationen und deren Beziehungen festgehalten. Die letztendlich evaluierenden Personen der jeweiligen Organisationen werden in *Nutzer* gespeichert und deren Zugriffsrechte über *Nutzerrolle* und die Beziehung zu *Menüpunkt* abgebildet.

Perspektiven beschreiben Sichten auf die Kennzahlen, wodurch diese logisch gruppiert werden können. Eine Perspektive lässt sich immer genau einer Supply Chain zuordnen und kann innerhalb dieser auf verschiedenen Wertschöpfungsstufen verwendet werden. Durch Zuordnung von *Kennzahlentyp* zu *Perspektive* werden die Scorecards definiert.

Unter *Kennzahlentyp* werden Klassen möglicher Kennzahlen beschrieben. Sie können in den in *Erhebungsintervall* definierten Intervalllängen erfasst werden. *Kennzahlenkategorie* gibt an, ob ein Kennzahlentyp eine Nutzengröße (positiver Wert), eine Kostengröße (negativer Wert) oder einen Indikator (neutraler Wert) repräsentiert. In *Kennzahlensub-*

[70] Der Prototyp basiert dabei auf Apache Version 2.2.4, mySQL Version 5.0.37 und php Version 5.2.1.

kategorie können frei definierbare Unterkategorien der fest vorgegebenen Kennzahlenkategorien festgehalten werden. Letztere können somit weitergehend klassifiziert werden. Hiermit kann z.B. eine Aussage über die Qualität der Kennzahl selbst getroffen werden.

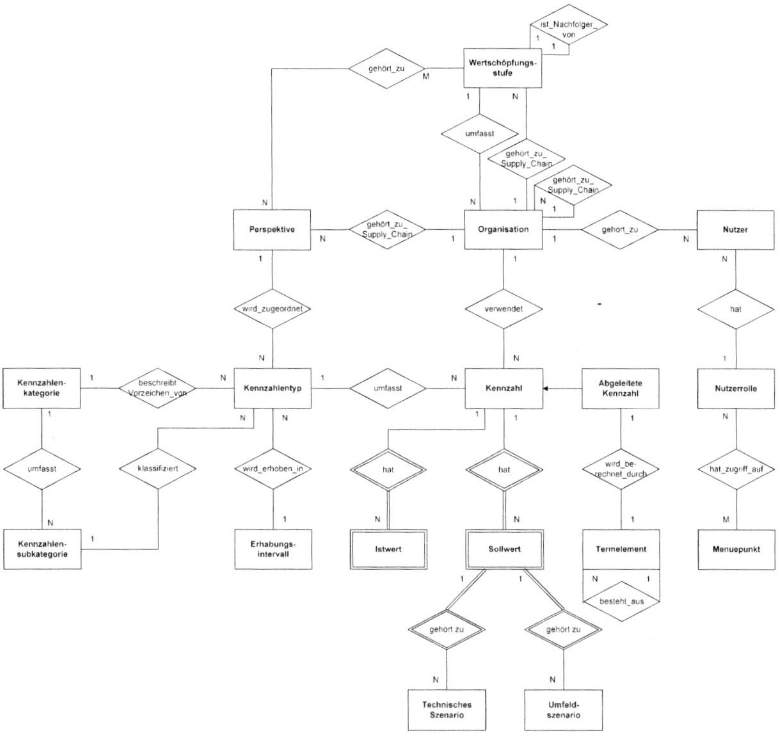

Abbildung 10.2: Entity-Relationship-Diagramm des Prototyps

Kennzahlen stellen die einzelnen Instanzen eines Kennzahlentyps dar, die den jeweiligen Unternehmen zugeordnet sind. *Sollwert* speichert für jedes *technische Szenario* und *Umfeldszenario* die jeweiligen Prognosewerte. *Istwert* dient der Speicherung der tatsächlich eintretenden Werte einer Kennzahl zur Projektverfolgung bzw. Nachkontrolle. Neben manuell erfassten Kennzahlenwerten stellt der Subtyp *abgeleitete Kennzahl* solche Kennzahlen dar, die sich über eine in der Anwendung definierbare Formel aus anderen Kennzahlen berechnen. Formeln setzen sich rekursiv aus einzelnen Ausdrücken zusammen, die in *Termelement* festgehalten werden. Die Verbindung *abgeleitete Kennzahl* zu *Kennzahl* (anstatt zu *Kennzahlentyp*) erlaubt es, unternehmensindividuelle Berechnungen einer Kennzahl abzubilden.

10.1.3 Rollenmodell

Unter Rollenmodell soll an dieser Stelle die Vorgabe unterschiedlicher Benutzerrollen mit jeweils unterschiedlichen Zuordnungen und Rechten verstanden werden.

Der Prototyp unterscheidet vier Nutzerrollen: Es gibt eine verwaltende Rolle auf Ebene des Tools, eine fachliche administrative Rolle auf Ebene der Supply-Chain, sowie zwei Anwenderrollen. Die Anwenderrolle des Kennzahlenpflegers kann im Rahmen ihrer Berechtigungen auch Daten in das System eingeben kann, während die Anwenderrolle Analyst lediglich lesenden Zugriff hat.

Zunächst wurde mit dem *Tool-Administrator* eine Nutzerrolle geschaffen, die keinem bestimmten Unternehmensnetzwerk zugeordnet ist, sondern sich alleine um die Initialisierung desselben im System kümmert und in diesem Rahmen auch Benutzer – insbesondere die Supply-Chain-Administratoren – registrieren kann. Diese Rolle ist speziell dafür vorgesehen, das Tool zur gleichzeitigen Verwaltung mehrerer Supply-Chains zu verwenden.

Tabelle 10.1: Rollenberechtigungen in SCOPES

Rolle / Anwendungsfall	Analyst	Kennzahlenpfleger	Supply-Chain-Administrator	Tool-Administrator
Supply-Chain initialisieren				X
Wertschöpfungsstufen definieren			X	
Unternehmen bearbeiten			X	
Benutzer verwalten			X	X
Szenarios verwalten			X	
Perspektiven anlegen			X	
Bewertungskategorien strukturieren			X	
Kennzahlen anlegen			X	
Scorecards bearbeiten			X	
Kennzahlen einpflegen		X		
Kennzahlen abfragen	X	X	X	

Sobald vom Tool-Administrator eine konkrete Supply-Chain und ein *Supply-Chain-Administrator* angelegt wurden, kann dieser den Bewertungsaufbau festlegen. Er verwaltet ebenfalls die Anwender, denen die Rollen Kennzahlenpfleger oder Analyst zukommen können.

Die Aufgabe eines Kennzahlenpflegers liegt in der Eingabe der Prognose- sowie Istwerte für die zugeordnete Organisation in das System.

Analysten können im Rahmen eines rein lesenden Zugriffs die Kennzahlen ihrer Supply-Chain untersuchen. Eine Übersicht über die Rechte der verschiedenen Nutzerrollen in Bezug auf die im nächsten Abschnitt beschriebenen Anwendungsfälle gibt Tabelle 10.1.

10.2 Anwendungsfälle

Die Beschreibung der Anwendungsfälle soll die verschiedenen Unterstützungsbereiche des Tools darstellen. Alle Anwendungsfälle werden durch entsprechende Eingabemasken unterstützt. Da die administrativen Funktionen vom Namen her relativ selbsterklärend sind, werden sie zügig abgehandelt. Sie werden in der Reihenfolge einer idealtypischen sequentiellen Abfolge zur Tool-Konfiguration dargestellt. Die Analysefunktionen werden dann in Punkt 10.3 detaillierter ausgeführt.

10.2.1 Initialisierung der Supply-Chain

Zu Beginn muss eine konkrete Supply-Chain im System registriert werden. Der Anwendungsfall „Supply-Chain initialisieren" stellt den Anfangszustand zur weiteren Konfiguration der Supply Chain her. In SCOPES wird dieser Anwendungsfall durch das in Abbildung 10.3 dargestellte Benutzerinterface unterstützt. Das Anlegen neuer Supply-Chains ist der Nutzerrolle des Tool-Administrators vorbehalten.

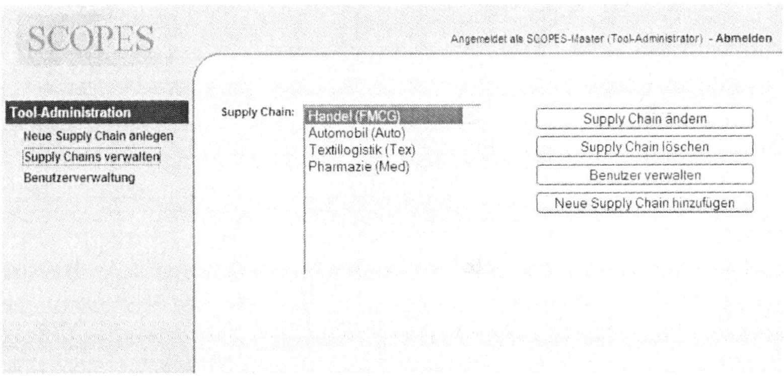

Abbildung 10.3: Anwendungsbestandteil "Supply Chain initialisieren"

Das Tool ist in der Lage mehrere Supply Chains nebeneinander zu verwalten. Zwar wird nicht angestrebt, Kenngrößen zwischen Supply Chains untereinander zu vergleichen oder sonstige Verknüpfungen zu ermöglichen, diese Eigenschaft unterstützt jedoch die Bereitstellung der Anwendung durch einen Drittanbieter. In dieser Konstellation würde für ein Supply-Chain-Konsortium jeglicher technischer Installationsaufwand entfallen.

Darüber hinaus könnte die Ansiedlung des Tools bei einem unabhängigen Dritten – insofern dieser von allen Beteiligten als vertrauenswürdig eingestuft wird – positive vertrauensbildende Eigenschaften haben. Es würde die gleichberechtigte Stellung der Anwender widerspiegeln und den Grundcharakter einer neutralen Bewertung unterstützen.

10.2.2 Supply-Chain-Administration

Nachdem die Supply-Chain im System initialisiert ist, kann diese im Rahmen der *Supply-Chain-Administration*[71] konfiguriert werden.

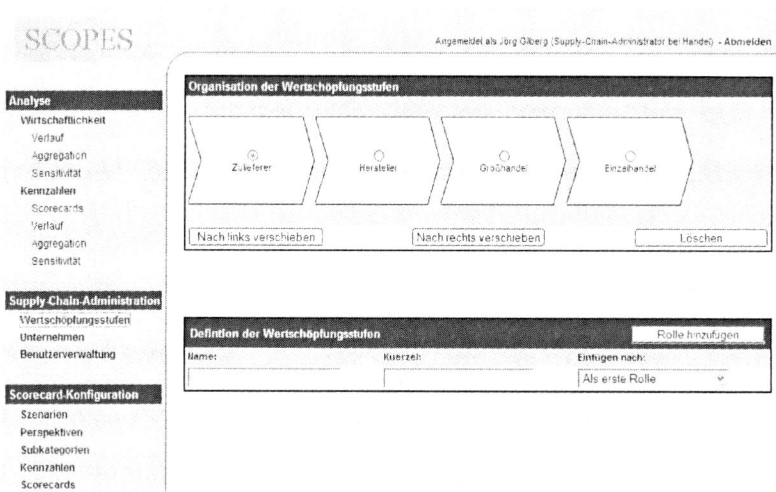

Abbildung 10.4: Anwendungsbestandteil „Wertschöpfungsstufe definieren"

Unter diesem Punkt werden folgende Anwendungsfälle subsummiert:

- Wertschöpfungsstufen definieren
- Unternehmen bearbeiten
- Benutzer verwalten

Im ersten Schritt werden im Anwendungsfall *Wertschöpfungsstufen definieren* die Stufen der Supply Chain angelegt. Es kann eine beliebige Anzahl an Wertschöpfungsstufen

[71] „Supply-Chain-Administration" versteht sich im Rahmen dieser Ausführung immer bezogen auf die Funktionalitäten des Tools. Es soll hier keine allgemeine Verwaltung der Supply-Chain abgebildet werden.

abgebildet werden. Das Tool visualisiert daraufhin die Sequenz der einzelnen Stufen, wie in Abbildung 10.4 ersichtlich.

Im Anwendungsfall *Unternehmen anlegen* werden eben diese benannt, mit einem Kürzel versehen, einer Wertschöpfungsstufe zugeordnet und anschließen in einer Übersicht angezeigt (siehe Abbildung 10.5). Es können wiederum beliebig viele Unternehmen unter den zuvor definierten Wertschöpfungsstufen angelegt werden. Für jeden Unternehmensnamen ist ebenfalls ein Kürzel einzutragen, was bei der späteren Ergebnisdarstellung verwendet wird, um das Tabellenformat nicht zu verzerren (z.B. bei langen Unternehmensnamen).

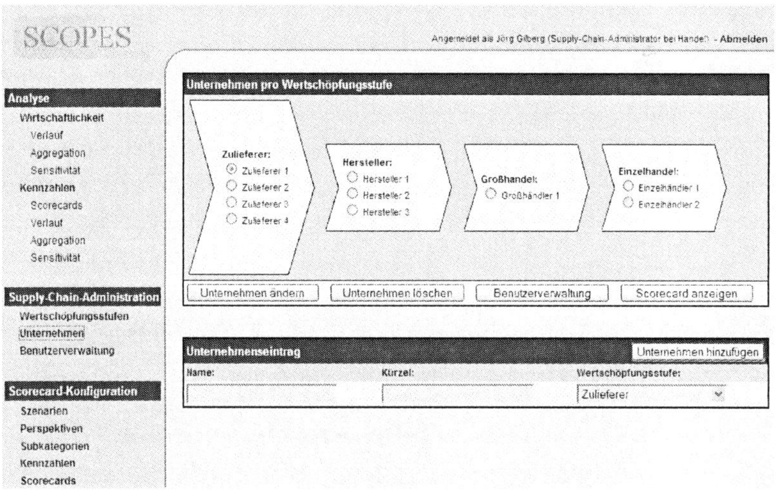

Abbildung 10.5: Anwendungsbestandteil "Unternehmen anlegen"

Der Anwendungsfall *Benutzer verwalten* unterstützt das Anlegen der Benutzer und deren Unternehmens- und Rechtezuordnung. Es werden hier Benutzername, Passwort, Rolle sowie Unternehmenszugehörigkeit festgelegt.

Nach Abschluss dieser Anwendungsfälle ist der organisatorische Rahmen hinsichtlich der Bewertungssubjekte definiert. Die Wertschöpfungsstufen der Supply Chain wurden angelegt, ihnen die beteiligten Unternehmen und denen wiederum die letztendlich evaluierenden Individuen zugeordnet.

Im Folgepunkt *Scorecard-Konfiguration* wird der zugehörige bewertungstechnische Rahmen festgelegt.

10.2.3 Scorecard-Konfiguration

Der Abschnitt *Scorecard-Konfiguration* befasst sich mit dem Aufsetzen des Bewertungsschemas und beinhaltet folgende Anwendungsfälle:

- Szenarien verwalten
- Perspektiven anlegen
- Subkategorien strukturieren
- Kennzahlen anlegen
- Scorecards bearbeiten

Szenarien verwalten unterstützt das Anlegen und Anpassen technischer Szenarien und Umfeldszenarien. Dies umfasst die Benennung, Kürzelbezeichnung und textuelle Beschreibung. Bei Umfeldszenarien muss zusätzlich noch ein Wahrscheinlichkeitswert angegeben werden, der die mit ihnen verbundene Unsicherheit ausdrückt. In diesem Rahmen unterstützt das Tool durch die technischen Szenarien die Aufnahme unterschiedlicher Ausgestaltungsvarianten und ermöglicht mittels der Definition von Umfeldszenarien die Berücksichtigung der Unsicherheit in Form einer Risikoanalyse (vgl. Abschnitt 8.2.3).

Perspektiven anlegen beinhaltet die Benennung der in den Scorecards zu verwendenden Perspektiven und deren Zuordnung zu den zuvor definierten Wertschöpfungsstufen. Eine Perspektive kann den Beteiligten flexibel zugeordnet werden. Die Perspektiven bilden eine sachlogische Gruppierung der Kennzahlen ab. Einen Vorschlag zur Ausgestaltung der Perspektiven liefert Kapitel 8.5.

Subkategorien strukturieren betrachtet die zusätzliche Kategorisierung der im Folgeschritt anzulegenden Kennzahlen. Grundsätzlich kann eine Kennzahl eine Kostengröße, eine Nutzengröße oder einen Indikator darstellen. Dies bildet den Einfluss auf die Vorteilhaftigkeit ab, der bei einer Kostengröße eben negativ, bei einer Nutzengröße positiv und im Falle eines Indikators erst noch über eine Verknüpfung mit weiteren Indikatoren in eine Rechengröße abgeleitet werden muss[72]. Diese Angabe ist wichtig für die Berechnungen des Tools. Sie entscheidet darüber, ob eine Kennzahl für eine Wirtschaftlichkeitsberechnung prinzipiell herangezogen werden kann und wenn ja, mit welchem Vorzeichen sie einzubeziehen ist. Unter *Subkategorien strukturieren* lassen sich Kosten- und

[72] So kann die Kostengröße Tagkosten durch Multiplikation der Indikatoren Tagmenge und Tagpreis berechnet werden. Beide Indikatoren sagen isoliert genommen noch nichts über den Einfluss auf den Unternehmenserfolg aus.

Nutzengrößen in einem selbst definierbaren Schema tiefergehend aufgliedern. Einen Vorschlag zur Klassifizierung liefert Kapitel 7.1.2 hinsichtlich der Kosten und Kapitel 7.2.2 in Bezug auf den Nutzen. Diese Kategorisierungsmöglichkeit erlaubt es dem Nutzer in der späteren Analyse selbst auszuwählen, welche Kosten- und Nutzenkategorien er als Entscheidungsgrundlage verwenden möchte. Dies unterstützt das in Abschnitt 8.3 beschriebene Verfahren zum Umgang mit der Schätzungenauigkeit.

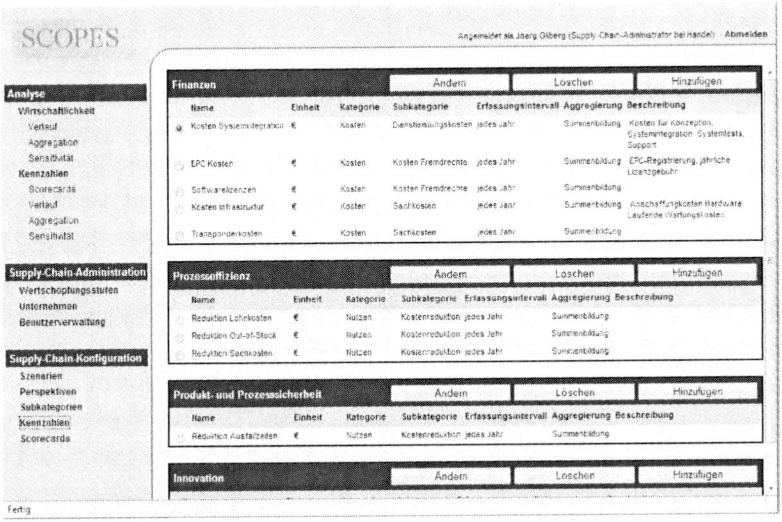

Abbildung 10.6: Ansicht Kenzahlentypen

Unter *Kennzahlen anlegen* wird der grundlegende Kennzahlenpool definiert. Jeder Kennzahlentyp wird den Unternehmen, bei denen er zur Verwendung vorgesehen wird, und einer Perspektive zugeordnet (siehe Abbildung 10.6), sowie über o.g. Kategorisierung, Angabe der Maßeinheit, des Erhebungsintervalls und Freitext beschrieben. Zusätzlich muss angegeben werden, wie die Kennzahl über Erfassungsperioden hinweg aggregiert werden soll (Durchschnittsbildung oder Aufsummierung). Abgeleitete Kennzahlen berechnen sich nach einer definierbaren Formel aus anderen Kennzahlen und ermöglichen somit auch die Verknüpfung bzw. das Abbilden von Zusammenhängen zwischen Kennzahlen. Ein Beispiel für eine finanzielle Kennzahl, die sich aus zwei Indikatoren berechnen könnte, wären die jährlichen Tag-Kosten. Diese können sich aus dem geschätzten

Einzeltagpreis für die jeweils betrachteten Jahre und dem jährlichen Tagverbrauch errechnen[73].

Über die Zuordnung der Kennzahlen zu Perspektiven wird der Aufbau unternehmensbezogender Scorecards unterstützt. Diese können unter *Scorecards bearbeiten* unternehmensindividuell angepasst werden, indem die jeweils relevanten Kennzahlen ausgewählt werden. Somit erhält man eine Grundmenge an Kennzahlen, die den einzelnen Unternehmen zugeordnet wurden und somit ihre Scorecards bzw. Bewertungsgrundlage bilden. Durch diese zentrale Definition eines Sets an Kennzahlen, kann die Vergleichbarkeit und Aggregation unterstützt werden.

10.2.4 Kennzahlenpflege

Nach der Bearbeitung aller vorangegangenen Anwendungsfälle ist die Konfiguration zunächst abgeschlossen und die zu berücksichtigenden Daten können über *Kennzahlen pflegen* erfasst werden. Hier sind von den Verantwortlichen (Kennzahlenpfleger) für die ihnen zugeordneten Kennzahlen szenariobezogene Schätzwerte einzugeben. Darüber hinaus unterstützt das Tool auch die spätere Eingabe der tatsächlich eingetretenen Istwerte im Laufe einer Projektumsetzung.

10.2.5 Kennzahlenabfrage

Die Kennzahlenabfrage ist umfassend und letztendlich der Grund aller Bemühungen. Im Rahmen des Tools werden deshalb verschiedenen Analysemöglichkeiten in speziellen Sichten umgesetzt, die im nächsten Abschnitt separat behandelt werden.

10.3 Analysen

Das Tool unterscheidet bei der Analyse der Datenbasis zwei grundlegende Sichtweisen. Zum einen kann die Wirtschaftlichkeit analysiert werden und zum anderen die spezifischen Ausprägungen einzelner Kennzahlen untersucht werden. Bei der Betrachtung der Wirtschaftlichkeit können die zuvor definierten Subkategorien für die Kosten- und Nutzengrößen flexibel bei den Abfragen einbezogen werden. Generell werden Abfragen nach dem zeitlichen Verlauf (Abschnitt 10.3.1), der Aggregation der Einzelwerte zur

---

[73] Zusammengeführte Kennzahlen benötigen nicht zwingender Weise den gleichen Erfassungszeitraum. Unterscheiden sich diese, wird auf das größere Zeitintervall umgerechnet. Hierfür wird je Kennzahl die Aggregationsform festgehalten (Durchschnittsbildung oder Aufsummierung).

Gesamtaussage (Abschnitt 10.3.2) sowie der Sensitivität der Ausprägungen hinsichtlich der Szenarien (Abschnitt 10.3.3) unterstützt. Hinzu kommt die Darstellung der unternehmensbezogenen Scorecards (Abschnitt 10.3.4).

10.3.1 Verlauf

Unter *Verlauf* können die einzelnen Zeitreihen angezeigt werden. Es wird also der zeitliche Ablauf in den Mittelpunkt der Betrachtung gerückt.

Auf der Ebene der Wirtschaftlichkeit lassen sich hier die zu berücksichtigenden Kosten- und Nutzenarten nach den zuvor definierten Subkategorien beliebig einbeziehen. So können auch Abfragen, die z.B. nur die Kosten oder gegebenenfalls auch nur spezielle Kostenkategorien berücksichtigen, gestaltet werden. Auf Basis dieser Auswahl werden die Kennzahlen *Return on Investment*, *(Netto-)Kapitalwert* sowie der *Breakeven* berechnet. Der bei der Berechnung des Kapitalwertes zugrunde zu legende Zinsfuß, kann vom Nutzer bei der Abfrage variabel bestimmt werden. Darüber hinaus lassen sich der betrachtete Zeitraum sowie die Länge der einzelnen Zeitintervalle bestimmen. Als Betrachtungsebene kann das gesamte Netzwerk dienen, als auch eine Unterteilung nach Wertschöpfungsstufe und Unternehmen stattfinden. Abbildung 10.7 veranschaulicht die Zusammenhänge nochmals grafisch und Abbildung 10.8 zeigt beispielhaft die Ansicht im Rahmen des Prototyps.

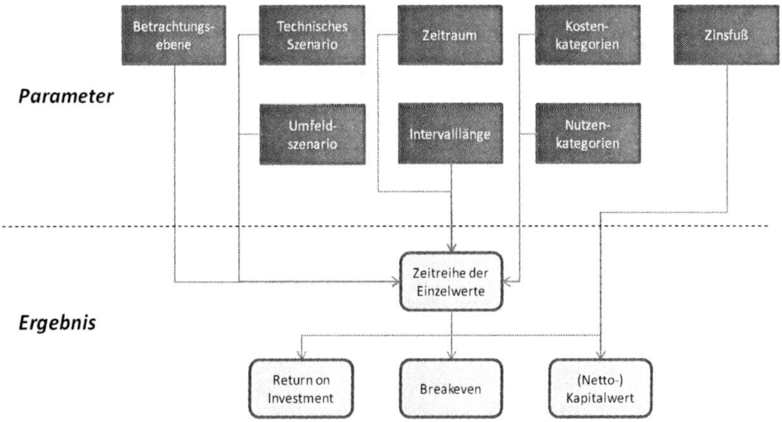

Abbildung 10.7: Ergebniszusammensetzung unter Verlauf der Wirtschaftlichkeit

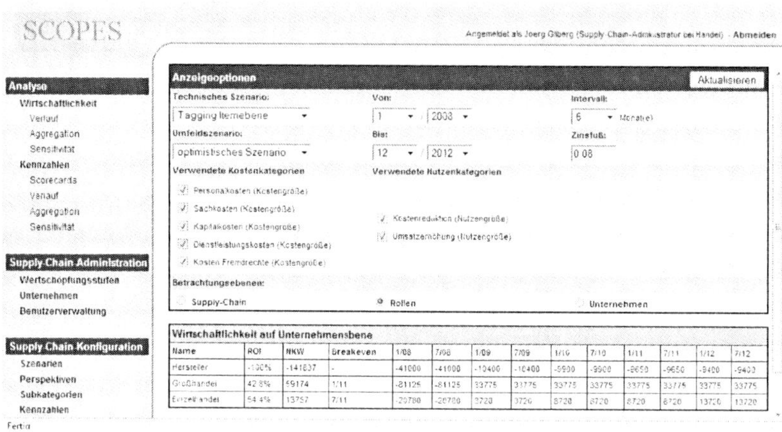

Abbildung 10.8: Screenshot Verlauf der Wirtschaftlichkeit

Auf der Ebene der einzelnen Kennzahlen ist der zeitliche Verlauf ebenfalls von Interesse, aber nicht hinsichtlich der Verdichtung zu o.g. Wirtschaftlichkeitsmaßen. Hier erscheint in erster Linie der Werteverlauf in Abhängigkeit der definierten Szenarien interessant. Dementsprechend werden in dieser Ansicht für eine bestimmte Kennzahl deren periodenbezogene Werte pro technischem Szenario in Abhängigkeit der Umfeldszenarien abgetragen. Zusätzlich werden auch die Werte der Umfeldszenarien zu Erwartungswerten verdichtet. Abbildung 10.9 zeigt wiederum die Ergebniszusammensetzung, wobei hier die Szenarien farblich anders dargestellt werden, da standardmäßig alle in der Ergebnisansicht berücksichtigt werden.

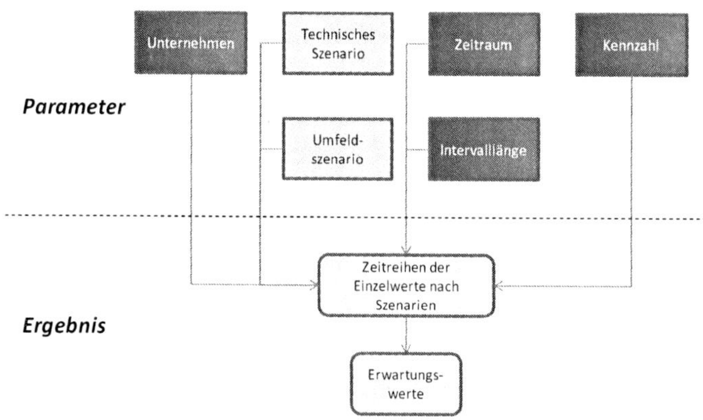

Abbildung 10.9: Ergebniszusammensetzung Verlauf der Kennzahlengrößen

Unter den Verlaufsansichten lassen sich Unterschiede in der zeitlichen Entwicklung auf verschiedenen Aggregationsstufen gegenüber stellen, während dies in einer einheitlichen Darstellung der Zusammensetzung bzw. der Kaskadierung in der nachfolgend dargestellten Sicht *Aggregation* möglich ist.

10.3.2 Aggregation

Unter der Ansicht *Aggregation* lässt sich die Zusammensetzung der Einzelwerte zur Gesamtaussage darstellen. Diese Ansicht setzt den Fokus auf die Zusammensetzung und die Verteilung der Kosten- und Nutzeneffekte bzw. der Kennzahlausprägungen. Die Ansicht (siehe Abbildung 10.10) stellt die ausgewählten Kosten- und Nutzenkategorien für jedes Unternehmen dar und verdichtet diese Werte zu Aussagen auf Ebene der Wertschöpfungsstufe bis hin zur Gesamtaussage auf der Ebene der Supply-Chain.

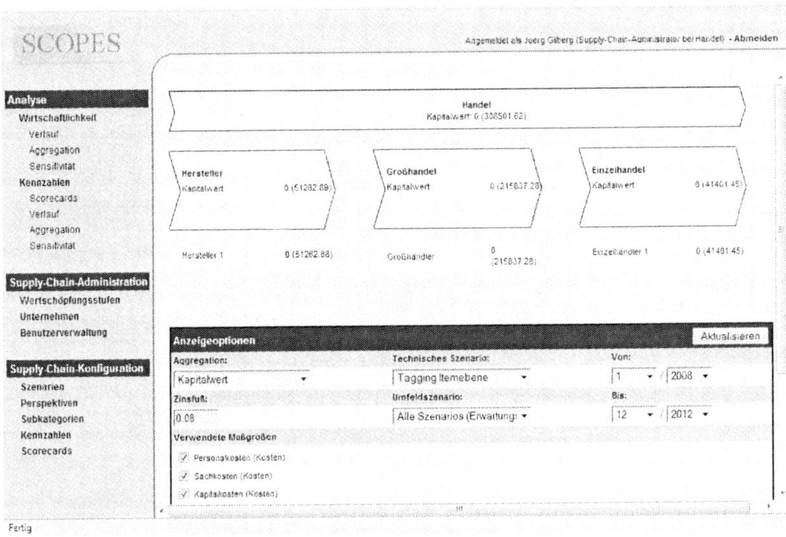

Abbildung 10.10: Screenshot Aggregation

Auf Wirtschaftlichkeitsebene stellt sich die Ergebniszusammensetzung wie folgt dar:

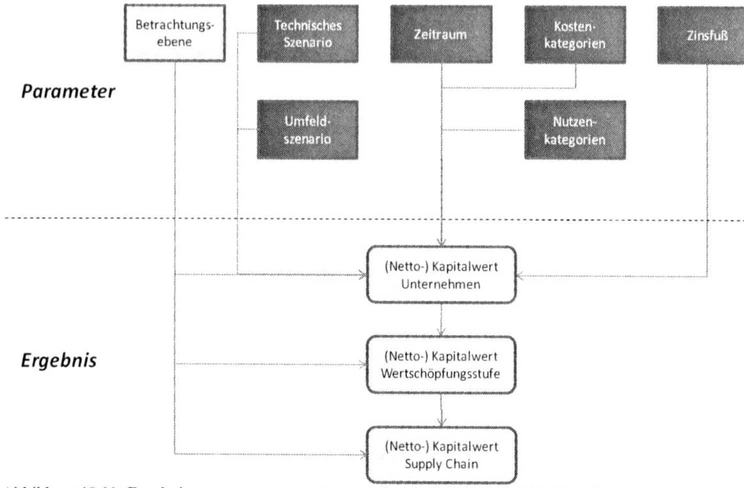

Abbildung 10.11: Ergebniszusammensetzung Aggregation der Wirtschaftlichkeitsmaße

Die Aggregationsansicht bezüglich der Kennzahlen erfolgt analog, wobei hier anstatt der Kosten- und Nutzenkategorien die jeweilige Kennzahl auszuwählen ist. Hier kann insbesondere untersucht werden, bei welchen Partnern eine gewisse Größe besonders ausgeprägt ist.

Insgesamt können bei dieser Betrachtungsweise auch Unterschiede zwischen den jeweiligen Evaluierenden aufgezeigt werden. Somit unterstützt diese Ansicht in gewisser Maßen auch eine Plausibilitätsprüfung, da hier ersichtlich ist, welche Unternehmen die ausgewählte Kennzahl pflegen oder ggfs. keine Angaben gemacht haben. Bei ähnlich einbezogenen Unternehmen müssten auch vergleichbare Werte angezeigt werden. Zu starke Diskrepanzen können hier Anlass zu weiteren Nachforschungen geben und sich z.B. Kennzahlenverläufe in anderen Ansichten dedizierter anzeigen zu lassen bzw. bei den Verantwortlichen nachzufragen.

10.3.3 Sensitivität

Ziel der Sensivitätsbetrachtungen ist das Aufzeigen der Einflüsse der Szenarien auf die betrachteten Ergebniswerte. Die Schwankungsbreite gibt an, wie weit die technischen Realisierungsformen hinsichtlich der erwarteten Kosten- und Nutzeneffekte auseinander liegen. Die Varianz gibt an, inwieweit die definierten Umfeldszenarien Einfluss auf ein erwartetes Ergebnis haben.

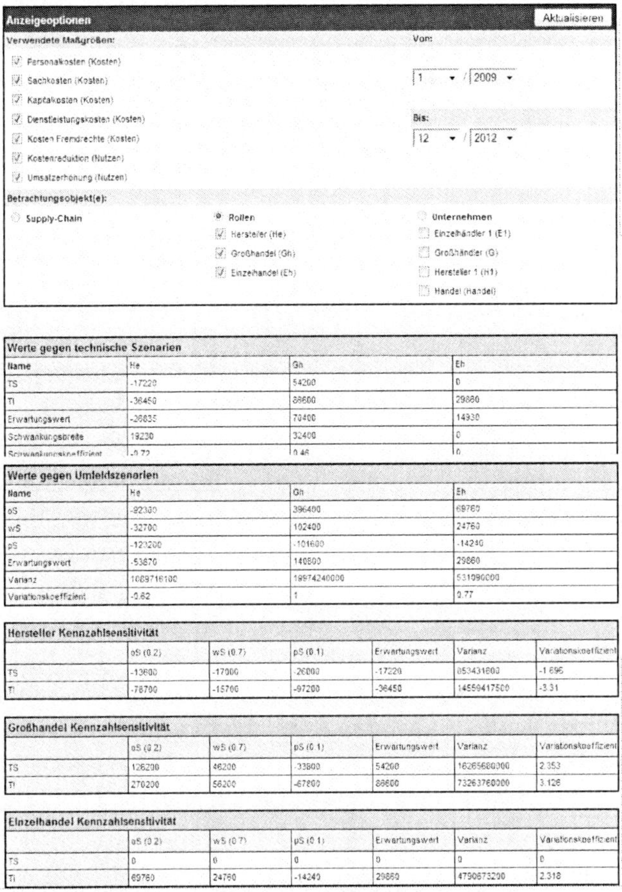

Anzeigeoptionen
Aktualisieren
Verwendete Maßgrößen:
Personalkosten (Kosten)
Sachkosten (Kosten)
Kaptalkosten (Kosten)
Dienstleistungskosten (Kosten)
Kosten Fremdrechte (Kosten)
Kostenreduktion (Nutzen)
Umsatzerhohung (Nutzen)
Von:
1 / 2009
Bis:
12 / 2012
Betrachtungsobjekt(e):
Supply-Chain
Rollen
Hersteller (He)
Großhandel (Gh)
Einzelhandel (Eh)
Unternehmen
Einzelhändler 1 (E1)
Großhändler (G)
Hersteller 1 (H1)
Handel (Handel)

Werte gegen technische Szenarien

Name	He	Gh	Eh
TS	-17220	54200	0
TI	-36450	88600	29860
Erwartungswert	-26835	70400	14930
Schwankungsbreite	19230	32400	0
Schwankungskoeffizient	-0.72	0.46	0

Werte gegen Umfeldszenarien

Name	He	Gh	Eh
oS	-92380	396400	69760
wS	-32700	102400	24760
pS	-123200	-101600	-14240
Erwartungswert	-53870	140800	29860
Varianz	1089716100	19974240000	531090000
Variationskoeffizient	-0.62	1	0.77

Hersteller Kennzahlsensitivität

	oS (0.2)	wS (0.7)	pS (0.1)	Erwartungswert	Varianz	Variationskoeffizient
TS	-13600	-17000	-26000	-17220	853431600	-1.696
TI	-78700	-15700	-97200	-36450	14559417500	-3.31

Großhandel Kennzahlsensitivität

	oS (0.2)	wS (0.7)	pS (0.1)	Erwartungswert	Varianz	Variationskoeffizient
TS	126200	46200	-33800	54200	16265680000	2.353
TI	270200	56200	-67800	88600	73263760000	3.126

Einzelhandel Kennzahlsensitivität

	oS (0.2)	wS (0.7)	pS (0.1)	Erwartungswert	Varianz	Variationskoeffizient
TS	0	0	0	0	0	0
TI	69760	24760	-14240	29860	4790673200	2.318

Abbildung 10.12: Darstellung Sensitivität

Auf Kennzahlenebene kann ebenfalls die Schwankungsbreite nach technischer Umsetzung sowie deren Varianz in Abhängigkeit der Umfeldszenarien abgefragt werden.

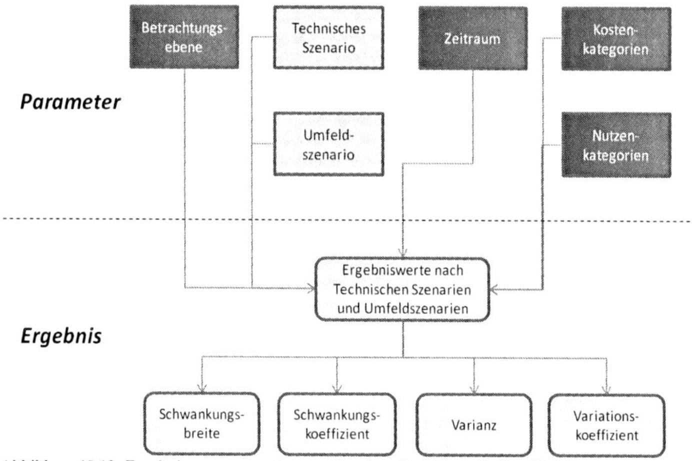

Abbildung 10.13: Ergebniszusammensetzung unter dem Gesichtspunkt Sensitivität

10.3.4 Scorecards

Unter *Scorecards* kann man sich den Aufbau der unternehmensbezogenen Scorecards darstellen lassen. Hier kann man sich für jedes Unternehmen den Umfang der angewendeten Kennzahlen und deren Verlaufswerte anzeigen lassen (siehe Abbildung 10.14).

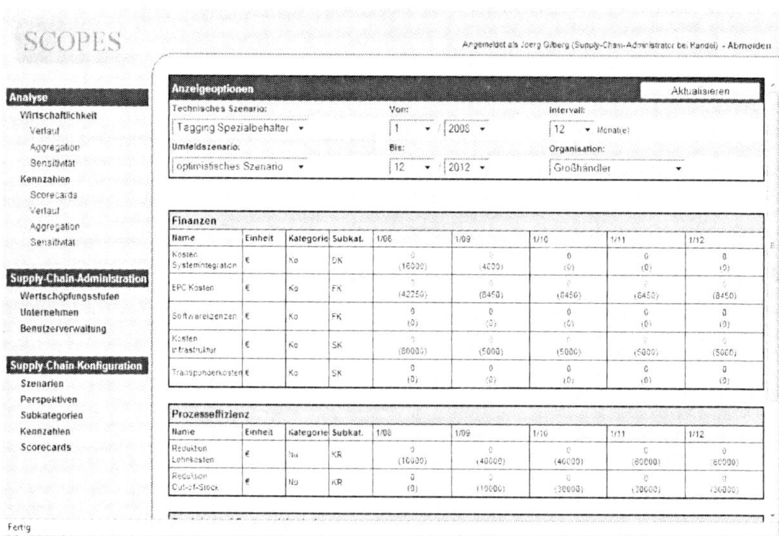

Abbildung 10.14: Screenshot Scorecards

Die hierbei berücksichtigen Einflussgrößen stellt wiederum Abbildung 10.15 dar.

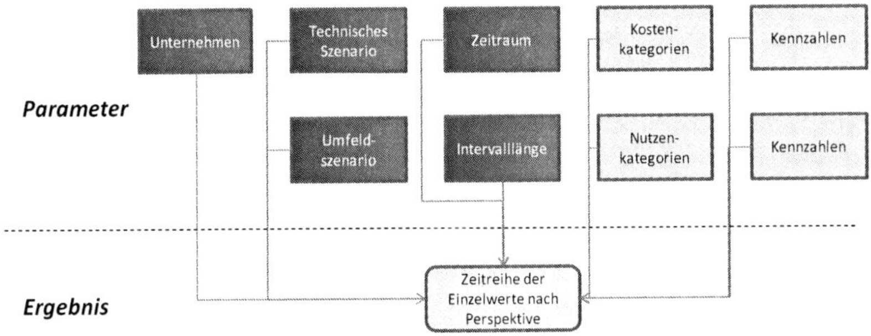

Abbildung 10.15: Ergebniszusammensetzung unter Scorecards

10.4 Evaluierung des Prototyps

Im Folgenden wird untersucht, inwieweit der hier entwickelte Prototyp mit der in Abschnitt 8.5 beschriebenen Methode den in Abschnitt 5.3 aufgestellten Anforderungen gerecht wird. Diese werden nochmals in Tabelle 10.2 zusammengefasst und Bestandteilen des Prototyps, die den jeweiligen Punkt bedienen, gegenübergestellt.

Der Prototyp erlaubt die Gegenüberstellung verschiedener Lösungsmöglichkeit in Form von technischen Szenarien (A.1). In diesem Zusammenhang gewährleistet die umgesetzte Kapitalwertmethode Aussagen sowohl bezüglich der absoluten als auch der relativen Vorteilhaftigkeit.

Die Berücksichtigung der Unsicherheit (A.2) erfolgt mittels einer Risikoanalyse durch die Definition von Umfeldszenarien und ihren Eintrittswahrscheinlichkeiten. Den unterschiedlichen Risikopräferenzen der Entscheider in den Unternehmen wird durch die Anzeige von Streuungsmaßen Rechnung getragen.

Der Prototyp unterstützt die Abbildung des Nutzens (A.5) durch verschiedene Features: Qualitative Wirkungen können mittels Indikatoren in den Perspektiven geführt werden und zur Berechnung von Kennzahlen herangezogen werden (A.3). Zur Berücksichtigung der Schätzungenauigkeit können Kosten- und Nutzenkategorien definiert werden, nach denen bei der Berechnung gefiltert werden kann (A.4). Hier besteht die Möglichkeit sich zunächst auf Grundlage der eher sicher angesehenen Kategorien die Berechnungen anzeigen zu lassen und sukzessive weitere, mit stärkerer Unschärfe behaftete Kategorien einzubeziehen.

Tabelle 10.2: Berücksichtigung der Anforderungen im Prototyp

Anforderung	Bestandteile des Prototyps
A.1: Gegenüberstellung verschiedener Ausgestaltungsvarianten	Definition und Bewertung von technischen Szenarien Bewertung der absoluten und relativen Vorteilhaftigkeit
A.2: Berücksichtigung der Unsicherheit	Definition von Umfeldszenarien für Risikoanalyse Berechnung erwarteter Kapitalwerte und Streuungsmaße zur Berücksichtigung individueller Risikopräferenzen
A.3: Darstellung qualitativer Wirkungen	Aufnahme von Indikatoren und Definition von Perspektiven
A.4: Berücksichtigung der Schätzungenauigkeit	Definition von Kosten- und Nutzenkategorien, die variabel berücksichtigt werden können
A.5: Bewertung des Nutzens	definierbare Nutzenkategorien, Berücksichtigung der verbundenen Schätzungenauigkeit, Aufnahme Qualitativer Indikatoren, Aufbau von Scorecards
A.6: Anpassbarkeit an Bewertungssituation	Variable Abbildung der Wertschöpfungsstufe und Akteure, Flexibel anpassbarer Bewertungsrahmen
A.7: Darstellung der Einzelkalküle	Unternehmensindividuelle Pflege und Darstellungsmöglichkeit
A.8: Ermittlung einer Gesamtaussage	Verknüpfung der Einzelkalküle zur Gesamtaussage
A.9: Vergleichbare Größen mit einheitlichen Wertansätzen	Einheitlicher Bewertungsrahmen, Einheitliche Vorgaben für Kennzahlen und Indikatoren, Gegenüberstellung der Werte im Netzwerk , zentrale Definition der anzuwendenden Kennzahlen
A.10: Ex ante und Ex post Bewertung	für jede Kennzahl bzw. Indikator können sowohl Schätz- als auch Ist-Werte aufgenommen werden, diese werden in den Sichten gegenübergestellt.
A.11: Darstellung der Wirkungsverteilung	Visualisierung der Verteilung nach Unternehmen und Wertschöpfungsstufe
A.12: Bereitstellung einer Informationsplattform	Web-basierte Lösung mit verteiltem Zugriff und Rechtemanagement

Die variable Definition des Bewertungsrahmens bietet eine hohe Flexibilität und Anpassbarkeit an die Bewertungssituation (A.6). Teil III dieser Arbeit liefert einen grundsätzlichen Vorschlag für die Ausgestaltung des Bewertungsrahmens; der Prototyp erlaubt allerdings grundsätzlich ebenso die Abbildung anderer Ansätze was die möglichen Kosten- und Nutzenkategorien, Kennzahlen oder auch Perspektiven betrifft. Die Anpassbarkeit an die Bewertungssituation drückt sich auch in der Abbildung der jeweiligen Wertschöpfungskette, ihrer Stufen und beteiligten Unternehmen aus.

Die Einzelkalküle werden für jedes Unternehmen nach einheitlichen, gemeinsam definierten Vorgaben erfasst und dargestellt (A.7). Diese werden zu einer Gesamtaussage verknüpft (A.8). Zur Darstellung der Wirkungsverteilung, werden die Werte ebenfalls pro Wertschöpfungsstufe verdichtet und angezeigt (A.11).

Grundsätzlich stellt der Prototyp eine Plattform für die Sammlung und den Austausch bewertungsrelevanter Informationen dar (A.12). Er gibt einen einheitlichen Bewertungsrahmen vor, in dem für alle Beteiligten Kennzahlen, Indikatoren und Perspektiven festgelegt werden können und unterstützt somit die grundsätzliche Vergleichbarkeit der Einzelkalküle (A.9). Die Umsetzung als Web-Anwendung ermöglicht die gleichzeitige Nutzung durch die individuellen Anwenderunternehmen. Abgesehen von einer Internetverbindung und eines installierten Webbrowsers werden keine technischen Anforderungen gestellt. Insbesondere ist weder ein bestimmtes Betriebssystem oder Office-Produkt noch eine eigene Installation vor Ort erforderlich. Der verteilte Zugriff wird durch ein Rechtemanagement mit unterschiedlichen Rollen unterstützt und schränkt unberechtigte Manipulationen fremder Werte ein.

11 Zusammenfassung und Ausblick

Die Arbeit verdeutlicht den Entscheidungsrahmen einer überbetrieblichen RFID-Einführung und liefert einen methodischen Vorschlag sowie eine prototypische Anwendung zur Durchführung einer wirtschaftlichen Beurteilung des Technologieeinsatzes im überbetrieblichen Kontext.

Die Arbeit nähert sich dem Thema mit der Darstellung technologischer Grundlagen, Aspekte des überbetrieblichen Einsatzes und verwandten Konzepten. Danach liefert sie hinsichtlich des Entscheidungsrahmens einen strukturierten Überblick, indem sie diesen hinsichtlich technischer Ausgestaltungsparameter, die gezielt von den Unternehmen steuerbar sind und Auswirkungen auf die Kosten- und Leistungsaspekte eines Systems haben, und exogener Einflüsse, die von den umsetzenden Unternehmen höchsten mittelbar beeinflussbar sind und die Unwägbarkeiten bei einer RFID-Einführung repräsentieren, aufspannt. Somit wird es dem interessierten Leser ermöglicht, sich der Thematik systematisch zu nähern. Auf dieser Grundlage werden spezifische Problematiken hinsichtlich der Bewertung eines RFID-Einsatzes im überbetrieblichen Kontext aufgezeigt. Die hier getroffenen Erkenntnisse resultieren in Anforderungen an die Bewertung. Im Rahmen der Diskussion der Bewertung selbst werden diese Anforderungen aufgegriffen und ein Vorschlag zur Entscheidungsunterstützung vorgestellt. Zur praktischen Umsetzung wird ein Prototyp entwickelt, der die Durchführung einer überbetrieblichen Bewertung eines RFID-Einsatzes informationstechnisch unterstützt.

Vor diesem Hintergrund liefert die Arbeit in Bezug auf die eingangs formulierten Forschungsfragen folgende Beiträge:

Wie kann ein Klassifikationsrahmen für den überbetrieblichen RFID-Einsatz aussehen?

Unter diesem Punkt wurde der Untersuchungsgegenstand aus technischer Sicht analysiert und nach klassifizierenden Eigenschaften untersucht, anhand derer sich unterschiedliche Systemausprägungen kennzeichnen lassen.

Neben der oft betrachteten Ausgestaltung der Transponder (Abschnitt 3.1), wurden im Rahmen der hier weiter gefassten Auffassung eines überbetrieblichen RFID-Systems (Abschnitt 2.1.2) weitere Stellschrauben zur Systemausgestaltung identifiziert und zusammenfassend dargestellt. Unter dem Punkt Granularität der Datenerfassung (Abschnitt 3.2) wurden Möglichkeiten zur Organisation der Erfassungseinheiten aufgezeigt. Ferner kann über die Wahl der Transportschicht auf der getaggt wird, die Datengranularität gesteuert werden. Allgemein besteht stets die triviale Option der Erhöhung der Anzahl der Erfassungseinheiten bzw. Erfassungsorte oder etwa einer Ausweitung der getaggten Objekte. Als weitere Gestaltungsmöglichkeit wurde der Grad der Integration (Abschnitt 3.3) betrachtet. Hierbei wurde die Unterscheidung zwischen innerbetrieblicher und überbetrieblicher Integration getroffen. Hinsichtlich der Organisation der Datenhaltung (Abschnitt 3.4) können die grundlegenden Ansätze „Data-on-Tag", bei dem ein Großteil der Daten auf den Transpondern selbst gespeichert werden, und „Data-on-Network", bei dem auf den Transpondern lediglich eine Identifikationsnummer wie der EPC-Code abgelegt wird, unterschieden werden. Zuletzt wird noch im Abschnitt Transponderhandling (Abschnitt 3.5) die Möglichkeit angesprochen, eigene Mehrwegkreisläufe für die Tags einzurichten.

Tabelle 3.3 fasst den hier erarbeiteten Klassifizierungsrahmen zusammen und stellt mögliche Ausprägungen unter den einzelnen Punkten dar. Dieser Klassifikationsrahmen stellt die Charakteristika unterschiedlicher Ausgestaltungsaspekte dar und ermöglicht es Unternehmen Stellschrauben für die Systemausgestaltung zu identifizieren. Ferner wird durch die Darstellung der Kostenzusammenhänge (vgl. Abbildung 3.8) und der primären Leistungswirkungen der einzelnen Punkte die Brücke zwischen Systemausgestaltung und der später behandelten Bewertung geschlagen.

Welche Faktoren können die Entscheidung hinsichtlich eines überbetrieblichen RFID-Einsatzes beeinflussen?

Unter diesem Punkt wurden exogene Einflüsse identifiziert und dargestellt. Allgemein hat der Preisverfall der RFID-Hardware (Abschnitt 4.1) einen förderlichen Einfluss auf eine weitere Verbreitung der Technologie. Gesetzliche Bestimmungen (Abschnitt 4.3) können ebenfalls eine weitere Technologiedurchdringung vorantreiben. Grundsätzlich schreiben diese Bestimmungen zwar keinen konkreten Technologieeinsatz vor, bei Sicherheits- bzw. Dokumentationsanforderungen wie etwa im Bereich der Rückverfolgbarkeit von Lebensmitteln, wird jedoch häufig ein RFID-Einsatz diskutiert. Neben diesen eher unterstützenden Tendenzen, können in Bezug auf die Akzeptanz (Abschnitt 4.2) der Technologie bestehende Vorbehalte festgestellt werden. Diese begründen sich in erster Linie auf Aspekte des Datenschutzes bei der Ermittlung personenbezogener Informationen, der potenziell gesundheitsgefährdenden Wirkung der von den Lesern emittierten Strahlung und möglichen Existenzängsten von Mitarbeitern aufgrund den mit der Technologie vielfach verbundenen Automatisierungsinteressen.

Welche Anforderungen sind an ein Verfahren zu stellen, das die Entscheidung über ein überbetriebliches RFID-System unterstützt?

Vor dem Hintergrund der ersten beiden Forschungsfragen wurde das weite Feld an Literatur zum Thema RFID bezogen auf die Themenstellung sondiert. Insbesondere wurden verschiedene Detailbetrachtungen der Ausgestaltung eines überbetrieblichen RFID-Systems und Rahmenbedingungen einer Systemeinführung zu einem Gesamtschema zusammengeführt. Auf dieser Grundlage und unter Berücksichtigung besonderer Problemstellungen hinsichtlich des Bewertungsobjektes (IT-System (Abschnitt 5.1), Netzeffektgut (Abschnitt 5.2.1)) und des Bewertungskontextes, der verschiedene autonome Bewertungssubjekte einbezieht (Opportunitätsproblem (Abschnitt 5.2.2), Machtverhältnisse (Abschnitt 5.2.3)), werden Anforderungen an die Bewertungsmethodik abgeleitet und zusammenfassend dargestellt (Abschnitt 5.3). Grundsätzlich muss eine Bewertungsmethode den relativen Vergleich unterschiedlicher Systemausgestaltungen berücksichtigen können, da bei einer Systemeinführung ex ante mehrere Ausgestaltungsvarianten zielführend sein können (vgl. Abschnitt 3.6) und die vorteilhafteste Variante identifiziert werden soll. Des Weiteren haben insbesondere die unter der vorherigen Forschungsfrage behandelten exogenen Faktoren gezeigt, dass die Bewertung ebenso die verbundene Unsicherheit berücksichtigen muss. Aus den Schwierigkeiten der Bewertung von komplexen IT-Systemen stellen sich insbesondere Anforderungen an die Bewertung des nicht ohne Weiteres zu bemessenden Nutzens, der dementsprechend verbundenen Schätzungenauigkeit und Anforderung der Berücksichtigung qualitativer Wirkungen. Im überbetrieblichen Kontext muss insbesondere die Gesamtaussage aus den Einzelkalkülen abgeleitet werden können, was eine grundlegende Vergleichbarkeit der Bewertungsgrößen mit einheitlichen Wertansätzen erfordert. Ferner sollen die Wirkungsverteilung auf die verschiedenen Partner dargestellt werden können, was wiederum eine strukturierte Darstellung der Einzelkalküle der Partner und die Aufnahme von ex ante sowie ex post Werten erfordert. Allgemein muss das Vorgehen an die Bewertungssituation anpassbar sein und aufgrund der Bewertungskomplexität durch eine Plattform für die Bewertungsdurchführung informationstechnisch unterstützt werden. Abbildung 5.1 liefert einen zusammenfassenden Überblick der Anforderungen an die Bewertung.

Wie kann ein Konzept zur Entscheidungsunterstützung aussehen?

Auf den zuvor formulierten Anforderungen wurde ein Konzept zur Entscheidungsunterstützung aufgebaut. Zunächst wurde die Zielsetzung investitionstheoretisch eingeordnet (Kapitel 6). Hier wird eine möglichst vollständige monetäre Bewertung motiviert und als Bewertungsgrößen auf Kosten und Nutzen abgestellt. Für ein gemeinsames Verständnis der Bewertungsgrößen werden Kosten und Nutzen hinsichtlich der grundlegenden Auffassung dargestellt (Abschnitt 7.1.1/7.2.1) und vor dem Bewertungshintergrund klassifiziert (Abschnitt 7.1.2/7.2.2). Schließlich werden jeweils Quantifizierungsansätze behandelt (Abschnitt 7.1.3/7.2.3). Im Folgenden werden Investitionsrechenverfahren betrachtet und die allgemein akzeptierte Kapitalwertmethode für den vorliegenden Fall als geeignetstes Verfahren zur Bestimmung der Vorteilhaftigkeit identifiziert (Abschnitt 8.1). Ferner werden zusätzliche Verfahren zur Unterstützung der weiteren Anforderungen dargestellt. Dies betrifft zum einen Verfahren zur Berücksichtigung unsicherer Erwartungen, wobei an dieser Stelle die Riskioanalyse gewählt wurde (Abschnitt 8.2). Ergänzend wird der Umgang mit der Schätzungenauigkeit und der Berücksichtigung qualitativer Indikatoren betrachtet (Abschnitt 8.3). Für die Aufnahme an qualitativen Indikatoren wird die Anlehnung an Konzepte der Balanced Scorecard propagiert (Abschnitt 8.4). Die zusammenfassende Darstellung des Vorschlags zur Entscheidungsunterstützung findet sich in Abschnitt 8.5. Dieser wird vom entwickelten Prototyp unterstützt.

Wie kann das Konzept im Rahmen eines Prototyps informationstechnisch umgesetzt werden?

Der Prototyp setzt den zuvor erarbeiteten Vorschlag zur Entscheidungsunterstützung informationstechnisch um. Er bedient den in den Anforderungen identifizierten Punkt der Bereitstellung einer Informationsplattform. Mit ihm ist das Bewertungsverfahren praktikabel umsetzbar. Die Realisierung als Web-Anwendung mit einem grundlegenden Rechtemanagement und variablen Konfigurationsmöglichkeiten berücksichtigt wesentliche Ansprüche an die Tool-Unterstützung bei der überbetrieblichen Durchführung einer Bewertung, wie dem verteilten Zugriff und der Plattformunabhängigkeit. Diese Aspekte sind in bisherigen Tool-Vorschlägen noch wenig berücksichtigt worden (Kapitel 9).

Die hier dargestellte Methode und der Prototyp sollen Unternehmen bei der gemeinschaftlichen Bewertung eines RFID-Einsatzes unterstützen. Es werden grundsätzliche, relevante Fragestellungen erläutert und Vorschläge zum bewertungstechnischen Umgang unterbreitet. Bei einer weiteren Verbreitung des überbetrieblichen Einsatzes können zusätzliche Erfahrungswerte zur Umsetzung empirisch gewonnen und der Klassifikationsrahmen weiter ausgebaut werden. Hier wäre es ebenfalls interessant zu untersuchen, in welcher Richtung sich Best-Practices zur Umsetzung entwickeln und schematisch einordnen lassen. Es könnten an dieser Stelle weitere Erfahrungen in Bezug auf die Bewertung gesammelt werden. Auch die letztendliche Verteilung der Kosten und Nutzen auf die einzelnen Akteure wäre für zukünftige kooperative Einführungen von Interesse. Die hier behandelte Methode und der Prototyp liefern ein Instrument zur Feststellung.

Auf Basis der initialen Verteilung könnten weitere Erkenntnisse entwickelt werden. Bei einer Gegenüberstellung von Bewertungen unterschiedlicher Supply-Chains könnte nach themenbezogenen oder branchenorientierten Mustern geforscht werden. Daraus resultierende Erkenntnisse könnten Informationsasymmetrien abbauen, Verhandlungspositionen festigen und der Entwicklung konkreterer Ansätze für das Cost-Sharing förderlich sein. Hinsichtlich der weiteren Entwicklung und Verbreitung der Technologie werden neue Geschäftsmodelle erwartet, die ebenfalls in eine Bewertung aufgenommen werden müssen. Die weiteren Erfahrungswerte mit der Technologie werden die verbundenen Unsicherheiten reduzieren und zuverlässigere Schätzwerte zulassen.

Letztlich werden die fallenden Hardwarepreise die Technologie für immer weitere Geschäftsfelder interessant erscheinen lassen und es bleibt abzusehen, ob das oft beschriebene Zukunftsszenario des Taggings sämtlicher Objekte Realität wird und wer die Profiteure einer solchen Entwicklung sein werden.

12 Literaturverzeichnis

[ABBD07] Armenio, Felice; Barthel, Henri; Burstein, Leo; Dietrich, Paul; Duker, John; Garrett, John; Hogan, Bernie; Ryaboy, Oleg; Sarma, Sanjay, Schmidt, Johannes; Suen, KK; Traub, Ken; Williams, John: The EPCglobal Architecture Framework Version 1.2. 2007. http://www.epcglobalinc .org/standards/architecture/architecture_1_2-framework-20070910.pdf (letzter Abruf: 22.02.2008).

[Acat06] Acatech – Konvent für Technikwissenschaften der Union der deutschen Akademien der Wissenschaften (Hrsg.): RFID wird erwachsen: Deutschland sollte die Potenziale der elektronischen Identifikation nutzen. Fraunhofer IRB Verlag, Stuttgart, 2006.

[Adam00] Adam, Dietrich: Investitionscontrolling, 3. Aufl., Oldenbourg Wissenschaftsverlag, München, 2000.

[Adam70] Adam, Dietrich: Entscheidungsorientierte Kostenbewertung. Gabler-Verlag, Wiesbaden, 1970.

[ALSS03] Abeck, Sebastian; Lockemann, Peter C.; Schiller, Jochen; Seitz, Jochen: Verteilte Informationssysteme: Integration von Datenübertragungstechnik und Datenbanktechnik. Dpunkt Verlag, Heidelberg, 2003.

[Anse86] Anselstetter, Reiner: Betriebswirtschaftliche Nutzeffekte der Datenverarbeitung: Anhaltspunkte für Nutzen-Kosten-Schätzungen. 2. Aufl., Springer-Verlag, Berlin, 1986.

[Antw95] Antweiler, Johannes: Wirtschaftlichkeitsanalyse von Informations- und Kommunikationssystemen (IKS): Wirtschaftlichkeitsprofile als Entscheidungsgrundlage. Datakontext-Verlag, Köln, 1995.

[BaKü05] Balke, Nils; Küpper, Hans-Ulrich: Controlling in Netzwerken: Struktur und Systeme. In: Zentes, Joachim; Swoboda, Bernhard; Morschett, Dirk (Hrsg.): Kooperationen, Allianzen und Netzwerke: Grundlagen – Ansätze – Perspektiven. 2. Aufl., Gabler Verlag, Wiesbaden, 2005, S. 1033-1056.

[BeGS05] Berthold, Oliver; Günther, Oliver; Spiekermann, Sarah: RFID – Verbraucherängste und Verbraucherschutz. In: Wirtschaftsinformatik 47 (2005) 6, S. 422-430.

[Behr04] Behrendt, Siegfried: Produktbegleitende Informationssysteme auf der Basis von Smart Labels. Institut für Zukunftsstudien und Technologiebewertung, Berlin, 2004. http://www.izt.de/fileadmin/downloads/pdf/IZT_AB7_Produktbegleitende_Informationssysteme.pdf (letzter Abruf 05.01.2008).

[Betg00] Betge, Peter: Investitionsplanung. 4. Aufl., Verlag Franz Vahlen, München, 2000.

[BfS07] Bundesamt für Strahlenschutz: Warensicherungsanlagen. 2007. http://www.bfs.de/elektro/papiere/warensich.html (letzter Abruf: 04.01.2008).

[BGGS07] Bovenschulte, Marc; Gabriel, Peter; Gaßner, Katrin; Seidel, Uwe: RFID: Potenziale für Deutschland: Stand und Perspektiven von Anwendungen auf Basis der Radiofrequenz-Identifikation auf den nationalen und internationalen Märkten. Bundesministerium für Wirtschaft und Technologie (Hrsg.) http://www.bmwi.de/BMWi/Redaktion/PDF/Publikationen/rfid-potenziale-fuer-deutschland,property=pdf,bereich=bmwi,sprache=de,rwb=true.pdf (letzter Abruf: 22.10.2007).

[BHPT07] Banks, Jerry; Hanny, David; Pachano, Manuel A.; Thompson, Les G.: RFID Applied. Wiley & Sons, New Jersey 2007.

[BITK04] Bundesverband Informationswirtschaft Telekommunikation und neue Medien e.V. (BITKOM)(Hrsg.): Informationspapier Radio Frequency Identification (RFID) in der Diskussion: Technik, Einsatzformen, Datenschutz. 2004. http://www.bitkom.org/files/documents/BITKOM_RFID-Informationspapier_ 16.11.04.pdf (letzter Abruf: 03.01.2008).

[BITK07] Bundesverband Informationswirtschaft Telekommunikation und neue Medien e.V. (BITKOM)(Hrsg.): RFID- Radiofrequenz-Identifikation: Informationen zu Sicherheit und Gesundheit. 2007. http://www.bitkom.de/files/documents/Infopapier_RFID_11-2007.pdf (letzter Abruf: 04.01.2008).

[BLHS04] Bornhövd, Christof; Lin, Tao; Haller, Stephan; Schaper, Joachim: Integrating Automatic Data Acquisition with Business Processes: Experiences with SAP's Auto-ID Infrastructure. In: Proceedings of the 30th VLDB Conference, 2004, S. 1182-1188.

[BLL01] Bund für Lebensmittelrecht und Lebensmittelkunde e.V. (BLL) (Hrsg.): Leitfaden Rückverfolgbarkeit: Die Organisation der Rückverfolgbarkeit von Produkten der Lebensmittelkette. Bonn, 2001.

[BlLS06] Blohm, Hans; Lüder, Klaus; Schäfer, Christina: Investition: Schwachstellenanalyse des Investitionsbereichs und Investitionsplanung. 9. Aufl., Verlag Franz Vahlen, München, 2006.

[BMU07] Bundesministerium für Umwelt, Naturschutz und Reaktorsicherheit (BMU) (Hrsg.): Deutsches Mobilfunkforschungsprogramm. 2. Aufl., Berlin, 2007. http://www.bmu.de/files/pdfs/allgemein/application/pdf/broschuere_mobilfunk.pdf (letzter Abruf: 04.01.2008).

[BoPa05] Bose, Indranil; Pal, Raktim: Auto-ID: Managing Anything, Anywhere, Anytime in the Supply Chain. In: Communications of the ACM 48 (2005) 8, S. 100-106.

[Borr05] Borriello, Gaetano: RFID: Tagging the World. In: Communications of the ACM 48 (2005) 9, S.34-37.

[BrSp00] Brewer, Peter C.; Speh, Thomas W.: Using the Balanced Scorecard To Measure Supply Chain Performance. In: Journal of Business Logistics 21 (2000) 1, S. 75-93.

[BSI04] Bundesamt für Sicherheit in der Informationstechnik (Hrsg.): Risiken und Chancen des Einsatzes von RFID-Systemen : Trends und Entwicklungen in Technologien, Anwendungen und Sicherheit. SecuMedia Verlags-GmbH, Ingelheim 2004. http://www.bsi.de/fachthem/rfid/RIKCHA.pdf (letzter Abruf: 04.01.2008).

[BSI06] Bundesamt für Sicherheit in der Informationstechnik (Hrsg.): Pervasive Computing: Entwicklungen und Auswirkungen. Secu-Media Verlags-GmbH, Ingelheim, 2006.

[Buxm01] Buxmann, Peter: Informationsmanagement in vernetzten Unternehmen: Wirtschaftlichkeit, Organisationsänderungen und der Erfolgsfaktor Zeit. Deutscher Universitäts-Verlag, Wiesbaden, 2001.

[Carr04] Carr, Nicholas G.: Does IT Matter? Information Technology and the Corrosion of Competitive Advantage. Harvard Business School Press, Boston 2004.

[Chmi94] Chmielewicz, Klaus: Forschungskonzeptionen der Wirtschaftswissenschaft. 3. Aufl., Schäffer-Poeschel Verlag, Stuttgart 1994.

[CKRS04] Chawathe, Sudarshan S.; Krishnamurthy, Venkat; Ramachandran, Sridhar; Sarma, Sanjay: Managing RFID Data. In: Proceedings of the 30th VLDB Conference, 2004, S. 1189-1195.

[Clas06] Clasen, Michael: Aktueller Stand der RFID-Standardisierung. 2. Workshop RFID Intelligente Funketiketten – Chancen und Herausforderungen, Erlangen 2006.

[Clem91] Clemons, Eric K.: Evaluation of Strategic Investments in Information Technology. In: Communications of the ACM 34 (1991) 1, S. 23-36.

[Coen03] Coenenberg, Adolf, G.: Kostenrechnung und Kostenanalyse. 5. Aufl., Schäffer-Poeschel Verlag, Stuttgart, 2003.

[CoFG07] Coenenberg, Adolf G.; Fischer, Thomas M.; Günther, Thomas: Kostenrechnung und Kostenanalyse. 6. Aufl., Schäffer-Poeschel Verlag, Stuttgart, 2007.

[CoGr03] Corsten, Daniel; Gruen, Thomas: Desperately Seeking Shelf Availability: An Examination of the Extent, the Causes, and the Efforts to Address Retail Out-of-Stocks. In: International Journal of Retail & Distribution Management 31 (2003) 12.

[Conn05] O'Connor, Mary C.: Most RFID Users Believe RFID Lacks ROI. RFID-Journal, 22.07.2005, http://www.rfidjournal.com/article/articleview/1753/1/1/ (letzter Abruf: 22.06.2007).

[CTAO03] Clark, Sean; Traub, Ken; Anarkat Dipan; Osinski, Ted: Auto-ID Savant Specification. Auto-ID Center, 2003. http://www.gs1-germany.de/content /e39/e466/e468/datei/ccg/6_auto_id_savant-1_0.pdf (letzter Abruf: 22.02.2008).

[DaSS02] David, Julie Smith; Schuff, David; St. Louis, Robert: Managing Your IT Total Cost of Ownership. In: Communications of the ACM 45 (2002) 1, S. 101-106.

[Däum03] Däumler, Klaus-Dieter: Grundlagen der Investitions- und Wirtschaftlichkeitsrechnung. 11.Aufl., Verlag Neue Wirtschafts-Briefe, Berlin 2003.

[DiTh05] Dittmann, Lars, Thiesse, Frédéric: Integration und Interoperabilität von RFID-Systemen. In: Seifert, Wolfgang; Decker, Josef (Hrsg.): RFID in der Logistik: Erfolgsfaktoren für die Praxis. Deutscher Verkehrs-Verlag, Hamburg 2005, S. 224-238.

[Ditt06] Dittmann, Lars: Der angemessene Grad an Visibilität in Logistik-Netzwerken: Die Auswirkungen von RFID. Deutscher Universitäts-Verlag, Wiesbaden 2006. Online Version: http://www.biblio.unisg.ch/www/ edis.nsf/wwwDisplayIdentifier/3155/$FILE/dis3155.pdf (letzter Abruf: 22.06.2007).

[Dobs00] von Dobschütz, Leonhard: IV-Wirtschaftlichkeit. In: von Dobschütz, Leonhard; Barth, Manfred; Jäger-Groy, Heidi; Kütz, Martin; Möller, Hans-Peter (Hrsg.): IV-Controlling: Konzepte – Umsetzungen – Erfahrungen. Gabler, Wiesbaden 2000, S. 431-449.

[DoD04] Department of Defense (Hrsg.): Radio Frequency Identification (RFID) Policy. 2004. http://www.acq.osd.mil/log/rfid/Policy/RFID%20Policy%2007-30-2004.pdf (letzter Abruf: 22.10.2007).

[Dörn03] Dörner, Wolfgang: IT-Investitionen: Investitionstheoretische Behandlung von Unsicherheit. Verlag Dr. Kovac, Hamburg, 2003.

[Down03] Downes, Larry: Don't fear new bar codes. USA Today, 23A, 25. September 2003 (zitiert nach [Lang05]).

[DrSc07] Drukarczyk, Jochen; Schüler, Andreas: Unternehmensbewertung. 5. Aufl., Verlag Franz Vahlen, München, 2007.

[EPCg05] EPCglobal (Hrsg.): Object Naming Service (ONS) Version 1.0. 2005. http://www.epcglobalinc.org/standards/ons/ons_1_0-standard20051004.pdf (letzter Abruf: 22.02.2008).

[EPCg07] EPCglobal (Hrsg.): EPCglobal Tag Data Standards Version 1.3.1. 2007. http://www.epcglobalinc.org/standards/tds/tds_1_3_1-standard-20070928.pdf (letzter Abruf: 22.02.2008).

[EPCg07b] EPCglobal (Hrsg.): EPC Information Services (EPCIS) Version 1.0.1 Specification. 2007. http://www.epcglobalinc.org/standards/epcis/epcis_1_0_1-standard-20070921.pdf (letzter Abruf: 22.02.2008).

[EPER95] Europäisches Parlament und Europäischer Rat (Hrsg.): Richtlinie 95/46/EG des Europäischen Parlaments und des Rates vom 24. Oktober 1995 zum Schutz natürlicher Personen bei der Verarbeitung personenbezogener Daten und zum freien Datenverkehr. Amtsblatt Nr. L 281 vom 23/11/1995 S.0031-0050. http://europa.eu.int/eur-lex/lex/LexUriServ/LexUriServ.do ?uri =CELEX :31995L0046:DE:HTML (letzter Abruf: 03.01.2008).

[Espi06] Espiner, Tom: How will emerging tech affect your company? http://news.zdnet.co.uk/itmanagement/0,1000000308,39280643,00.htm (letzter Abruf: 12.12.2007).

[EuKo05] Europäische Kommission (Hrsg.): Arbeitspapier Datenschutzfragen im Zusammenhang mit der RFID-Technik. 10107/05/DE WP 105, 2005. http://ec.europa.eu/justice_home/fsj/privacy/docs/wpdocs/2005/wp105_de.pdf (letzter Abruf: 03.01.2008).

[EuKo06] Europäische Kommission (Hrsg.): Frequently Asked Questions on Directive 2002/95/EC on the Restriction of the Use of certain Hazardous Substances in Electrical and Electronic Equipment (RoHS) and Directive 2002/96/EC on Waste Electrical and Electronic Equipment (WEEE), letzte Aktualisierung des Dokumentes in 2006. http://ec.europa.eu/environment/waste/pdf/faq_weee.pdf (letzter Abruf 05.01.2008).

[EuKooJ] Europäische Kommission (Hrsg.): Status of implementation of Directive 95/46 on the Protection of Individuals with regard to the Processing of Personal Data. http://ec.europa.eu/justice_home/fsj/privacy/law/implementation_en.htm#germany (letzter Abruf: 03.01.2008).

[Fers03] Ferscha, Alois: Coordination in Pervasive Computing Environments. In: Proceedings of the Twelfth IEEE International Workshops on Enabling Technologies: Infrastructure for Collaborative Enterprises, 2003, S. 3-9.

[FiFo06] Fish, Lynn A.; Forrest, Wayne C.: The Seven Success Factors of RFID. In: Supply Chain Management Review 10 (2006) 6, S. 26-32.

[Fink02] Finkenzeller, Klaus: RFID-Handbuch: Grundlagen und praktische Anwendungen induktiver Funkanlagen, Transponder und kontaktloser Chipkarten. 3. Aufl., Carl Hanser Verlag, München 2002.

[Fink06] Finkenzeller, Klaus: RFID-Handbuch: Grundlagen und praktische Anwendungen induktiver Funkanlagen, Transponder und kontaktloser Chipkarten. 4. Aufl., Carl Hanser Verlag, München 2006.

[Fisc07] Fischer, Harald: RFID&Co: RFID-GSM/UMTS/WLAN Systeme - Alles über modern Kommunikation. Franzis Verlag, Poing 2007.

[Fisc95] Fischer, Marcus: Typologien von Unternehmensverbindungen und Theorie der strategischen Führung. Verlag Barbara Kirsch, München 1995.

[FlCD05] Fleisch, Elgar; Christ, Oliver; Dierkes, Markus: Die betriebswirtschaftliche Vision des Internets der Dinge. In: Fleisch, Elgar; Mattern, Friedemann (Hrsg.): Das Internet der Dinge: Ubiquitous Computing und RFID in der Praxis. Springer-Verlag, Berlin, 2005, S. 3-37.

[FlDi03] Fleisch, Elgar; Dierkes, Markus: Ubiquitous Computing aus betriebswirtschaftlicher Sicht. In: Wirtschaftsinformatik 45 (2003) 6, S. 611-620.

[FlLa05] Floerkemeier, Christian; Lampe, Matthias: RFID middleware design – addressing application requirements and RFID constraints. In: ACM International Conference Proceeding Series, Vol. 121, Proceedings of the 2005 joint conference on Smart objects and ambient intelligence: innovative context-aware services: usages and technologies table of contents, Grenoble, 2005, S. 219-224.

[Flör05] Floerkemeier, Christian: EPC-Technologie – vom Auto-ID Center zu EPCglobal. In: Fleisch, Elgar; Mattern, Friedemann (Hrsg.): Das Internet der Dinge: Ubiquitous Computing und RFID in der Praxis. Springer-Verlag, Berlin, 2005, S. 87-100.

[Font06] Fontelera, Jorina: Can RFID bring ROI? In: Converting Magazine 24 (2006) 4, S.4.

[Font96] Fontanari, Martin L.: Kooperationsgestaltungsprozesse in Theorie und Praxis. Duncker & Humblot, Berlin, 1996.

[FrSB06] Frischbier, Sebastian; Sachs, Kai; Buchmann, Alejandro: Evaluating RFID Infrastructures. 2. Workshop RFID Intelligente Funketiketten – Chancen und Herausforderungen, Erlangen 2006.

[Gabl04] Gabler Wirtschaftslexikon. 16. Aufl., Gabler Verlag, Wiesbaden 2004.

[Gass06] Gassmann, Oliver: Innovation und Risiko – zwei Seiten einer Medaille. In: Gassmann, Oliver; Kobe, Carmen (Hrsg.): Management von Innovation und Risiko: Quantensprünge in der Entwicklung erfolgreich managen. 2. Aufl., Springer-Verlag, Berlin 2006, S. 3-24.

[Gaug00] Gaugler, Thomas: Interorganisatorische Informationssysteme: Ein Analyse- und Gestaltungsrahmen für das Informationsmanagement. Deutscher Universitäts-Verlag, Wiesbaden, 2000.

[GiHa07] Gillert, Frank; Hansen, Wolf-Rüdiger: RFID für die Optimierung von Geschäftsprozessen: Prozess-Strukturen, IT-Architekturen, RFID-Infrastruktur. Carl Hanser Verlag, München 2007.

[GKWD06] Gaßner, Katrin; Koch, Oliver; Weigelin, Lena; Deiters, Wolfgang; Ritz, Andrea; Kaltenborn, Rossitza: Einsatzbereiche und Potenziale der RFID-Technologie im deutschen Gesundheitswesen: Praxisbeispiele, Nutzen, Erfahrungen. Fraunhofer IRB Verlag, Stuttgart 2006.

[Glad05] Gladen, Werner: Performance Measurement: Controlling mit Kennzahlen. 3. Aufl., Gabler Verlag, Wiesbaden 2005.

[GlBh06] Glover, Bill; Bhatt, Himanshu: RFID Essentials. O'Reilly Media, Sebastopol 2006.

[GlRV04] Glass, Robert L.; Ramesh V.; Vessey, Iris: An Analysis of Research in Computing Disciplines. In: Communications of the ACM 47 (2004) 6, S. 89-94.

[GöSB06] Götz, Tobias; Safai, Sasan; Beer, Philipp: Efficient Supply Chain Management with SAP Solutions for RFID. SAP PRESS, Rockville, 2006.

[Götz06] Götze, Uwe: Investitionsrechnung: Modelle und Analysen zur Beurteilung von Investitionsvorhaben. 5. Aufl., Springer-Verlag, Berlin 2006.

[Greg06] Gregor, Shirley: The Nature of Theory in Information Systems. In: MIS Quarterly 30 (2006) 3, S.611-642.

[Gros06] Gross, Sandra: Eine Informationssystem-Architektur für RFID-gestützte logistische Geschäftsprozesse: Fallbeispiele, Konzepte, Handlungsempfehlungen. Difo-Druck, Bamberg, 2006.

[GS1G05] GS1 Germany (Hrsg.): Internet der Dinge: Das EPCglobal-Netzwerk. 2005. http://www.gs1-germany.de/internet/common/daten/epcglobal/files/mip/intern et_der_dinge.pdf (letzter Abruf 04.01.2008).

[GS1G06] GS1 Germany (Hrsg.): RFID Daten- und Verbraucherschutz: Positionspapier der deutschen Wirtschaft. 2006. http://www.gs1-germany.de/intern et/content/e39/e466/e468/datei/epc_rfid/daten_verbraucherschutz.pdf (letzter Abruf 04.01.2008).

[GS1G08] GS1 Germany (Hrsg.): Gebührenstruktur Einstufungsformular. 2008 http://www.gs1-germany.de/internet/content/e39/e466/e468/datei/epc_rfid/gebuehrenstrucktur_einstufungsformular.pdf (letzter Abruf 04.03.2008).

[GS1GoJ] GS1 Germany (Hrsg.): Der RFID-Kalkulator im Überblick: Rechenmodul zur Kosten-Nutzen-Bewertung der RFID-Technologie. http://www-05.ibm.com/de/solutions/rfid/downloads/ROI_RFID_Kalkulator.pdf (letzter Abruf: 25.10.2007).

[GSAI06] GS1 Germany; AIM Deutschland (Hrsg.): RFID und Gesundheitsschutz: Erklärung über gesundheitsrelevante Aspekte für den unbedenklichen Einsatz der RFID-Technologie. 2006. www.aim-d.de/getasset.php?asid=131 (letzter Abruf: 04.01.2008).

[GüKC06] Günthner, W.A.; Kuzmany, Florian; Chisu, Razvan: Selbststeuernde Materialflussmittel – Ein Technologiebaukasten für das Internet der Dinge. In: Pfohl, Hans-Christian; Wimmer, Thomas (Hrsg.): Wissenschaft und Praxis im Dialog: Steuerung von Logistiksystemen – auf dem Weg zur Selbststeuerung. Deutscher Verkehrs-Verlag, Hamburg, 2006, S. 307-319.

[GüKC06] Günther, W. A.; Kuzmany, Florian; Chisu, Razvan: Selbststeuernde Materialflussmittel – Ein Technologiebaukasten für das Internet der Dinge. .In: Pfohl, Hans-Christian; Wimmer, Thomas (Hrsg.): Wissenschaft und Praxis im Dialog: Steuerung von Logistiksystemen – auf dem Weg zur Selbststeuerung. Deutscher Verkehrs-Verlag, Hamburg, 2006, S. 307-319.

[GuNM06] Gunasekaran, A.; Ngai, E.W.T.; McGaughey, R.E.: Information technology and systems justification: A review for research and applications. In: European Journal of Operational Research 173 (2006) 3, S. 957-983.

[HaCh06] Hassan, Taimur; Chatterjee, Samir: A Taxonomy for RFID. In: Proceedings of the 39th Hawaii International Conference on System Sciences, 2006, S. 184-193.

[Harm04] Harmon, Craig K.: ISO 122/104 JWG: Liaison Report to JTC 1/SC 31. 2004. www.autoid.org/SC31/2004/june/805_LiaisonRpt_JWG-TC122_104.pdf (letzter Abruf: 22.02.2008).

[HaRo94] Hares, John; Royle, Duncan: Measuring the Value of Information Technology. John Wiley & Sons, Chichester, 1994.

[HaWM06] Hardgrave, Bill C.; Waller, Matthew; Miller, Robert: RFID's Impact on Out of Stocks: A Sales Velocity Analysis. http://itri.uark.edu/research/download.aspx?file=ITRI-WP068-0606 (letzter Abruf: 08.02. 2008).

[HDMA04] Healthcare Distribution Management Association (Hrsg.): HDMA News Media Factsheet: Pharmaceutical Product Tampering. http://www.health caredistribtion.org/resources/pdf_news/Product%20Tampering%20edit.pdf (letzter Abruf: 08.02. 2008).

[Hein83] Heinen, Edmund: Betriebswirtschaftliche Kostenlehre: Kostentheorie und Kostenentscheidung. 6. Aufl., Gabler Verlag, Wiesbaden, 1983.

[Hein95] Heinrich, Lutz J.: Forschungsziele und Forschungsmethoden der Wirtschaftsinformatik. In: Wächter, Hartmut (Hrsg.): Selbstverständnis betriebswirtschaftlicher Forschung und Lehre: Tagung der Kommission Wissenschaftstheorie. Gabler, Wiesbaden 1995, S. 27-54.

[HeLe05] Heinrich, Lutz; Lehner, Franz: Informationsmanagement: Planung, Überwachung und Steuerung der Informationsinfrastruktur. Oldenbourg Verlag, München, 2005.

[Helf87] Helfrich, Christian: Überlegungen zur Auswahl von PPS-Systemen. In: IO Management-Zeitschrift 56 (1987) 4, S. 199-202.

[Heng06] Heng, Stefan: RFID-Funkchips: Zukunftstechnologie in aller Munde. Deutsche BankResearch (Hrsg.), 2006. http://www.dbresearch.de/PROD/DBR_INTERNET_DE-PROD/PROD0000000000195905.pdf (letzter Abruf: 22.10.2007).

[HHST06] Hans, Carl; Hribernik, Karl; Schnatmeyer, Martin; Thoben, Klaus-Dieter: Die erweiterte Nutzung von Produktinformationen. In: RFID im Blick 2 (2006) Sonderausgabe Bremen, S.32-34.

[Hirn06] Hirnle, Christoph: Bewertung unternehmensübergreifender IT-Investitionen: Ein organisationsökonomischer Zugang. Deutscher Universitäts-Verlag, Wiesbaden, 2006.

[Hirs05] Hirschmeier, Markus: Wirtschaftlichkeitsanalysen für IT-Investitionen. WiKu-Verlag, Berlin, 2005.

[HMPR04] Hevner, Alan R.; March, Salvatore, T.; Park, Jinsoo; Ram, Sudha: Design Science in Information Systems Research. In: MIS Quarterly 28 (2004) 1, S. 75-105.

[HMWV06] Hessisches Ministerium für Wirtschaft, Verkehr und Landesentwicklung (Hrsg.): RFID: Geschäftsprozesse mit Funktechnologie unterstützen. Hessen-Media, Wiesbaden 2006.

[Hofm01] Hofmann, Ulrich: Netzwerk-Ökonomie. Physica-Verlag, Heidelberg, 2001.

[HoMa88] Horváth, Péter; Mayer, Reinhold: CIM-Wirtschaftlichkeit aus Controller-Sicht. In: CIM Management 66 (1988) 4, S. 48-53.

[Homp05] ten Hompel, Michael: „Material Internet": Visionen künstlicher Intelligenz. In: Software in der Logistik: Schwerpunkt RFID. Huss-Verlag, München 2005, S. 5.

[Homp07] ten Hompel, Michael: Das Internet der Dinge: Wirtschaftliche und politische Rahmenbedingungen. CeBIT Forum RFID 2007. http://www.bitkom.org/files/documents/Prof._Dr._Michael_ten_Hompel_Internet_der_Dinge.pdf (letzter Abruf: 23.01.2008).

[Horv88] Horváth, Péter: Grundprobleme der Wirtschaftlichkeitsanalyse beim Einsatz neuer Informations- und Produktionstechnologien. In: Horváth, Péter (Hrsg.): Wirtschaftlichkeit neuer Produktions- und Informationstechnologien: Tagungsband zum Stuttgarter Controller-Forum 14.-15. September 1988. Poeschel Verlag, Stuttgart 1988, S. 1-14.

[HoTh06] Hoag, Joseph E.; Thompson Craig W.: Architecting RFID Middleware. In: IEEE Internet Computing 10 (2006) 5, S. 88-92.

[HuPP07] Hunt, V. Daniel; Puglia, Albert; Puglia, Mike: RFID: A Guide To Radio Frequency Identification. Wiley, New Jersey 2007.

[Hust06] Hustadt, Jan: Standards. In: VDEB; AIM Deutschland (Hrsg.): Management-Leitfaden für den Einsatz von RFID-Systemen, Version 1.07, 2006. http://www.vdeb.de/download/2006/Management-Leitfaden-RFID-2006-VDEB-AIM.pdf (letzter Abruf: 23.11.2007).

[IBMoJ] IBM: Radio Frequency Identification (RFID): RFID-Kalkulator. http://www.05.ibm.com/de/solutions/rfid/rfid_ibm_loesungen.html (letzter Abruf: 25.10.2007).

[IHVL05] Institut für Handelsforschung an der Universität zu Köln; Versuchs- und Lehranstalt für Brauerei in Berlin: Berichtsband: Projekt „Einsatzmöglichkeiten der Transpondertechnologie in konsumgüterorientierten Unternehmen des Mittelstands; unter besonderer Berücksichtigung des Einzelhandels". Köln, 2005. http://www.ecc-handel.de/download/222098/Berichts band+RFID.pdf (letzter Abruf: 12.12.2007).

[Inte07] Intermec (Hrsg.): How Mobile RFID Systems Improve Operations and ROI. (White Paper), 2007. http://epsfiles.intermec.com/eps_files/eps_wp /Mobile RFIDSystems_wp_web.pdf (letzter Abruf 1.03.2008).

[IrGL06] Irani, Zahir; Gunasekaran, Angappa; Love, Peter E.D.: Quantitative and qualitative approaches to information systems evaluation. In: European Journal of Operational Research 173 (2006) 3, S. 951-956.

[Jaeg00] Jaeger, Friedemann: Total Cost of Ownership (TCO). In: von Dobschütz, Leonhard; Barth, Manfred; Jäger-Groy, Heidi; Kütz, Martin; Möller, Hans-Peter (Hrsg.): IV-Controlling: Konzepte – Umsetzungen – Erfahrungen. Gabler, Wiesbaden 2000, S. 431-449.

[JaMa05a] Jansen, Rolf; Mannel, André: Wirtschaftlichkeit von RFID-Anwendungen. In: Seifert, Wolfgang; Decker, Josef (Hrsg.): RFID in der Logistik: Erfolgsfaktoren für die Praxis. Deutscher Verkehrs-Verlag, Hamburg 2005, S. 86-96.

[JaMa05b] Jansen, Rolf; Mannel, André: ROI@RFID: Eine Wirtschaftlichkeitsbetrachtung. In: ident 9 (2005) 4, S. 30-31.

[JaMG06] Jansen, Rolf; Mannel, André; Gliesche Martin: RFID aus labortechnischer und ökonomischer Sicht. In: ident Jahrbuch 2006. ident Verlag, Rödermark 2006, S. 68-71.

[Jans06] Jansen, Rolf: Grundlagen der RFID-Technologie: Technik, Standards, Wahrnehmung. RFID-Praxistag: Mittelstandsgerechte Lösungen, Dortmund, 5.12.2006 www.rfid-support-center.de/file.php?mySID=e9540b48c53781b39a85cdbd40cb4c80&file=/Praesentation_FLog_Uni_Dortmund.pdf&type=down (letzter Abruf: 22.02.2008).

[Jans07] Jansen, Rolf: Nutzen und Potenziale des RFID-Einsatzes: Nachweis zur technischen Umsetzung. In: Ident Jahrbuch 2007, ident Verlag & Service, Rödermark, 2007, S.60-65. http://www.ident.de/fileadmin/user_upload/ident_ 2007_JB/ident_2007_JB_Web.pdf (letzter Abruf: 21.11.2007).

[Japs06] Japs, Simon: Regulierungsrahmen. In: Bundesverband Informationswirtschaft Telekommunikation und neue Medien e.V. (BITKOM)(Hrsg.): BITKOM RFID Guide 2006, S. 56-58. http://www.bitkom.org/files/documents/ rfid_guide_2006.10.11_ST.pdf (letzter Abruf: 03.01.2008).

[JLMM04] Jonen, Andreas; Lingnau, Volker; Müller, Jochen; Müller, Paul: Balanced IT-Decision-Card: Ein Instrument für das Investitionscontrolling von IT-Projekten. In: Wirtschaftsinformatik 46 (2004) 3, S. 196-203.

[KaNo04] Kaplan, Robert S.; Norton, David P.: Strategy Maps: Der Weg von immateriellen Werten zum materiellen Erfolg. Schäffer-Poeschel Verlag, Stuttgart, 2004.

[KaNo92] Kaplan, Robert S.; Norton, David P.: The Balanced Scorecard – Measures That Drive Performance. In: Harvard Business Review 70 (1992) 1, S. 71-79.

[KaNo96] Kaplan, Robert S.; Norton, David P.: The Balanced Scorecard – Measures That Drive Performance. In: Harvard Business Review 74 (1996) 1, S. 75-85.

[KaNo97] Kaplan, Robert S.; Norton, David P.: Balanced Scorecard: Strategien erfolgreich umsetzen. Schäffer-Poeschel Verlag, Stuttgart, 1997.

[Kapl86] Kaplan, Robert S.: Must CIM be justified by faith alone? In: Harvard Business Review 64 (1986) 2, S. 87-95.

[Karr06] Karrer, Michael: Supply Chain Performance Management: Entwicklung und Ausgestaltung einer unternehmensübergreifenden Steuerungskonzeption. Deutscher Universitäts-Verlag, Wiesbaden, 2006.

[KaSh85] Katz, Michael L.; Shapiro, Carl: Network Externalities, Competition, and Compatibility. In: The American Economic Review 75 (1985) 3, S. 424-440.

[Kern07] Kern, Christian: Anwendung von RFID-Systemen. 2. Aufl., Springer-Verlag, Berlin 2007.

[Kern76] Kern, Werner: Grundzüge der Investitionsrechnung. Poeschel Verlag, Stuttgart 1976.

[KHKR06] Kuhn, Axel; Hellingrath, Bernd, Keller, Matthias, Riha, Iwo: Bewertung und Verteilung von Kosten und Nutzen in Wertschöpfungsnetzwerken. In: Pfohl, Hans-Christian; Wimmer, Thomas (Hrsg.): Wissenschaft und Praxis im Dialog: Steuerung von Logistiksystemen – auf dem Weg zur Selbststeuerung. Deutscher Verkehrs-Verlag, Hamburg, 2006, S. 379-394.

[KiKu92] Kieser, Alfred; Kubicek, Herbert: Organisation. 3. Aufl., de Gruyter, Berlin 1992.

[KnLK07] Knebel, Uta; Leimeister, Jan Marco; Krcmar, Helmut: Wahrgenommene strategische Bedeutung von RFID aus Sicht von IT-Entscheidern in Deutschland. In: Oberweis, Andreas; Weinhardt, Christof; Gimpel, Henner; Koschmider, Agnes; Pankratius, Victor; Schnizler, Björn (Hrsg.): eOrganisation: Service, Prozess-, Market-Engineering, Band 1, 8. Internationale Tagung Wirtschaftsinformatik, Universitätsverlag Karlsruhe, 2007, S. 89-106.

[KoMa05] Koch, René; Mannel, André: Beispielhafte Bewertung einer idealtypischen Prozesskette in der Textillogistik. In: Seifert, Wolfgang; Decker, Josef (Hrsg.): RFID in der Logistik: Erfolgsfaktoren für die Praxis. Deutscher Verkehrs-Verlag, Hamburg 2005, S. 143-168.

[Köni94] König, Wolfgang: Profil der Wirtschaftsinformatik. In: Wirtschaftsinformatik 36 (1994) 1, S. 80-81.

[Körn06] Körnert, Jan: Perspektiven der Balanced Scorecard: Eine theoretisch-konzeptionelle Analyse geeigneter Balanced Scorecard-Perspektiven für Kreditinstitute. In: Zeitschrift für Planung & Unternehmenssteuerung 17 (2006) 2, S. 155-176.

[Korn07] Kornmeier, Martin: Wissenschaftstheorie und wissenschaftliches Arbeiten: Eine Einführung für Wirtschaftswissenschaftler. Physica-Verlag, Heidelberg 2007.

[KoSt05] Koh, Robin; Staake, Thorsten: Nutzen von RFID zur Sicherung der Supply Chain der Pharmaindustrie. In: Fleisch, Elgar; Mattern, Friedemann (Hrsg.): Das Internet der Dinge: Ubiquitous Computing und RFID in der Praxis. Springer-Verlag, Berlin, 2005, S. 161-175.

[KöWo07] Körnert, Jan; Wolf, Cornelia: Systemtheorie, Sharholder Value-Konzept und Stakeholder-Konzept als theoretisch-konzeptionelle Bezugsrahmen der Balanced-Scorecard. In: Zeitschrift für Controlling & Management 51 (2007) 2, S. 130-140.

[Krem06] Krempl, Stefan: Staatssekretär: "Wir wollen Weltmeister bei der RFID-Technik werden". Meldung vom 29.06.2006, http://www.heise.de/newsticker/meldung/74861 (letzter Abruf: 09.10.2007).

[KrRS07] Krasnova, Hanna; Rothensee, Matthias; Spiekermann, Sarah: Perceived Usefulness of RFID-enabled Information Services – A Systematic Approach. In: Oberweis, Andreas; Weinhardt, Christof; Gimpel, Henner; Koschmider, Agnes; Pankratius, Victor; Schnizler, Björn (Hrsg.): eOrganisation: Service, Prozess-, Market-Engineering, Band 1, 8. Internationale Tagung Wirtschaftsinformatik, Universitätsverlag Karlsruhe, 2007, S. 55-69.

[Krus05] Kruschwitz, Lutz: Investitionsrechnung. 10. Aufl., Oldenbourg Wissenschaftsverlag, München 2005.

[Kuba03] Kubach, Uwe: Integration von Smart Items in Enterprise-Software-Systeme. In: HMD Praxis der Wirtschaftsinformatik 229 (2003) 2, S. 56-67.

[Kubi75] Kubicek, Herbert: Empirische Organisationsforschung: Konzeption und Methodik. Poeschel Verlag, Stuttgart 1975.

[LaFH05] Lampe, Matthias; Flörkemeier, Christian; Haller, Stephan: Einführung in die RFID-Technologie. In: Fleisch, Elgar; Mattern, Friedemann (Hrsg.): Das Internet der Dinge: Ubiquitous Computing und RFID in der Praxis. Springer-Verlag, Berlin 2005.

[LaGr06] Lammert, Uwe; Grauer, Manfred: RFID im Blickpunkt wirtschaftlicher Überlegungen. In: Wirtschaftsinformatik 48 (2006) 3, S. 198-205.

[Lahi06] Lahiri, Sandip: RFID Sourcebook. IBM Press, New York, 2006.

[Land01] Landt, Jeremy: Shrouds of Time: The History of RFID. Association for Automatic Identification and Mobility (Hrsg.), 2001. http://www.rfidconsultation.eu/docs/ficheiros/shrouds_of_time.pdf (letzter Abruf: 09.10.2007).

[Lang05] Langheinrich, Marc: Die Privatsphäre im Ubiquitous Computing – Datenschutzaspekte der RFID-Technologie. In: In: Fleisch, Elgar; Mattern, Friedemann (Hrsg.): Das Internet der Dinge: Ubiquitous Computing und RFID in der Praxis. Springer-Verlag, Berlin, 2005, S. 329-362.

[LiKu06] Lin, Lihui; Kulatilaka, Nalin: Network Effects and Technology Licensing with Fixed Fee, Royalty, and Hybrid Contracts. In: Journal of Management Information Systems 23 (2006) 2, S. 91-118.

[LiSH06] Lindemann, Marcus; Schmid, Simone; Heckt, Robin: Marktüberblick RFID in Produktion und Logistik. In: PPS Management-Zeitschrift für Produktion und Logistik 11 (2006) 1, S. 51-61.

[LLBW06] Lefebvre, Louis A.; Lefebvre, Élisabeth; Bendavid, Ygal; Wamba, Samuel Foss; Boeck, Harold: RFID as an Enabler of B-to-B e-Commerce and its Impact on Business Processes: A Pilot Study of a Supply Chain in the Retail Industry. In: Proceedings of the 39th Hawaii International Conference on System Sciences, 2006, S. 1-10.

[LyYo02] Lyytinen, Kalle; Yoo, Youngjin: Issues and Challenges in Ubiquitous Computing. In: Communications of the ACM 45 (2002) 12, S. 63-65.

[MaLa03] Mattern, Friedemann; Langheinrich, Marc: Digitalisierung des Alltags: Was ist Pervasive Computing? In: Bundeszentrale für politische Bildung (Hrsg.): Aus Politik und Zeitgeschichte. Bonn, 2003, S. 6-12. http://www.bpb.de/files/ PNXZSC.pdf (letzer Abruf: 2.12.2007).

[Mann06] Mannel, André: Prozessorientiertes Modell zur Bewertung der ökonomischen Auswirkungen des RFID-Einsatzes in der Logistik. Deutscher Fachverlag, Frankfurt a.M., 2006.

[Mann06b] Mannel, André: Zukunftssicherheit und Wirtschaftlichkeit des RFID-Einsatzes: Entscheidungshilfen für künftige Investitionen. RFID-Workshop für die Industrie- und Handelskammern am Metro Innovation Center, Neuss, 27.11.2006. www.rfid-support-center.de/file.php?mySID=%5 BmySID%5D& file=/Praesentation_FLog_271106.pdf&type=down (letzter Abruf: 03.11. 2007).

[Maur02] Maurer, Oliver: Total Cost of Ownership: Eine Annäherung aus lebenszyklusorientierter Sichtweise am Beispiel des Department für Betriebswirtschaftslehre. Dissertation an der LMU München, München 2002.

[McCr06] McCrea, Bridget: Where's the ROI? In: Logistics Management. 45 (2006) 11, S.49-52.

[MeHo06] Meiß, Christian; Hossain, Niko: Designing RFID Applications. Fraunhofer Gesellschaft, Dortmund 2006. http://publica.fraunhofer.de/eprints/N-504 28.pdf (letzter Abruf: 04.10. 2007).

[Mert01] Mertens, Peter: Integrierte Informationsverarbeitung 1: Operative Systeme in der Industrie. 13. Aufl., Gabler Verlag, Wiesbaden, 2001.

[Mild98] Mildenberger, Udo: Selbstorganisation von Produktionsnetzwerken: Erklärungsansatz auf Basis der neueren Systemtheorie. Dissertation der Johannes Gutenberg Universität Mainz, Deutscher Universitäts-Verlag, Wiesbaden, 1998.

[MiMe04] Milis, Koen; Mercken, Roger: The Use of the Balanced Scorecard For the Evaluation of Information and Communication Technology Projects. In: International Journal of Project Management 22 (2004) 2, S.87-97.

[Müll05] Müller, Andreas: Wirtschaftlichkeit der Integration: Eine ökonomische Analyse der Standardisierung betrieblicher Anwendungssysteme. Deutscher Universitäts-Verlag, Wiesbaden, 2005.

[Nage88] Nagel, Kurt: Nutzen der Informationsverarbeitung: Methoden zur Bewertung von strategischen Wettbewerbsvorteilen, Produktivitätsverbesserungen und Kosteneinsparungen. Oldenbourg Verlag, München, 1988.

[Niem88] Niemeier, Joachim: Konzepte der Wirtschaftlichkeitsrechnung bei integrierten Informationssystemen. In: Horváth, Péter (Hrsg.): Wirtschaftlichkeit neuer Produktions- und Informationstechnologien: Tagungsband zum Stuttgarter Controller-Forum 14.-15. September 1988. Poeschel Verlag, Stuttgart 1988, S. 15-34.

[NMMK07] Niederman, Fred; Mathieu, Richard G.; Morley, Roger; Kwon, Ik-Whan: Examining RFID Applications in Supply Chain Management. In: Communications of the ACM 50 (2007) 7, S. 93-101.

[o.V.05] Ohne Verfasser: Polymer-Elektronik-Chips: Ist der Weg schon frei für druckbare Elektronik? In: ident 9 (2005) 4, S. 36-37. http://www.ident.de/fileadmin/user_upload/ident_2005/ident_2005_4_Web.pdf (letzter Abruf: 03.11. 2007).

[Ocke06] Ockenga, Guido: ROI-Berechnungs für RFID-Initiativen. Präsentation am Tagesforum der Deutschen Logistik-Akademie: RFID – Wirtschaftlichkeitsmodelle im Vergleich, München, 04.04.2006.

[Oehl99] Oehlmann, Heinrich: Barcode & RFID: Kompatibilität oder Wettbewerb? In: Krämer, Klaus, Wölker, Martin; Jünemann, Reinhardt (Hrsg.): Basis der Unternehmensprozesse-Identifikationstechnik: Fachbuch zu Auto-ID-Techniken und deren Anwendung. Umschau Zeitschriftenverlag, Frankfurt a.M., 1999, S. 129-134.

[Okuj06] Okujava, Shota: Wirtschaftlichkeitsanalysen für IT-Investitionen: Ein kontinuierlicher und stakeholderorientierter Ansatz. Dissertation an der Universität Erlangen-Nürnberg, WiKu-Verlag, Duisburg 2006.

[OtKo99] Otto, Andreas; Kotzab, Herbert: How Supply Chain Management contributes to the Management of Supply Chains: Preliminary Thoughts on an Unpopular Question. In: Larsson, Everth; Paulsson, Ulf (Hrsg.): Building New Bridges in Logistics. Proceedings of the 11th Annual Conference of Nordic Researchers in Logistics, Lund 1999, S. 213-236.

[Otto02] Otto, Andreas: Management und Controlling von Supply Chains: Ein Modell auf der Basis der Netzwerktheorie. Deutscher Universitäts-Verlag, Wiesbaden 2002.

[PeSt07] Perridon, Louis; Steiner, Manfred: Finanzwirtschaft der Unternehmung. 14. Aufl., Verlag Franz Vahlen, München, 2007.

[Pfla01] Pflaum, Alexander: Transpondertechnologie und Supply Chain Management: elektronische Etiketten – bessere Identifikationstechnologie in logistischen Systemen? Deutscher Verkehrs-Verlag, Hamburg 2001.

[PfWS94] Pfeiffer, Werner; Weiß, Enno; Strubl, Christoph: Systemwirtschaftlichkeit: Konzeption und Methodik zur betriebswirtschaftlichen Fundierung innovationsorientierter Entscheidungen. Vandenhoeck & Ruprecht, Göttingen, 1994.

[PiDF05] Picot, Arnold; Dietl, Helmut; Franck, Egon: Organisation: Eine ökonomische Perspektive. 4. Aufl., Schäffer-Poeschl Verlag, Stuttgart 2005.

[Piet03] Pietsch, Thomas: Bewertung von Informations- und Kommunikationssystemen: Ein Vergleich betriebswirtschaftlicher Verfahren. 2. Aufl., Erich Schmidt Verlag, Berlin 2003.

[PiRW03] Picot, Arnold; Reichwald, Ralf; Wigand, Rolf T.: Die grenzenlose Unternehmung: Information, Organisation und Management. 5. Aufl., Gabler Verlag, Wiesbaden 2003.

[Plaß74] Plaßmann, Marianne: Die Kooperationsentscheidung des Unternehmers. Dissertation an der Universität Münster, 1974.

[Pott98] Potthof, Ingo: Kosten und Nutzen der Informationsverarbeitung: Analyse und Beurteilung von Investitionsentscheidungen. Dissertation an der Universität Erlangen-Nürnberg, Deutscher Universitäts-Verlag, Wiesbaden 1998.

[ReAS07] Resatsch, Florian; Aßmann, Jörg; Schildhauer, Thomas: Start a Grassroots RFID Initiative!: The Relevance of Communication and Showcases on the Success of RFID. In: Oberweis, Andreas; Weinhardt, Christof; Gimpel, Henner; Koschmider, Agnes; Pankratius, Victor; Schnizler, Björn (Hrsg.): eOrganisation: Service, Prozess-, Market-Engineering, Band 1, 8. Internationale Tagung Wirtschaftsinformatik, Universitätsverlag Karlsruhe, 2007, S. 37-54.

[Rieb78] Riebel, Paul: Überlegungen zur Formulierung eines entscheidungsorientierten Kostenbegriffs. In: Müller-Merbach, Heiner (Hrsg.): Quantitative Ansätze in der Betriebswirtschaftslehre. Verlag Franz Vahlen, München, 1978, S. 127-146.

[Rieb94] Riebel, Paul: Einzelkosten- und Deckungsbeitragsrechnung: Grundfragen einer markt- und entscheidungsorientierten Unternehmensrechnung. 7. Aufl., Gabler Verlag, Wiesbaden, 1994.

[Robe05] Roberti, Mark: Serialized Bar Codes or RFID? RFID-Journal, 25.07.2005. http://www.rfidjournal.com/article/articleview/1755/1/2/ (letzter Abruf: 22.06. 2007).

[Samt06] Samtleben, Michael: RFID im Controlling. In: Zeitschrift für Controlling & Management 50 (2006) 1, S. 6-7.

[Samu02] Samulowitz, Michael: Kontextadaptive Dienstnutzung in Ubiquitous Computing Umgebungen. München, 2002. http://edoc.ub.uni-muenchen.de/591/1/Samulowitz_Michael.pdf (letzer Abruf: 2.12.2007).

[SAP06] SAP (Hrsg.): RFID-Technologie: Wandel durch innovative Lösungen. 2006. http://www.sap.com/germany/media/mc_437/RFID_Technologie_SiD.pdf (letzter Abruf: 03.03.2008).

[Sarm04] Sarma, Sanjay: Integrating RFID. In: QUEUE 2 (2004) 7, S.50-57.

[Saty01] Satyanarayanan, M.: Pervasive Computing: Vision and Challenges. In: IEEE Personal Communications 8 (2001) 4, S.10-17.

[ScAB07] Schuster, Edmund W.; Allen, Stuart J.; Brock, David L.: Global RFID: The Value of the EPCglobal Network for Supply Chain Management. Springer, Berlin 2007.

[Sche97] Scheckenbach, Rainer: Semantische Geschäftsprozessintegration. Deutscher Universitäts-Verlag, Wiesbaden, 1997.

[Schi03] Schierenbeck, Henner: Grundzüge der Betriebswirtschaftslehre. 16. Aufl., Oldenbourg Verlag, München, 2003.

[Schm06] Schmidt, Jörg: Das TransiT-Modell zur Entscheidungsunterstützung für den RFID-Technologie-Einsatz in der textilen Kette. Deutscher Fachverlag, Frankfurt a.M., 2006.

[Schn90] Schneider, Dieter: Investition, Finanzierung und Besteuerung. 6. Aufl., Gabler Verlag, Wiesbaden, 1990.

[Scho05] Schoppmann, Rita: Interorganisationales Kostencontrolling. Verlag Franz Vahlen, München, 2005.

[Schr07] Schröter, Veit; Pontow, Volkmar: Dezentrale Steuerung mittels RFID. In: Software in der Logistik: Prozesse, Vernetzung, Schnittstellen. Huss-Verlag, München 2007, S. 68-71.

[Schu86] Schulte, Karl-Werner: Wirtschaftlichkeitsrechnung. 4. Aufl., Physica-Verlag, Heidelberg 1986.

[Schu92] Schumann, Matthias: Betriebliche Nutzeffekte und Strategiebeiträge der großintegrierten Informationsverarbeitung. Springer-Verlag, Berlin, 1992.

[Schu93] Schumann, Matthias: Wirtschaftlichkeitsbeurteilung für IV-Systeme. In: Wirtschaftsinformatik 35 (1993) 2, S. 167-178.

[ScKü97] Schweitzer, Marcel; Küpper, Hans-Ulrich: Produktions- und Kostentheorie: Grundlagen – Anwendungen. 2. Aufl., Gabler Verlag, Wiesbaden, 1997.

[ScSc05] Schoblick, Robert; Schoblik, Gabriele: RFID Radio Frequency Identification: Grundlagen, eingeführte Systeme, Datenschutz, praktische Anwendungsbeispiele. Franzis Verlag, Poing 2005.

[ScTe97] Schmidt, Reinhard H.; Terberger, Eva: Grundzüge der Investitions- und Finanzierungstheorie. 4. Aufl., Gabler Verlag, Wiesbaden, 1997.

[Seel02] Seelbach, Horst: Investition. In: Bea, Franz Xaver; Friedl, Birgit; Schweitzer, Marcell (Hrsg.): Allgemeine Betriebswirtschaftslehre: Band 3: Leistungsprozess. 9. Aufl., Lucius & Lucius, Stuttgart, 2002, S. 337-397.

[Seid07] Seidl, Patricia: Ist RFID auf der Überholspur? In: Software in der Logistik: Prozesse, Vernetzung, Schnittstellen. Huss-Verlag, München 2007, S. 56-59.

[Seif06] Seifert, Dirk: Efficient Consumer response: Supply Chain Management (SCM) Category Management (CM) und Radiofrequenz-Identifikation (RFID) als neue Strategieansätze. 4. Aufl., Rainer Hampp Verlag, München 2006.

[Shef04] Sheffi, Yossi: RFID and the Innovation Cycle. In: The International Journal of Logistics Management 15(2004)1, S. 1-10.

[Slos10] Sloss, Robert: Das drahtlose Jahrhundert. In: Brehmer, Arthur (Hrsg.): Die Welt in hundert Jahren. Verlagsanstalt Buntdruck, Berlin 1910, S. 27-48.

[SPGD05] Straube, Frank; Pfohl, Hans-Christian; Günthner, Willibald A.; Dangelmaier, Wilhelm: Ein Blick auf die Agenda des Logistik-Managements 2010. Deutscher Verkehrs-Verlag, Hamburg, 2005.

[Stan03] Stanford, Vince: Pervasive Computing Goes the Last Hundred Feet with RFID Systems. In: IEEE Pervasive Computing (2003) 1, S. 9-14.

[StBe05] Straube, Frank; Beyer, Ingo: Blick in die Zukunft. In: Software in der Logistik: Schwerpunkt RFID. Huss-Verlag, München 2005, S. 18-21.

[StFl05] Strassner, Martin; Fleisch, Elgar: Innovationspotenzial von RFID für das Supply-Chain-Management. In: Wirtschaftsinformatik 47 (2005) 1, S. 45-54.

[Stoc48] Stockman, Harry: Communication by Means of Reflected Power. In: Proceedings of the IRE, 36 (1948) 10, S. 1196-1204.

[Stra05] Strassner, Martin: RFID im Supply Chain Management: Auswirkungen und Handlungsempfehlungen am Beispiel der Automobilindustrie. Deutscher Universitäts-Verlag, Wiesbaden 2005. Online Version: http://www.biblio.unisg.ch/www/edis.nsf/wwwDisplayIdentifier/3112/$FILE/ dis3112.pdf (letzter Abruf: 22.06.2007).

[StSt06] Stockdale, Rosemary; Standing, Craig: An interpretive Approach to Evaluating Information Systems: A Content, Context, Process Framework. In: European Journal of Operational Research 172 (2006), S. 1090-1102.

[Sydo92] Sydow, Jörg: Strategische Netzwerke: Evolution und Organisation. Gabler Verlag, Wiesbaden, 1992.

[SyWi00] Sydow, Jörg; Windeler, Arnold: Steuerung von und in Netzwerken: Perspektiven, Konzepte, vor allem aber offene Fragen. In: Sydow, Jörg; Windeler, Arnold (Hrsg.): Steuerung von Netzwerken: Konzepte und Praktiken. Westdeutscher Verlag, Wiesbaden, 2000.

[Tang06] Tangens, Rena: RFID in der Kritik. In: Eberspächer, Jörg; von Reden, Rolf (Hrsg.): Umhegt oder abhängig?: Der Mensch in einer digitalen Umgebung. Springer Verlag, Berlin, 2006, S. 93-108.

[Tell03] Tellkamp, Christian: The Auto-ID Calculator: An Overview. White Paper Auto-ID Center, 2003. http://www.autoidlabs.org/uploads/media/STG-AUTO ID-WH001.pdf (letzter Abruf 31.10.2007).

[Tell05] Tellkamp, Christian: Finanzielle Bewertung von Ubiquitous-Computing-Anwendungen. In: Fleisch, Elgar; Mattern, Friedemann (Hrsg.): Das Internet der Dinge: Ubiquitous Computing und RFID in der Praxis. Springer-Verlag, Berlin, 2005, S. 315-327.

[Tell06] Tellkamp, Christian: The impact of Auto-ID technology on process performance: RFID in the FMCG supply chain. Dissertation an der Universität St. Gallen, Difo-Druck, Bamberg 2006. Online Version: http://www.auto idlabs.org/uploads/media/AUTOIDLABS_WP_BIZAPP_025.pdf (letzter Abruf: 22.06.2007).

[ThGr06] Thiesse, Frédéric; Gross, Sandra: Integration von RFID in die betriebliche IT-Landschaft. In: Wirtschaftsinformatik 48 (2006) 3, S. 178-187.

[Töpf05] Töpfer, Armin: Betriebswirtschaftslehre: Anwendungs- und prozessorientierte Grundlagen. Springer-Verlag, Berlin, 2005.

[Tugu04] Tugui, Alexandru: Calm Technologies in a Multimedia World. In: ACM Ubiquity 5 (2004) 4. http://www.acm.org/ubiquity/views/v5i4_tugui.html (Letzter Abruf: 2.12.2007).

[VaKu04] Vaishnavi, V.; Kuechler, W.: Design Research in Information Systems. http://www.isworld.org/Researchdesign/drisISworld.htm (letzter Abruf: 8.10. 2007).

[Voge05] Vogell, Klaus: Entscheidungshilfe per Tastendruck: Modularer RFID-Kalkulator für die Kosten-Nutzen-Bewertung. In: RFID im Blick (2005) 9. http://rfid-im-blick.de/index.php?option=com_content&task=view&id=115 &Itemid=140 (letzter Abruf: 25.10.2007).

[Voge06] Vogell, Klaus: Ein Kosten- und Nutzen-Modell für den Einsatz von RFID im Überblick. Präsentation am Tagesforum der Deutschen Logistik-Akademie: RFID-Wirtschaftlichkeitsmodelle im Vergleich, München, 04.04.2006.

[VoSR06] Vojdani, Nina; Spitznagel, Jürgen; Resch, Sebastian: RFID: Mit System und Methode zur idealen Anwendung. In: Information Management & Consulting 21 (2006) 2, S. 61-64.

[Walk04] Walk, Eldor: Aktuelle Situation der RFID Standards für die Logistik. In: ident Jahrbuch 2004, S. 48-53.

[Walk07] Walk, Eldor: RFID Standards 2007. In: ident Jahrbuch 2007, S. 52-50.

[Want04] Want, Roy: The Magic of RFID. In: ACM Queue 2 (2004) 7, S. 41-48.

[WaSp04] Walter, Sacha G.; Spitta, Thorsten: Approaches to the Ex-ante Evaluation of Investments into Information Systems. In: Wirtschaftsinformatik 46 (2004) 3, S. 171-180.

[Webe02] Weber, Jürgen: Logistik- und Supply Chain Controlling. 5.Aufl., Schäffer-Poeschel Verlag, Stuttgart 2002.

[WeBG02] Weber, Jürgen; Bacher, Andreas; Groll, Marcus: Konzeption einer Balanced Scorecard für das Controlling von unternehmensübergreifenden Supply Chains. In: Kostenrechnungspraxis 46 (2002) 3, S. 133-141.

[Wehk06] Wehking, Karl-Heinz: Wie zuverlässig sind die Identifikationsvorgänge? RFID-Versuche zur Lesezuverlässigkeit bei unterschiedlichen Füllstoffen. In: Pfohl, Hans-Christian; Wimmer, Thomas (Hrsg.): Wissenschaft und Praxis im Dialog: Steuerung von Logistiksystemen – auf dem Weg zur Selbststeuerung. Deutscher Verkehrs-Verlag, Hamburg, 2006, S. 320-336.

[Weic98] Weichselbaumer, Jürgen Stefan: Kosten der Arbeitsteilung. Gabler Verlag, 1998.

[Weis91] Weiser, Mark: The Computer for the 21st Century. In: Scientific American 265 (1991) 3, S. 94-102.

[Weis93] Weiser, Mark: Some Computer Science Issues in Ubiquitous Computing. In: Communications of the ACM 36 (1993) 7, S.75-84.

[Weit04] Weitzel, Tim: Economics of Standards in Information Networks. Physica-Verlag, Heidelberg, 2004.

[Welz00] Welzel, Peter: Ubiquitous Computing – von der Vision zu ökonomischen Konsequenzen. In: Wirtschaftsinformatik 42 (2000) 5, S. 465-466.

[Wete97] Wetekam, Volker: Dynamische Nutzwert- und Wirtschaftlichkeitsanalyse von Informationssystemen: Dargestellt am Beispiel des Bild- und Befundmanagementsystems Sienet. Dissertation Universität Leipzig, 1997.

[WeZi05] Wehrmann, Aexander; Zimmermann, Steffen: Integrierte Ex-ante-Rendite-/ Risikobewertung von IT-Investitionen. In: Wirtschaftsinformatik 47 (2005) 4, S. 247-257.

[WHO06] World Health Organization (Hrsg.): Fact Sheet No 275: Counterfeit Medicines. 2006. http://www.who.int/mediacentre/factsheets/fs275/en/ (letzter Abruf: 08.02. 2008).

[WiHe00] Wild, Martin; Herges, Sascha: Total Cost of Ownership (TCO): Ein Überblick. In: Schwickert, Axel (Hrsg.): Arbeitspapiere WI. Mainz 2000, S. 1-34.

[Wild04] Wildemann, Horst: Bewertung logistischer Leistungen und Kosten in der Supply Chain. TCW Transfer-Centrum, München, 2004.

[Wild05] Wildemann, Horst: Die Quantifizierung des logistischen Nutzens: Kostenausgleich und Nutzenteilung in Supply Chains. In: Zukunft im Brennpunkt 4 (2005), S. 19-24. Online Version: http://www.abayfor.de/abayfor/_media/pdf/ZIB4/04Wildemann.pdf (letzter Abruf: 27.09.2007).

[Wild87] Wildemann, Horst: Strategische Investitionsplanung: Methoden zur Bewertung neuer Produktionstechnologien. Gabler Verlag, Wiesbaden, 1987.

[Wild93] Wildemann, Horst: Entwicklungsstrategien für Zulieferunternehmen. Forschungsbericht Technische Universität München, 1993.

[Will90] Williamson, Oliver E.: Die ökonomischen Institutionen des Kapitalismus: Unternehmen, Märkte, Kooperationen. J.C.B. Mohr, Tübingen 1990.

[Witt89] Witte, Hermann: Die Integration monetärer und nichtmonetärer Bewertungen: Ein Problem volkswirtschaftlicher Bewertungsansätze. Duncker & Humblot, Berlin, 1989.

[Wöhe05] Wöhe, Günter: Einführung in die Allgemeine Betriebswirtschaftslehre. 22. Aufl., Verlag Franz Vahlen, München, 2005.

[WoHe06] Wolf, Bernhard; Heesen, Bernd: RFID-Einsatz in der Getränkeindustrie. In: PPS Management-Zeitschrift für Produktion und Logistik 11 (2006) 1, S. 36-39.

[Woll00] Woll, Artur: Wirtschaftslexikon. 9.Aufl., Oldenbourg, München, 2000.

[ZaBr04] Zarnekow, Rüdiger; Brenner, Walter: Einmalige und wiederkehrende Kosten im Lebenszyklus von IT-Anwendungen: Eine empirische Untersuchung. In: Zeitschrift für Controlling & Management 48 (2004) 5, S. 336-339.

[Zang00] Zangemeister, Christof: Erweiterte Wirtschaftlichkeitsanalyse (EWA): Grundlagen, Leitfaden und PC-gestützte Arbeitshilfen für ein „3-Stufen-Verfahren zur Arbeitssystembewertung. Verlag für neue Wissenschaft, Bremerhaven, 2000.

[ZaSB04] Zarnekow, Rüdiger; Scheeg, Jochen; Brenner, Walter: Untersuchung der Lebenszykluskosten von IT-Anwendungen. In: Wirtschaftsinformatik 46 (2004) 3, S. 181-187.

[Zee02] Van der Zee, Han: Measuring the Value of Information Technology. Idea Group Publishing, London, 2002.

[ZiJö03] Zimmermann, Gebhard; Jöhnk, Thorsten: Die Projekt-Scorecard als Erweiterung der Balanced Scorecard Konzeption. In: Controlling 15 (2003) 2, S. 73-78.

[Zimm02] Zimmermann, Klaus: Supply Chain Balanced Scorecard: Unternehmensübergreifendes Management von Wertschöpfungsketten. Deutscher Universitäts-Verlag, Wiesbaden, 2003.

[ZKGX06] Zhu, Kevin; Kraemer, Kenneth L.; Gurbaxani, Wijay; Xu, Sean Xin: Migration to Open-Standard Interarganizational Systems: Network Effects, Switching Costs, and Path Dependency. In: MIS Quarterly 30 (2006) Special Issue, S. 515-539.